JN222675

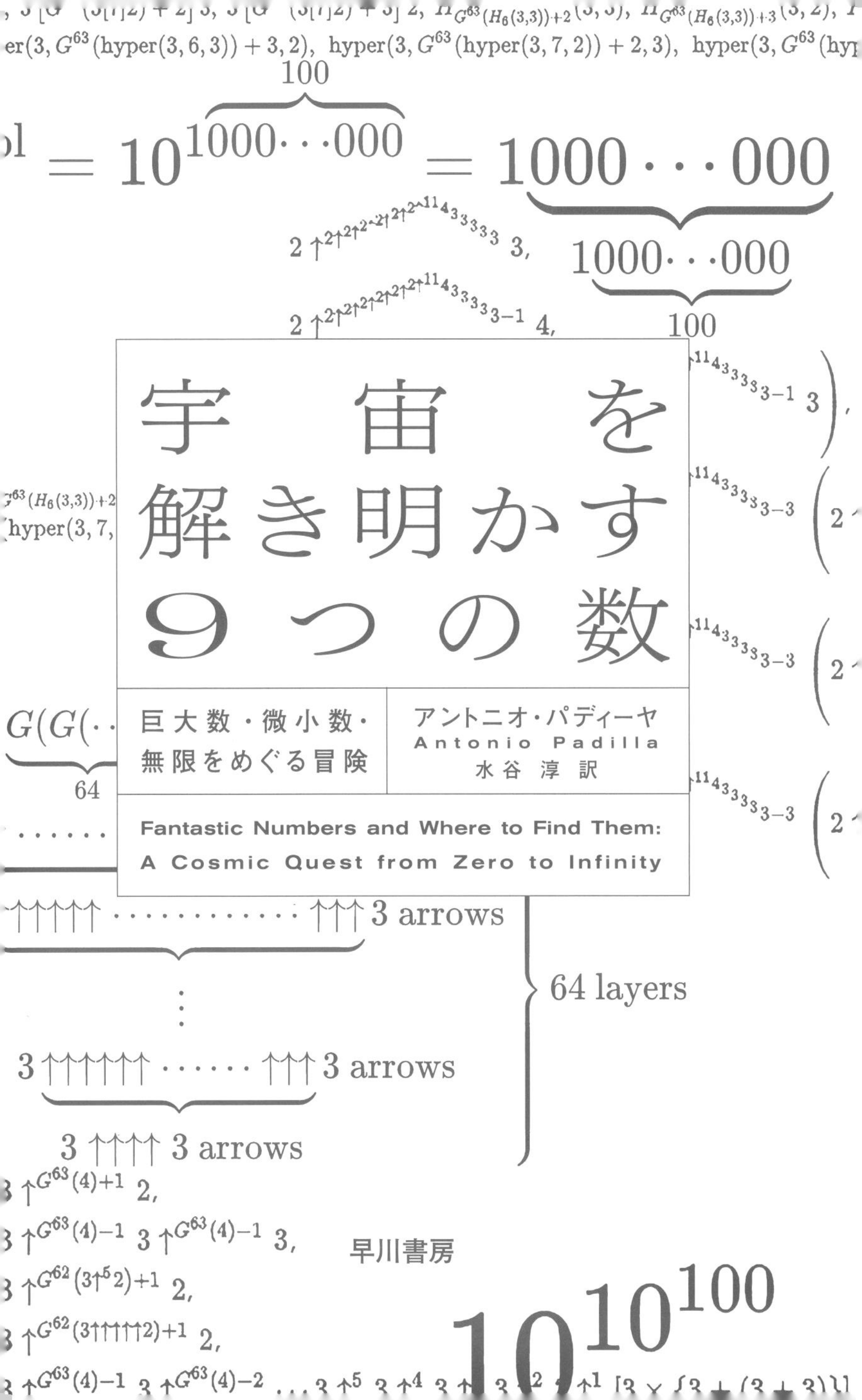
宇宙を解き明かす9つの数
巨大数・微小数・無限をめぐる冒険
アントニオ・パディーヤ
Antonio Padilla
水谷 淳 訳
Fantastic Numbers and Where to Find Them:
A Cosmic Quest from Zero to Infinity
早川書房
64 layers
3 arrows

宇宙を解き明かす9つの数

巨大数・微小数・無限をめぐる冒険

FANTASTIC NUMBERS AND
WHERE TO FIND THEM

A Cosmic Quest from Zero to Infinity

by

Antonio Padilla

Translated by
Jun Mizutani
First published 2024 in Japan by
Hayakawa Publishing, Inc.
This book is published in Japan by
arrangement with
Janklow & Nesbit (UK) Ltd.
through Japan Uni Agency, Inc., Tokyo.

装幀／加藤賢策（LABORATORIES）

我が娘たちへ（私のことをギルデロイと呼ぶ）

目　次

数ではない章 ―― 7

第1部　大きな数

① 1.00000000000000858 ―― 16
相対論のボルト
チャレンジャー海淵
深淵を垣間見る

② グーゴル ―― 52
ジェラード・グラントの話
エントロピーという誘拐犯

③ グーゴルプレックス ―― 74
量子の魔術師
あなたのドッペルゲンガーはどこにいる?

④ グラハム数 ―― 111
ブラックホール頭の死
情報が多すぎる
数を一つ思い浮かべよ

⑤ TREE(3) ―― 147
木ゲーム
宇宙のリセット
ホログラフィック原理

第2部　小さな数

⑥ 0 ―― 184
美しい数
無の歴史
0は対称的である
0を探す

⑦ 0.0000000000000001 ―― 226

予想外のヒッグスボソン
この章で登場するすべての素粒子の一覧表
素粒子の詳細
必然のヒッグスボソン
ヒッグス機構
技巧的だが自然ではない
亡命請負人

⑧ 10^{-120} ―― 280

ある悩ましい数
アルベルト・アインシュタインのもっとも難しい関係
当たりくじ
アイザック・ニュートン卿の亡霊

第3部 無　限

⑨ 無　限 ―― 316

無限の神々
アレフとオメガ
第無限種接近遭遇
万物の理論

謝　辞 ―― 379

訳者あとがき ―― 383

原　注 ―― 389

訳注は小さめの〔 〕で示した。

数ではない章

年季の入ったオーク材の机、その上にきちんと置かれた薄汚い紙に厚かましくも横たわるその数が、私をあざ笑っている。0である。それまで数学のテストで0点を取ったことなど一度もなかったが、見紛いようもなく私の点数だ。提出してから1週間ほどで戻ってきたレポートの一番上に、その数は赤字で荒々しく殴り書きされていた。ケンブリッジ大学の数学専攻の学部生として最初の学期のことだった。この大学の偉大な数学者たちの亡霊が耳元でバカにしてくるように思えた。大学の名を穢(けが)しているではないか。そのときは気づかなかったが、のちにこの課題が一つの転機となる。数学と物理学への付き合い方が変わってしまったのだ。

その課題はある数学的証明に関するものだった。証明はたいていいくつかの仮定から出発して、そこから論理的な結論を導き出す。たとえばドナルド・トランプがオレンジ色で、かつアメリカ合衆国大統領だったと仮定すれば、オレンジ色のアメリカ合衆国大統領が存在していたと推論できる。もちろん例の課題はオレンジ色の大統領とは何の関係もなかったが、私は一連の数学的命題を矛盾のない明快な論法でつなぎ合わせていた。大学の教官も、確かにすべての論法が成り立っていることは納得したが、それでも0点を付けた。教官が問題にしたのは、薄汚い紙に書き連ねてあることだったのである。

腹が立った。せっかく難しい部分を片付けて課題を解いたのに、教官はどうでもいいことに文句を付けているように思えた。私が見事なシュートを決めて得点を挙げたのに、教官がビデオ判定員にチェックさせて、ほんのわずかなオフサイドでゴールを無効にしてしまったかのようだ。だがいまとなっては、どうして教官が0点を付けたのか理解できる。私に学問の世界の厳しさを教えて、数学者の道具箱に必ず入っている杓子定規な規則を叩き込もうとしたのだ。私も不本意ながら杓子定規な人間になってしまったが、それとともに、数学にはもう少し別のものが必要だと気づいた。個性を注入するには必要なものである。それまでずっと大好きだった数、それに命を吹き込んで目的を持たせるには、物理学が必要であることに気づいたのだ。それが本書のテーマ、物理世界に光を当てる数たちの個性である。

例としてグラハム数というものを取り上げよう。非常に巨大な数、いわばリバイアサンで、数学的証明に用いられた最大の数として『ギネスブック』に載ったこともある。名前の由来になったのはアメリカ人数学者（そしてジャグラー）のロン・グレアム、数学的にはこの数を驚くほど杓子定規に利用した。しかしそれでグラハム数に命が吹き込まれたわけではない。この数に命を吹き込んだ、あるいはもっと正確に言うと死をもたらしたのは、物理学である。頭の中にグラハム数を思い浮かべて、その十進表記を完全に書き下そうとしたら、あなたの頭は重力崩壊を起こしてブラックホールになってしまうだろう。「ブラックホール頭の死」と呼ばれる病気で、治療法は見つかっていない。

本書ではその理由を話していきたい。

だが話したいのは理由だけではない。これまでずっと正しいと思い込んでいた事柄に疑問を抱いてしまう、そんな場所にお連れするつもりだ。突拍子もない数をめぐる旅路の出発点は、この宇宙でもっとも大きな数たち、そして「ホログラフィック原理」という概念への挑戦である。３次元空間は幻影にすぎないのだろうか？　私たちはホログラムの中に閉じ込められているのだろうか？

この疑問を理解するために、あなたを取り囲んでいる空気にパンチを食らわせてみてほしい。そばに誰もいないことを確認した上で、前後、左右、上下にパンチを繰り出すのだ。あなたは３次元空間の中で、互いに垂直な３つの方向にパンチを繰り出すことができる。いや、本当にそうだろうか？　ホログラフィック原理によれば、その３つの次元のうち１つはまやかしだという。この世界は3D映画のようなものなのだ。実際の映像は２次元のスクリーン上に閉じ込められているが、観客が眼鏡を掛けると3Dの世界が突然現れる。本書の前半で説明していくが、物理学ではその3D眼鏡は重力によって与えられる。重力が３つめの次元の幻影を生み出しているのである。

重力の魔法に気づくには、重力を極端に強くしてみるしかない。そもそも本書は極端な事柄についての本だ。ホログラフィック原理を理解するための旅路は当然、アルベルト・アインシュタインとその非凡な才能、あまのじゃくな相対論のまばゆさ、そして空間と時間の根底をなす構造から始まる。もちろんアインシュタインの天才的発想にも数をあてがってある。1.000000000000000858だ。これも大きな数と呼びたい。そんなわけないだろうとあなたは思ったはずだ。だが少なくとも、この数が表している物理について考えてみれば、確かに巨大な数だと納得してもらえると思う。ある一人の人間が持つ、時間をいじくる能力を表した数だ。それを本当に理解するにはどうすればいいのか？　伝説のジャマイカ人短距離走選手、ウサイン・ボルトと並んで走らなければならない。太平洋に飛び込んで、マリアナ海溝の最深部に潜らなければならない。物理学の限界に迫って、遠くの銀河の中心で恒星や惑星をむさぼり食う巨大ブラックホールのすぐそばでダンスを踊らなければならない。

しかし相対論とブラックホールは話の入口にすぎない。ホログラフィック原理にたどり着くには、リバイアサンがさらに４つ必要だ。まさに巨人のような数で、物理世界と出合うと命を宿す。グーゴルからグーゴルプレックス、グラハム数からTREE(3)まで、これらの巨大な数は物理学を打ち砕くものかのように思えるだろう。だが実際には理解の道しるべになってくれる。秘密や無秩序にまつわる心穏やかならぬ物理を記述する、しばしば誤解されがちな概念、エントロピーの意味を教えてくれる。何一つ確実なことがなくて、すべてが運試しゲームであるミクロの世界、その世界を統べる量子力学へいざなってくれる。ここで語られるのは、はるか遠くにいるドッペルゲンガーの話や、この宇宙のあらゆる事柄が以前の状態に戻ってしまう、宇宙のリセットの予兆にまつわる話だ。

そうして最後にはこの巨人たちの土地で、ホログラフィック原理にたどり着く。それが私たちにとっての現実だ。

私はホログラフィック原理の落とし子である。私が課題で０点を取った頃に誕生した概念だが、当時はそれについて何一つ知らなかった。５年ほど経って博士研究を始めた頃には、半世紀近くのあいだに基礎物理学で生まれた概念の中でも、もっとも重要なものにのし上がろうとしていた。物理学に携わる誰もがその話をしているようだった。いまだにそうだ。ブラックホールや量子重力に関する深遠で重要な疑問を考えては、ホログラフィック原理の中にその答えを見つけようとしている。

新たなミレニアムの到来を控えていた当時、誰もが話題にしていたことがもう一つある。この宇宙は微調整されていて、予想外の性質を持っているという謎だ。この宇宙は存在するはずのない宇宙なのだ。その宇宙のおかげで私たちは生きることができ、非常に不利な状況を乗り越えて生き延びるチャンスを与えられている。それについては本書の後半で、リバイアサンではなく、いたずら好きの小さな数に道案内してもらうことになる。

小さな数は予想外の事柄を暴き出す。それを理解するために、私が音楽オーディション番組『Xファクター』で優勝したと想像してみてほしい。それがどれほど予想外のことなのか、いくら強調してもしきれない。あまりにも歌が下手で、高校でミュージカルを演じたときにはマイクから離れて立つよう先生から言われたくらいだ。それを踏まえると、私が全国歌唱コンクールで優勝する確率はおおよそ次のような値になると言えるだろう。

$$\frac{1}{\text{イギリスの人口}} \approx 0.000000015$$

非常に小さな数である。やはり私が優勝するというのは、かなり予想外のことだろう。

この宇宙はそれよりもさらに予想外なのだ。小さな数を道案内に、この予想外の世界を探検していくことにしよう。大学での課題で私を蔑（さげす）んできたあの醜い数、0よりも小さくなることはない。あの日、0に対して私が抱いたような嫌悪感は、歴史上何度も繰り返されてきた。あらゆる数の中で0がもっとも予想外で、そしてもっとも恐れられてきた。空虚、神の不在、そして悪そのものとみなされていたからだ。

しかし0は悪でもなければ醜くもない。逆にもっとも美しい数だ。その美しさを理解するには、この物理世界がいかに優雅であるかを知らなければならない。物理学者にとって0のもっとも重要な特徴は、符号の変化に対して対称的であること、つまりマイナス0がプラス0と完全に等しいことである。この性質を持った数はほかにない。自然界において対称性は、何かが消えて神秘的な0に等しくなる理由を理解する上で鍵となる。

小さいが0ではない数が登場すると、徐々にわけが分からなくなってくる。この宇宙が一見ばかげた形に設定されていて、それを何とか理解しようと私たちが四苦八苦しているさまが、そうした数には表れている。その物語を、2つのとてつもなく小さな数を通じて語っていくことにしよう。一つはミクロの世界の謎を暴き出す数、もう一つはこの宇宙の謎を暴き出す数である。0.0000000000000001という驚くほど小さな数のプリズムを通して見ることで、グルーオンやミュオン、電子やタウが勝手気ままに踊り回る、原子よりも小さい素粒子物理学の世界と出会うことになる。それらの粒子を結びつけるのは、ヒッグスボソン、いわゆる神の素粒子だ。2012年夏にヒッグスボソンが発見されて、素粒子物理学の世界は興奮の渦に包まれた。50年近く待たされた末にその素粒子の存在が裏づけられ、理論と実験が大勝利を収めたのだ。しかしその熱狂の中にあって、一つの謎が浮かび上がってきた。計算が合わないのだ。実はヒッグスボソンはあまりにも軽すぎて、しかるべき質量の0.0000000000000001倍でしかない。非常に小さな数である。この数から分かるとおり、あなたの身体の中や周囲に潜むミクロな世界は、まさに予想外の世界なのだ。

10^{-120}という数に至ると、この宇宙はますます予想外であることが感じられる。この数は、爆発して姿を消す遠くの恒星の光から読み取れる。その光が予想よりも暗いことから、この恒星はもともと考えられていたよりも遠くにあることが分かる。それが示しているのは、膨張が加速していて銀河のあいだの空間が加速度的に広がっている、予想外の宇宙の姿だ。

おおかたの物理学者は、この宇宙はほかならぬ真空の空間によって押し広げられているのではないかとにらんでいる。奇妙に聞こえるかもしれない。空っぽの空間がどうやったら銀河どうしを引き離せるというのか？
実は量子力学を考慮に入れると、空っぽの空間はそこまで空っぽではない。出現と消滅を激しく繰り返す量子的粒子からなる、泡立ったスープで満たされているのだ。このスープが宇宙を押し広げている。その押し広げる勢いの強さも計算できるが、ここから話の辻褄が合わなくなってくる。あとで話すとおり、この宇宙が押し広げられている勢いはごく弱く、現在の素粒子物理学に基づく予想と比べて非常に小さいのだ。その比はわずか10^{-120}、１グーゴル分の１よりもさらに小さい。その微小な数が、この予想外の宇宙においてもっとも目を見張る尺度なのだ。

実は私たちは信じられないほど幸運である。もしもこの宇宙が計算による予想どおりの勢いで押し広げられていたら、何もない状態にまで広がって、銀河や恒星、惑星はけっして形作られなかっただろう。あなたも私も存在していなかっただろう。この予想外の宇宙はありがたい恵みであると同時に、私たちが正しく理解できないという意味で、まさに宇宙レベルの困りものでもある。私の研究人生もこの難題に支配されてきたし、いまでも支配されつづけている。

しかし話はこれでは終わらない。ホログラフィック原理や予想外の宇宙の探究よりもさらに深遠で重大な事柄が控えている。それを解き明かすには、本書で最後に取り上げる数が必要だ。その数は必ずしも数ではないと同時に、いくつもの数である。歴史を通して数学者たちを困らせてきて、ある人は嘲(あざけ)り、またある人は精神を病んだ数。無限である。

量子力学と相対論の父であるドイツ人数学者のダーヴィト・ヒルベルトは、あるときこう言った。「無限！　これほどまでに人間の精神を深く突き動かす疑問はほかにない」。無限の入口をくぐると、あらゆる物理現象の根幹をなしていて、いつかこの宇宙の創造を記述できるかもしれない理論、いわゆる万物理論にたどり着く。

19世紀後半、ドイツの学術界からつまはじきにされたゲオルク・カントルは、大胆にも無限のタワーを一階層ずつ、無限を超えた無限へと登っていった。そしてあとで話すとおり、あれやこれやの集まり、いわゆる集合の言語を周到に編み出して、天国へと着実に登りつめ、無限をいくつもの階層へと分類した。物理世界よりも神に近いような数と格闘し、当然のごとく精神をひどく病んだ。では物理世界についてはどうなのだろうか？　そこには無限が含まれているのだろうか？　この宇宙は無限なのだろうか？

もっとも基本的な物理、ミクロレベルでもっとも純粋な物理を理解しようとするのは、もっとも暴力的な無限の数々を克服することに等しい。それらの無限と出会うのはブラックホールの中心、いわゆる特異点であって、そこでは空間と時間が無限に引き裂かれてよじれ、潮汐力が無限に強くなる。また、創世の瞬間、ビッグバンの瞬間にもこれらの無限と出会う。実はこれらの無限はまだ克服されておらず、完全には理解できていないが、ある宇宙規模の交響曲に期待を掛けることができる。粒子に代わるごく微小な弦が振動して完璧な和音を奏でる、万物理論だ。あとから分かってくるが、その弦の歌う歌は空間と時間の中にこだましているだけではなく、それ自体が空間と時間である。

大きい数、小さい数、そして恐るべき無限。どれも「突拍子もない数」、誇りと個性を持った数、私たちを物理の限界にいざなって、ホログラフィック原理や予想外の宇宙、そして万物理論という驚きの現実を見せてくれる数だ。

では、これからそれらの数を見つけていきたいと思う。

第1部

大きな数

① 1.0000000000000000858

相対論のボルト

その年のクリスマスツリーの根元には、サッカーに関係したいつもの道具類に紛れて、毛色の違うあるものが置いてあった。由緒あるコリンズ英語辞典、いざとなったらバリケードとしても使える代物だ。当時は単語なんかにさほど興味のなかった10歳の息子に、なぜ両親は辞書を買ってやろうと思ったのか、それは分からない。その頃の私には夢中になっているものが２つあった。プロサッカーチームのリヴァプールFCと、数学だ。私の視野を広げるつもりで辞書をプレゼントしようと両親が思ったのだとしたら、それはとてつもなく的外れだった。私はその新しいおもちゃをじっと見つめて、少なくとも巨大な数を引くのに使えるじゃないかと気づいたのだ。まずはbillion（10億）を、次にtrillion（１兆）を引き、たいしてかからずに ‘quadrillion’（1000兆）という単語を見つけた。ゲームはさらに続いて、‘centillion’ というとてつもなく大きな数にたまたまたどり着いた。１のあとに０が600個も続くのだ！　もちろんそれは、イギリスでショートスケール命数法が採用されるよりも前のことである。いまでは、billionが１のあとに０が12個でなく９個続く数であるのと同じように、centillionは１のあとに０が303個しか続かない。

しかしあの辞書ではそれが限界だった。グーゴルプレックスもグラハム数も、TREE(3)も載っていなかった。あのときこれらのリバイアサンと出会っていたら、きっと虜になっていたはずだ。そうした突拍子もない数は、私たちの知識の限界、物理の限界に連れていってくれて、現実の本質にまつわる根本的な真理を暴き出してくれる。だが私たちの旅路は、別の大きな数、あのコリンズ英語辞典にも載っていなかった数からスタートする。1.0000000000000000858である。

がっかりしたことと思う。数のリバイアサンを登場させると約束したのに、どう見ても大きい数には思えない。アマゾンの熱帯雨林に暮らすピダハンの人たちですら、もっと大きい数を名前で呼ぶことができる。彼らの数体系に含まれる数詞は、hoí（1）、hói（2）、báagiso（たくさん）しかないというのに。さらに困ったことに、πや$\sqrt{2}$のようなこぎれいで簡潔な数ですらない。どこをどう考えたって、あまりにも平凡な数ではないか。

確かにそのとおりだが、ただし空間と時間の本質、そしてそれが私たち人間と極端な形で関わったときのことを考えてみると、そうとも言えなくなってくる。この数を選んだのは、それがある世界記録の大きさであって、時間の性質を私たちがいじくることのできる身体的限界を物語っているからだ。2009年８月16日、ジャマイカの短距離走選手ウサイン・ボルトが、自分の時計を1.000000000000000858倍に遅らせたのだ。少なくとも機械の助けを借りずに時間の流れをここまで遅くさせた人間は、それ以降誰もいない。あなたはその出来事を違った形で記憶していることだろう。ベルリンで開催された世界陸上選手権で100メートル走の世界記録が破られた瞬間としてだ。その日、そのスタジアムでウェルズリー・ボルトとジェニファー・ボルトが見守る中、彼らの息子は60メートル地点から80メートル地点までのあいだに秒速12.42メートルというトップスピードに達した。そのとき、息子が１秒間を経験するごとに、ウェルズリーとジェニファーはもう少し長い時間、正確に言うと1.000000000000000858秒を経験した。

ボルトがどうやって時間の流れを遅くさせられたのかを理解するには、彼を光速まで加速させる必要がある。そして、光に追いつくことができたら何が起こるのかを尋ねてみなければならない。「思考実験」と呼んでもかまわないが、実はボルトは北京オリンピックで世界記録を３つも更新したとき、チキンナゲットしか食べていなかったことを忘れてはならない。もっとちゃんとした食事を取っていたらどこまで達成できたか、想像してみてほしい。

そもそも光に追いつきたいのであれば、光は有限の速さで進むと仮定しなければならない。それだけでも自然な感覚からはかけ離れた話だ。娘に、お前の持っている本から出た光は瞬間的に目に届いているわけではないんだと言うと、娘は即座に疑って、本当にそうなのかどうか実験してやると言って聞かなかった。私は実験物理学に踏み込みすぎると鼻血を出してしまうたちだが、娘はもっと実践的なスキルの持ち主らしく、次のような実験を考え出した。寝室の電気を消しておいてから、ふたたび点けて、自分のところに光が届くのにどれだけの時間がかかるかを数えるのだ。ガリレオとその助手もいまから400年前に、ランタンに覆いを掛けたり外したりしてまったく同じ実験をおこなった。そして私の娘と同じく、光速は「仮に瞬間的でなかったとしても、……とてつもなく速い」と結論づけた。確かに速いが、有限の速さなのだ。

19世紀半ばになると、イッポリト・フィゾーという素敵な名前のフランス人を始め何人かの物理学者が、有限である光速の比較的精確な値を調べはじめた。だが、光に追いつくと何が起こるかを正しく理解するには、まずはスコットランド人物理学者のジェイムズ・クラーク・マクスウェルによる見事な研究に注目しなければならない。その研究は、数学と物理学のあいだに美しい相乗効果が働いている実例でもある。

マクスウェルが電気と磁気の振る舞いについて考えをめぐらせはじめた頃にはすでに、この２つの現象が同じコインの表と裏であることをにおわせる手掛かりがいくつか見つかっていた。たとえば、正式な教育を受けていないながらも、イングランドでもっとも大きな影響力を発揮した科学者の一人となったマイケル・ファラデーは、磁場の変化によって電流が発生することを明らかにして、電磁誘導の法則を発見していた。フランス人物理学者のアンドレ＝マリ・アンペールも、この２つの現象のあいだに関係性があることを実証していた。マクスウェルはそんな彼らの考え方やそれに対応する方程式に目を付けて、それを数学的に厳密なものにしようとした。ところがある矛盾点に気づく。とりわけアンペールの法則が、電流が変化している場合には微積分の法則に従ってくれなかった。そこでマクスウェルは、水の流れを支配する方程式から類推して、アンペールとファラデーの示した式を改良することを提案した。そして数学的論証によって、電磁気のジグソーパズルに欠けていたピースを見つけ、かつてなく簡潔で美しい全体像を描き出した。マクスウェルの切り拓いたこの戦法は、21世紀になってもなお物理学の最前線を押し広げている。

数学的に矛盾のない理論を打ち立てて電気と磁気を統一したマクスウェルは、ある魔法のような事柄に気づく。マクスウェルの新たな方程式からは波動を表す解が導き出され、その「電磁波」は、ある方向に増減する電場と、それとは別の方向に増減する磁場からなる。この発見の内容を理解するために、スキューバダイビングをしているあなたに向かって２匹のウミヘビがまっすぐやって来たとイメージしてほしい。２匹とも水中で同じ直線上を進んでくるが、「電気ウミヘビ」は上下に身体をくねらせ、「磁気ウミヘビ」は左右にくねらせている。さらにまずいことに、２匹とも秒速310740000メートルであなたに向かって突進してくる。このたとえでは最後の部分が一番恐ろしいかもしれないが、それがマクスウェルの発見の中でももっとも目を惹く部分である。この秒速310740000メートルという値はマクスウェルが計算ではじき出した電磁波の速さであって、まるで数学のびっくり箱から出てきたようなものだ。そしておもしろいことに、この値はフィゾーたちが測定した「光速」の概算値と非常に近かった。思い出してほしい。当時知られていた限り、電気や磁気は光と何の関係もなかった。ところがここに来て、電気と磁気からなる波動は光と同じ速さで伝わるらしいというのだ。現代では真空中での光速は秒速299792458メートルと測定されているが、マクスウェル方程式のパラメータももっと高い精度で得られていて、この魔法のような一致はいまだに成り立っている。このように数値が一致したことを受けてマクスウェルは、光と電磁気は同じものであるはずだという考えに至った。物理世界における一見したところ別々の現象のあいだに、驚くべき関係性があることが、数学的論証によって明らかとなったのだ。

さらに話は進む。マクスウェルの導き出した波動は、光を表しているだけではなかった。振動数、つまりウミヘビが左右に身体をくねらせる速さの違いに応じて、その波動解は電波やＸ線、ガンマ線を表す。そして振動数が違っていても、波動の伝わる速さはすべて等しい。電波を実際に検出したのはドイツ人物理学者のハインリッヒ・ヘルツ、1887年のことである。自身の発見の意義について尋ねられたヘルツは、謙遜して次のように答えた。「いっさい何の使い道もない。この実験は巨匠マクスウェルが正しかったことを証明したにすぎない」。もちろん私たちは好きなラジオ局にチューニングを合わせるたびに、ヘルツの発見がもたらした真の影響力を思い知らされる。しかしヘルツは自身の重要度こそ控えめにみなしたものの、マクスウェルを巨匠と評した点は正しかった。物理学の歴史上もっとも簡潔な数学的交響曲の指揮者を務めたのだ。

アルベルト・アインシュタインが空間と時間に対する私たちの理解を覆（くつがえ）すまで、光の波が伝わるには何らかの媒質が必要であるはずだと広く考えられていた。ちょうど、海の波が伝わるには大量の水が必要であるのと同じだ。光を伝えるその想像上の媒質は「発光性エーテル」と呼ばれていた。ここでしばし、そのエーテルは実在すると考えてみよう。ウサイン・ボルトが光に追いつくには、このエーテルの中を秒速299792458メートルで走らなければならない。もしもその速さに到達して光線と並走したら、**彼の目には実際何が映るだろうか？**　その光はもはやボルトから遠ざかっていかないので、どこにも進まずに上下左右に振動しているだけの電磁波として見えるだろう（ウミヘビが身体をくねらせていながら、海中の同じ場所に留まりつづけている様子を思い浮かべてほしい）。しかし、マクスウェルの法則にどう手を加えてもそのようなタイプの波は導き出すことができず、この超強化版のジャマイカ人短距離走選手にとっては、物理法則がまったく違っているのだと考えるしかなさそうだ。

しかしそんなことはちょっと考えにくい。これと同じ結論に達したアインシュタインは、光に追いつくという発想自体に何かおかしなところがあるに違いないと気づいた。マクスウェルの理論はあまりにも簡潔すぎて、誰かがたまたま高速で移動しているだけでも放棄するしかなくなるのだ。また、1887年春にオハイオ州クリーヴランド郊外でおこなわれたある実験の奇妙な結果、それを説明する術もアインシュタインは見つけなければならなかった。アメリカ人のアルバート・マイケルソンとエドワード・モーリーが、鏡を巧妙な形で組み合わせて、エーテル中を地球が移動する速さを測定しようとしていたが、いくらやっても0という答えしか出てこなかったのだ。もしもそれが正しいとすると、地球は太陽系やその外にあるほぼすべての惑星と違って、空間を満たすこのエーテルと正確に同じ速さで、正確に同じ方向へたまたま運動しているということになってしまう。本書のあとのほうで徐々に分かってくるが、このような一致は何かれっきとした理由がない限り起こりにくい。単純にエーテルなど存在しないというのが真実であって、巨匠マクスウェルはつねに正しいのだ。

アインシュタインの唱えた説によれば、あなたがどんな速さで運動していようが、マクスウェルの法則を含めどんな物理法則もけっして変化しない。窓のない船室に閉じ込められていたら、どんな実験をしようが自分の絶対速度を測ることはできない。絶対速度などというものは存在しないからだ。ただし加速していると話は違ってきて、それについてはのちほど説明する。しかし、船長が海に対して一定の速度で船を走らせている限り、その速さが10ノットでも20ノットでも、あるいは光速に近くても、船室内にいるあなたや仲間の実験者はそんなことにはいっさい気づかない。ウサイン・ボルトの話に戻ると、光に追いつこうとしても彼は無駄骨を折るだけだ。マクスウェルの法則はけっして変化しないのだから、ボルトはけっして光線に追いつけない。どんなに速く走ろうが、光はつねに秒速299792458メートルで自分から遠ざかっていくように見えるのだ。

なんとも直観に反した話である。チーターが平原を時速100キロメートルで走っていて、ボルトがそれを時速40キロメートルで追いかけているとしよう。日常的なロジックから言うと、ボルトに対するチーターの相対速度は100－40＝時速60キロメートルと計算されて、チーターはボルトを1時間ごとに60キロメートルずつ引き離していくはずだ。ところが平原を秒速299792458メートルで進む光線となると、ボルトがどんなに速く走ろうが、光線はボルトに対して秒速299792458メートルで進みつづける。アフリカの平原に対しても、ウサイン・ボルトに対しても、あるいはパニックになったインパラの群れに対しても、光は必ず秒速299792458メートルで進む[(1)]。基準が何であっても関係ない。まとめると次の一言で表現できる。

光速は光速である。

このフレーズはアインシュタインも気に入ったはずだ。自分の編み出した理論は「不変性理論」と呼ばれるべきだといつも言っていた。光速の不変性、そして物理法則の不変性というもっとも重要な特徴に焦点を絞った呼び方だ。「相対性理論（相対論）」という名前を付けたのは、同じくドイツ人物理学者のアルフレッド・ブッヘラーで、皮肉なことにアインシュタインの研究を批判するためだった。先ほどの説明が、等速運動、つまり加速していない運動にしか当てはまらないことを強調する際には、特殊相対論と呼ぶ。F1レーサーがアクセルを踏み込んだり、宇宙空間でロケットを噴射させたりするといった加速運動の場合には、もっと一般的でもっと深遠な一般相対論が必要となる。それについては、次の節でマリアナ海溝の底に潜ったときに詳しく説明しよう。

とりあえずは特殊相対論にこだわることにしよう。先ほどの例では、ボルトもチーターも、インパラも光線もすべて、互いに一定の速度で運動していると仮定した。それぞれ速度は違うかもしれないが、時間とともに変化することはない。そしてもっとも重要なのは、互いに速度が違うにもかかわらず、誰が見ても光線は秒速299792458メートルで遠ざかるように見えるということだ。誰もが光速を同じ値に認識するというこの事実は、先ほど言ったとおり、一方の速度からもう一方の速度を引き算すれば相対速度になるという私たちの日常の理解とは、明らかに食い違っている。しかしそれは、あなたが光速に近い速さで運動するのに慣れていないからにすぎない。もしも光速に近づいたら、相対速度をまったく違うふうにとらえるようになるはずだ。

そこで問題となるのは時間である。

きっとあなたは、天上に大きな時計が一つだけあって、それを見れば誰でも時刻が分かるのだとずっと思い込んできたはずだ。自覚はないかもしれないが、確かにそう思い込んでいる。とりわけ、常識と考えるものに基づいて引き算で相対速度を計算するときにはそうだ。がっかりさせて申し訳ないが、そのような絶対的な時計は架空の産物である。そのようなものは存在しない。意味のあるのは、あなたの腕時計や私の腕時計、あるいは大西洋上空を飛行するボーイング747の機内で時を刻む時計だけだ。一人ひとりが自分の時計、自分の時間を持っていて、とくに誰かが光速に近い速さで疾走している場合には、それぞれの時計の指す時刻は必ずしも合致しない。

私がボーイング747に乗り込んだとしよう。マンチェスターから飛び立ってリヴァプールの海岸に達する頃には、時速数百キロメートルで巡航している。ここでほかの乗客には少々迷惑だが、客室の床、数メートル先を目がけてボールを投げることにする。姉のスージー（リヴァプール在住）が海岸からこの飛行機を見上げていて、姉の視点から見ると、そのボールはもっとずっと遠く、200メートルくらい先まで飛んでいく。一見したところ、日常的な時間の概念に大きく手を加える必要などなさそうだ。そもそもそのボールは高速で飛ぶ飛行機によって運ばれているにすぎず、だから姉にはもちろんボールがもっと遠くまで移動するように見える。しかしここで、同じゲームを光を使ってやってみよう。私が客室の床に懐中電灯をまっすぐ向けてスイッチを入れると、光線が床で反射して真上に、つまり飛行機の進行方向と垂直に進む。ごく短い時間のあいだに、その光が客室の天井まで昇っていくのが見える。ここでもしもスージーが客室の中を見ることができたとしたら、姉の目には、光が斜めに、つまり床から天井に昇るとともに、飛行機と一緒に横方向にも進むのが見えるだろう（次頁図）。

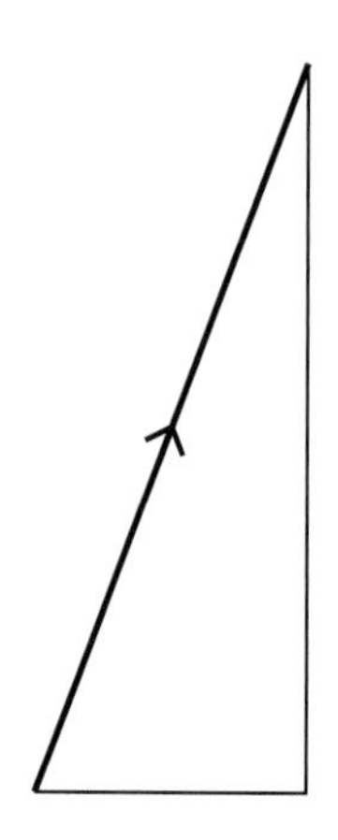

海岸にいるスージーから見た光線の道筋。

姉から見た斜めの道筋の長さは、私の測定した垂直の長さよりも長い。そのため、私から見るよりも姉から見たほうが光は長い距離を進むことになるが、とはいえ光は同じ速さで進むように見える。すると次のように言うほかない。スージーにとっては光は長い時間をかけて天井に届くのだから、姉の視点から見ると、飛行機の中の世界では時間がスローモーションのように流れていると考えるしかないのだ。この効果を「時間の遅れ」という。

時間がどの程度遅くなるかは、私と姉、あるいはウサイン・ボルトとその両親との相対速度によって決まる。光速に近ければ近いほど、時間の流れは大幅に遅くなる。ベルリンの世界選手権でボルトは秒速12.42メートルというトップスピードに達し、時間は1.000000000000000858倍遅くなった。[(2)] これが人間による相対論効果の世界記録である。

時間の流れがゆっくりになると別の影響も出てくる。年の取り方が遅くなるのだ。ウサイン・ボルトの場合、ベルリンでの競走の最中に彼は、スタジアムにいたほかの誰よりも年の取り方が約10フェムト秒少なかった。1フェムト秒は1秒の10億分の1のさらに100万分の1で、たいした違いはないようにも思える。それでもボルトは確かに年の取り方が遅く、走り終えたときにはごくわずかながら未来へ飛び移ったことになる。走るのが得意でない人なら、何か機械の助けを借りれば時間の進み方をゆっくりにできるし、きっとそのほうが効果が大きいだろう。ロシア人宇宙飛行士のゲンナジー・パダルカは、時速約28000キロメートルで地球のまわりを周回するミール宇宙ステーションと国際宇宙ステーションの両方に滞在し、計878日11時間31分を宇宙で過ごした。そしてそれらのミッションの間に、地上で待つ家族と比べて22ミリ秒も時間を先取りした*。

しかし、わざわざ宇宙飛行士にならなくてもこのようなタイムトラベルは可能だ。タクシードライバーが40年間にわたって街なかを週40時間運転すると、ただじっとしていた場合に比べて10分の数マイクロ秒若くなる。マイクロ秒やミリ秒では物足りない人は、アルファ・ケンタウリを目指す「スターショット計画」にたまたまヒッチハイクした細菌の身に何が起こるかを考えてみてほしい。ベンチャー投資家で億万長者のユーリ・ミルナーが構想したスターショット計画は、光速の５分の１のスピードで飛行できるライトセールを使って、地球からもっとも近い恒星系を目指すというミッションである。アルファ・ケンタウリは地球から約4.37光年の距離にあるので、地球上では到達まで20年以上待たなければならない。しかしライトセールと、密航者である細菌にとっては、時間の流れがかなりゆっくりになるため、到達まで９年もかからないのだ。

ここでおかしなことに気づいた人もいるかもしれない。光速の５分の１の速さで９年間飛行しても、大胆不敵な細菌は２光年弱しか進めず、アルファ・ケンタウリまでの旅路の半分にも達しないではないか。ウサイン・ボルトも同じだ。先ほど言ったとおり、ボルトはあなたが思ったよりも10フェムト秒短い時間しか走っていないのだから、実際に走った距離は100

＊　この値には高高度と低重力による負の効果も組み込まれていて、それらについてはこの章のあとのほうで説明する。

メートルよりも短いように思える。実際にそのとおりで、ボルトは100メートルも走っていない。ボルトの視点から見ると、トラックが彼に対して秒速12.42メートルで運動していたために、トラックは86フェムトメートル、陽子約50個分縮んでいたはずだ。ボルトはレースを完走していないと言うことすらできるだろう。細菌の場合、地球とアルファ・ケンタウリとのあいだの空間は、超高速で運動した結果、もとの距離の半分以下に縮んでしまう。このように空間やベルリンのトラックが縮むことを、「長さの収縮」という。走ると年を取りにくくなるだけでなく、ほっそり見える効果もあるのだ。光速に近い速さで走れば、あなたの占める空間が縮むことで、見ている人にとってあなたはパンケーキのようにぺちゃんこに見えるだろう。

　ほかにも気にすべきことがある。いま言ったように、あのトラックはウサイン・ボルトに対して秒速12.42メートルで運動していた。そのため彼の両親もまた、息子に対してちょうど同じ速さで運動していたことになる。しかしここまで明らかになったことを踏まえると、ボルトにとって、両親の時計はゆっくり進んでいるように見えたことになる。これはなんとも不思議な話だ。先ほど言ったように、両親にとってもボルトの時計はゆっくり進んでいるように見えたのだから。だがそれがまさに現実である。ウェルズリーとジェニファーにとっては息子がスローモーションのように見え、ボルトにとっても両親がスローモーションのように見えたのだ。ここからが本当に厄介な話になる。やはり先ほど言ったとおり、ボルトはただ突っ立っていた場合に比べて10フェムト秒若い状態で走り終えた。しかしここで立場を逆転させて、ボルトの視点から見てみることはできないのだろうか？　両親にとっての時間の進み方がゆっくりになって、両親の年の取り方が遅くなったりしなかったのだろうか？　どうやらパラドックスにはまってしまったらしい。これを「双子のパラドックス」という。ふつうは双子を使って説明されるからだが、残念ながらウサイン・ボルトに双子のきょうだいはいない。まあそれはどうでもいい。実際のところ、ボルトの年の取り方が遅くなって、本来よりも少しだけ若くなった。ではなぜ両親でなくボルトがそうなったのだろうか？

この疑問に答えるには、加速の果たす役割を考える必要がある。思い出してほしい。ここまでの説明はすべて、加速のない等速運動にしか当てはまらない。ボルトが秒速12.42メートルという一定速度で走っていたあいだ、彼も両親もいわゆる「慣性状態」にあった。この変わった専門用語は、単に加速していない、つまり加速や減速を引き起こす力を受けていないという意味にすぎない。慣性状態にあれば特殊相対論の法則が通用して、ボルトには両親がスローモーションに見え、両親にはボルトがスローモーションに見える。しかしボルトは最初から最後まで一定速度で走っていたわけではない。速さ０から加速してトップスピードに到達し、そこから再び減速した。加速または減速していたそのあいだは、両親と違って慣性状態にはなかった。加速運動は等速運動とはまったくの別物だ。たとえば船室に閉じ込められていても、船が加速しているかどうかは判断できる。身体にかかる力が感じられるからだ。加速が大きすぎると命を落としかねない。ボルトが死のリスクを負うことはけっしてなかったが、彼が加速と減速をしたことで、ボルトと両親との対等な関係は崩れてしまった。この非対称性によって先ほどのパラドックスは解消される。ボルトの加速運動を慎重に考慮に入れてもっと詳しく分析すると、全出場者のうちもっとも年を取らなかったのは確かにボルトであることが分かる。

重要なのは、これが単に数式をいじくり回しただけの話ではないということだ。実際の効果であって、すでに測定されている。高速で運動させた原子時計は静止させていた原子時計と比べて進み方が遅くなり、ちょうどベルリンでウサイン・ボルトの身に起こったように「年の取り方が遅かった」のだ。さらなる証拠が、ミュオンと呼ばれる素粒子と、その死刑執行が引き延ばされる様子から読み取れる。ミュオンは原子核のまわりを回る電子とそっくりだが、電子の約200倍の質量があって、それに見合うように短命だ。100万分の２秒ほどで壊変して、電子と、ニュートリノと呼ばれる中性の素粒子に変わってしまう。ニューヨーク州にあるブルックヘヴン国立研究所では、一周44メートルのリングでミュオンを光速の99.94パーセントのスピードまで加速させている。寿命の短いミュオンはリングを15周しかできないはずなのに、実際にはなぜか438周もしてしまう。けっして長生きになったわけではない。同じスピードでミュオンと並走すればやはり100万分の２秒で壊変するように見えるが、それとともにリングの一周の長さがもとの29分の１に縮んだように見える。ミュオンが438周もできるのは、長さの収縮のおかげで一周の長さが短くなったからなのだ。

長さの収縮と時間の遅れを念頭に置けば、何ものも、たとえウサイン・ボルトであっても、光より速く運動できないのはなぜなのかを理解できる。光速に近づけば近づくほど、ボルトにとっての時間はゆっくり流れるようになってほぼ止まってしまうし、進む距離もどんどん縮んで０に近づいてしまう。時間がそれ以上ゆっくりになるなんてありえるだろうか？　距離がそれ以上縮むなんてありえるだろうか？　そんな余地はどこにもない。光速自体が障壁として立ち塞がってくる。理にかなった結論はただ一つ、何ものも光より速く運動することはできないのだ。

光速を目指して加速していくボルトは、どんどんカロリーを消費することで、さらに速く加速しようとする。しかし光速がけっして越えられない障壁として立ち塞がっているため、やがて速さが変わらなくなってきて、加速が小さくなっていく。光速に近づけば近づくほど、加速するのが難しくなる。加速に対する抵抗、要するに「慣性」が、どんどん強くなっていく。光速まで加速しようとするとそれが問題となる。慣性が無限に大きくなってしまうのだ。

ではその慣性はどこからもたらされるのだろうか？　ボルトが提供しているのはエネルギーだけなのだから、そのエネルギーがボルトの慣性を増やしているに違いない。エネルギーはけっして消えることはなく、見た目が変化してある形態から別の形態に変身するだけだ。したがって慣性もエネルギーの一形態であるはずで、それはボルトがじっとしているときでも成り立っていなければならない。そしてありがたいことに、じっとしているボルトの慣性が何であるかははっきりと分かっている。質量だ。重ければ重いほど、ボルトを動かすのは難しい。質量とエネルギーは同じものであって、アインシュタインが示したとおり[3]$E=mc^2$である。この数式で恐ろしいのは、光速（c）の値がすさまじく大きいために、質量（m）からまさに大量のエネルギー（E）が得られるところである。じっとしているウサイン・ボルトの体重は約95キログラムで、もしもその質量をすべてエネルギーに変換したとすると、TNT火薬20億トンに匹敵する。広島に投下された原爆のエネルギーの10万倍を超えるのだ。

では次に時空の話をしよう。

ちょっと待った。何だそれは？　実はこれまでもずっと時空の話をしてきた。長さの収縮、時間の遅れ。ここまでの説明では、時間と空間は完璧に歩調を合わせて伸びたり縮んだりしていた。そこで、時間と空間のあいだにはつながりがあって、それぞれ何かもっと大きなものの一部であるはずだと考えてもおかしくはない。初めて時空の概念を思いついたのは、アインシュタインの説から大いに刺激を受けたリトアニア出身のポーランド人、ヘルマン・ミンコフスキーである。彼は次のように言い切った。「今後、空間そのものと時間そのものは姿を消して単なる影となり、存在しうるのはこの２つのいわば混合物だけである」。おもしろい逸話として、ミンコフスキーはチューリヒにあるスイス連邦工科大学で若い頃のアインシュタインを教えたことがあったが、彼のことは「数学をけっして相手にしない怠け者」と記憶していたという。

はたしてミンコフスキーは、時空という言葉で実際のところ何を表現したのだろうか？　それを理解するには、３次元空間から話を始めなければならない。空間に３つの次元があるのは、互いに独立した３つの座標があれば空間的な位置を特定できるからである。あなたの位置を示すGPSの２つの座標と、あなたのいる場所の標高を考えてみれば分かる。ここで腕時計を見て、時刻を記録してほしい。そして30秒待ってから再び腕時計を見る。腕時計を見たその２つの瞬間は、空間内の同じ地点で起こったものの、時間的には異なる地点だった。その２つの瞬間を区別するには、それぞれの出来事が起こった瞬間を表す時間座標を割り振ればいい。そうすると、独立した４つめの座標、つまり４番目の次元が現れる。以上４つの次元をまとめたもの、それが時空である。

時空の概念がいかに見事かを正しく把握するには、まずは空間内で、続いて時空内で、どのように距離を測定するかを考えてみなければならない。空間内での距離はピタゴラスの定理を使って求めることができる。「直角三角形の斜辺の２乗は残り２辺の２乗の和に等しい」という呪文を高校で覚えたと思うが、この由緒正しい定理には、あなたが思っているよりもはるかに大きな意味がある。それを理解するために、まずは次の左図のように、互いに直交した２本の軸を定める。

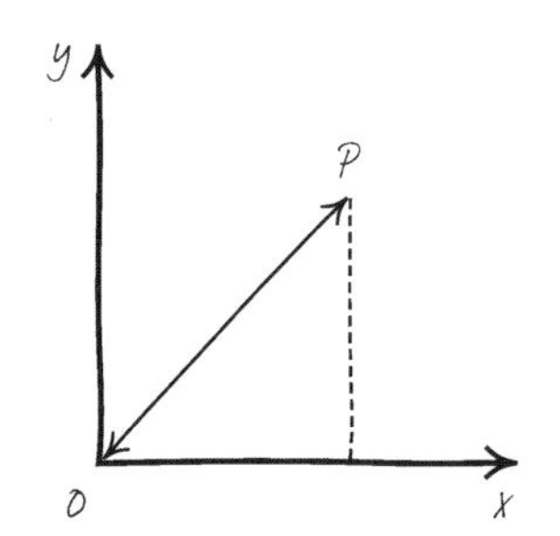

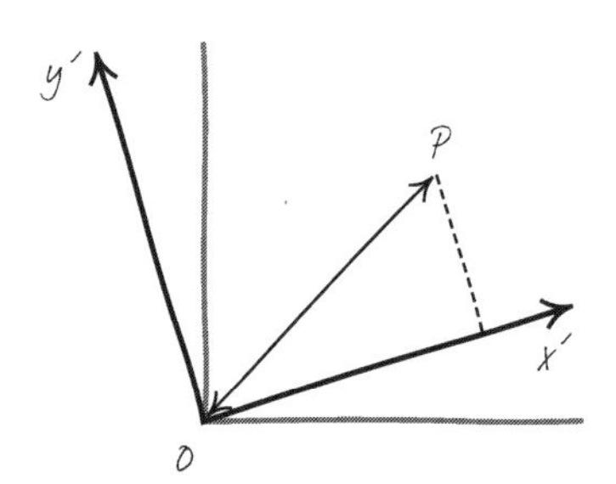

これらの軸を基準とすると、点Pは（x, y）という座標で表され、ピタゴラスの定理から簡単に分かるとおり、原点から$d=\sqrt{x^2+y^2}$の距離にある。ここで右図のように原点を中心に軸を回転させて、（x', y'）という新たな座標を定めても、原点からの距離は当然変化せず、ピタゴラスの定理も先ほどと同じように通用する。

$$d^2 = x^2 + y^2 = x'^2 + y'^2$$

このように、座標系を回転させても変わらず成り立つこと、それがピタゴラスの定理の本当に美しい点である。

ではいよいよ時空の話を。ミンコフスキーは空間と時間を混ぜ合わせるよう説いた。もちろん本当なら、空間の３つの次元と時間の１つの次元を混ぜ合わせたいところだ。しかしもう少しだけ単純にするために、空間の次元を１つだけ考えてそれを座標 x で表し、それを座標 t で表した時間と組み合わせることにする。この時空内での距離 d を求めるためにミンコフスキーは、次の式のような変わった形のピタゴラスの定理を使うべきだと考えた。

$$d^2 = c^2t^2 - x^2$$

そう、符号がマイナスになっている。いったいなぜだろうか？　それはすぐに説明するが、その前に c^2t^2 というのが何なのかを理解する必要がある。いま計算したいのは距離だが、当然ながら時間は距離ではない。時間を距離に変換するには速さを掛ける必要があるが、その距離としてもっともふさわしいのは光速のはずだ。そうすれば c^2t^2 は距離の２乗と受け取ることができて、まさにピタゴラスの定理で考えたいとおりの形となる。では次にマイナスの符号の説明を。時空内での距離は、回転に相当するものを時空に施しても変化しないようになっていなければならない。その回転に相当するものとは、ウサイン・ボルトの両親からウサイン・ボルト本人へというように、ある観測者から別の観測者への変換ということだ。この「回転」のことを正式には「ローレンツ変換」と言う。その中に、相対論の物理をこれほどまでに奇妙なものにしている、時間の遅れや空間の収縮といったものがすべて詰め込まれている。相対的に慣性運動しているどの観測者のあいだで立場を切り替えても、時空内での距離が変化しないようにするためには、この謎めいたマイナスの符号がどうしても欠かせないのだ。光で考えればもっとも分かりやすいだろう。光は $x/t = c$ の速さで空間中を伝わる。これをミンコフスキーの公式に代入すると[4]、時空内における原点からの光の距離は**0になる**ことが分かる。時空座標をどのように「回転」させても原点は動かないのだから、どの観測者にとっても光は同じように見えるはずだ。空間内では光より速く運動するものは何もないが、時空内では光はまったく運動しない。光が特別であるのはそのためなのだ。

ではあなたについてはどうだろうか？　時空の中でどのように振る舞っているのだろうか？　あなたは椅子に身を預けながら本書を読んでいるとしよう。たとえ何をしていたとしても、あなた自身を基準として定めた空間内ではあなたは運動していない。しかし時間的には運動しているので、時空の中でも運動しているはずだ。ではその速さはどれだけだろうか？　時空内での距離の公式に $x=0$ を代入すると、$d=\sqrt{c^2t^2}$ となって、あなたは時空の中を $d/t=c$ という速さで運動していることが簡単に分かる。つまりあなたは時空内を光速で運動している。そしてそれはどの人にも当てはまるのだ。

ミンコフスキーは自ら導き出した時空座標と時空距離を組み合わせることで、４次元幾何学を用いた驚くほどエレガントな物理の全体像を構築しはじめた。その新たな言語でマクスウェル方程式を書き下すと、信じられないほど単純な形になる。空間と時間を別々に扱いつづけるのは、霧を通してこの世界を見つめるようなものだ。空間と時間を一つにまとめることで、驚くほど美しくて単純な世界があらわになる。理論物理学がこれほど研究しがいがあるのはそのためである。理解が進めば進むほど単純になっていくのだ。それがおそらくもっともはっきりと表れているのは、アインシュタインが幾何学を使って重力の正体を解き明かし、重力はまやかしであることを明らかにした件である。次にその話を、ここまでと同じく時間の遅れを使って説明することにしよう。しかしウサイン・ボルトと並んで走ったり、ゲンナジー・パダルカと一緒に宇宙空間を突き進んだりはしない。地球の中心に向かって突入していくと、時間の進み方が地表よりもわずかに遅くなるのだ。

チャレンジャー海淵

「何よりも孤独を感じる。巨大で広漠で漆黒、未知で未探検のこの場所に潜っていくと、自分がどんなにちっぽけなのかを思い知らされる」

カナダ人映画監督ジェイムズ・キャメロンの言葉である。もはやなす術もなく、何かもっと偉大なものに操られているという、あからさまな恐怖感がにじみ出ている。キャメロンの代表作『タイタニック』の台本からの引用ではなく、海面から11キロメートル近い、地球上でもっとも深い海底の地点、マリアナ海溝の底にあるチャレンジャー海淵からの帰還に際して自身の感情を表現した言葉だ。2012年３月26日、キャメロンは深海潜水艇ディープシー・チャレンジャー号でその地点を訪れ、地球上でもっとも過酷な環境であるこの異境でたった一人３時間を過ごした。

その50年前にもアメリカ海軍のチームがこの超深海を訪れていたが、一人きりで潜ったのはキャメロンが初めてである。だがおそらくもっとも注目すべきは、キャメロンが時間を13ナノ秒先取りして戻ってきたことだ。

キャメロンが未来へジャンプしたのは、ウサイン・ボルトやゲンナジー・パダルカと違って高速で運動したからではなく、「深み」を訪れたからだ。重力井戸に深く潜っていくことでも、いまの場合なら地球の中心に近づくことでも、時間の進み方はゆっくりになる。アインシュタインの天才的業績の頂点に位置する、相対論と重力を組み合わせた一般相対論の効果である。ジェイムズ・キャメロンは長時間にわたって深海を探検したことで、重力による時間の遅れの効果をかなり積み重ねた。しかし誰よりも地球の中心に近づいたのは、アルクティカ2007探検隊の隊員たちである。2007年８月２日、パイロットのアナトリ・サガレヴィッチと北極探検家のアルトゥル・チリンガロフ、そして実業家のウラジーミル・グルズデフが、北極海潜水艇 MIR-1 で北極点の水深約4261メートルの海底に潜航した。マリアナ海溝の水深に比べたらたいしたことないように思えるかもしれないが、地球は完全な球体ではない。扁平楕円体であって、赤道がわずかに膨らんでいる。そのため MIR-1 の乗組員は、ディープシー・チャレンジャー号よりもはるかに地球の中心に近づいた。３人の乗組員は海底に１時間半滞在し、数ナノ秒未来へジャンプした。土壌と動物のサンプルを採取するとともに、錆びないチタン合金でできたロシアの国旗を立てた。その行為を北極圏の各国は、ロシアの領有権を主張するものと受け止め、激しい抗議が巻き起こった。ロシアはそのような意図を否定して、ロシアの大陸棚が北極点にまで広がっていることを証明するためにすぎないと主張し、アポロ11号の宇宙飛行士が月面にアメリカ合衆国の国旗を立てた件になぞらえた。

本書は国際政治に関する本ではないが、このような出来事もけっしてテーマと無縁ではない。深海を探検した彼らがなぜどのようにして時間の流れを遅くできたかを理解するには、20世紀前半、世界中が戦争状態にあって、極限の環境で戦う一般の人たちの血が塹壕を満たしていた時代に身を置く必要がある。当時は科学の世界でも戦いが繰り広げられていた。それまでイギリスの物理学界は、時間と空間に対するアインシュタインの新たな考え方を受け入れようとしていなかった。アイルランド出身の意固地なスコットランド人男爵ケルヴィン卿に間違いなく付き従って、いまだエーテルの概念にほかのどの国よりも強くこだわっていたのだ。また、提唱から300年ほど経ってもいまだに確固たるモデルであった万有引力の法則、それを打ち立てたイギリス科学界の伝説的人物アイザック・ニュートンに身も心も捧げていたという面もある。ニュートンの重力理論は、惑星の運動から、第一次世界大戦中のソンムの戦いで降り注いだ弾丸の軌道まで、非常に多くの事柄を説明できた。しかしニュートンの理論には気がかりな点もあり、アインシュタインの研究によってそれがはっきりと認識されるようになった。それは、離れた場所に瞬時に重力が作用するという点である。

その理由を理解するために、もしも太陽が瞬時に消滅したら何が起こるかを想像してみてほしい。もちろんみんな死んでしまうことになるが、はたして私たちが自らの運命に気づくまでにどれだけの時間がかかるだろうか？　ニュートンの理論に支配された世界では、重力は遠く離れた場所に瞬時に作用するため、私たちは太陽が消えた瞬間にその消滅を知ることになる。しかしおかしなことに、太陽光が地球上の私たちのもとに届くまでには８分かかる。したがってアインシュタインの見方によれば、太陽から**どんな**シグナルを受け取るにしても少なくとも８分はかかるはずで、太陽の消滅を知らせるシグナルもその例外ではない。ニュートンの理論とアインシュタインの理論は真っ向から対立するのだ。アインシュタインはけっして愛国心が強かったわけではない。しかし第一次世界大戦のさなかにあって、一人のドイツ人がニュートンの王権に異議を唱えたことが、イギリスで好意的に受け止められるはずもなかった。

ニュートン自身もこの遠隔的な作用に深刻な懸念を抱いていた。1692年２月に学者リチャード・ベントリーに宛てた手紙には、次のように記されている。「何らの媒介物もなしに真空中を通じてある物体が離れた別の物体に作用をおよぼすというのは……、私にとってはあまりにもばかげたことであって、哲学的な事柄について思考する能力を持った人の中に、それを信じ込む人がいるとは思えない」

のちにアインシュタインはこの懸念の解消に取り組むものの、それによってニュートンの理論を斥(しりぞ)けて、ニュートン最大の発見を反駁(はんばく)することとなる。重力の存在を完全に否定したのだ。

重力はまやかしである。

重力理論の上級クラスをこの短い一文からスタートさせたいところだが、学生の中には取り乱す人もいることだろう。だがこの文は確かに真実で、重力は本当にまやかしである。地球上でも無重量になって重力を完全に消すことができる。その方法を知るために、砂漠の中に立つ豊かな都市ドバイを訪れ、空に向かって１キロメートル近くそびえる世界一高い建造物、ブルジュ・ハリファのてっぺんに登ってみよう。頂上に着いたら、窓を黒く塗りつぶした昔の電話ボックスのような大きな箱の中に入って、誰かに縁から落としてもらう。箱とともに地面に向かって落下する最中、いったい何が起こるだろうか？　あなたは１Gで地面に向かって加速するが、それと同じように箱の床も加速する。実際には多少の空気抵抗で箱は減速するだろうが、仮に空気が十分に薄ければ、あなたはほぼ無重量になって、重力は消えてしまう。重力について調べる方法としては確かに過激だ。しかし何もブルジュ・ハリファのてっぺんから飛び降りなくても、無重量効果を感じることはできる。車で急斜面を下ればいいのだ。胃袋がひっくり返るような感じがするのを知っている人もいることだろう。斜面を加速しながら下ると、重力が消えていくのだ。そんなとき私は決まって、アインシュタインの天才ぶりを腹の中で感じているのだと自分に（そして同乗者にも）言い聞かせている。

アインシュタインは、重力の効果を必ず打ち消せると気づいたときが、人生でもっとも幸せな瞬間だったと言い切っている。重力が消えるという発想をはるばるさかのぼっていくと、ルネサンス期の天才で現代科学の祖であるガリレオに行き着く。弟子のヴィンチェンツォ・ヴィヴィアーニによれば、ガリレオはピサの斜塔のてっぺんから質量の異なる２つの球体を落とし、それらが同じ速さで落下することを大学教授や学生たちに見せつけたという。かつてアリストテレスは重い物体のほうが速く落下すると主張していたが、それと相反する結果だ。実際にガリレオがこの演示実験をおこなったかどうかは議論の余地があるが*、この効果は間違いなく現実である。同様の実験はアポロ15号の宇宙飛行士デイヴィッド・スコットによって月面でもおこなわれた。一方の手にハンマーを、もう一方の手に鳥の羽根を持って、月面に向けて同時に落とした。空気抵抗が働かないため、ちょうどガリレオの予想どおり、２つの物体はまったく同じ速さで落下したのだ。まさにこの普遍的な振る舞いのおかげで、あなたと電話ボックスもブルジュ・ハリファのてっぺんから完全に歩調を合わせて落下していく。

重力を完全に消せるとしたら、はたして重力は実在するなんて言えるだろうか？　宇宙空間で重力をでっち上げることもできるのだろうか？　それは簡単、加速すればいいだけだ。国際宇宙ステーションのブースターを噴射し、１Gで加速して高度を上げはじめたら、宇宙飛行士はたちどころ

＊　おおかたの学者は単なる思考実験だったと考えているが、カナダ人歴史学者のスティルマン・ドレイクは、ヴィヴィアーニの記述はおおむね正確であると論じている。

に無重量状態ではなくなる。宇宙ステーションが押し上げられるだけだが、宇宙飛行士にとってはまるで自分が落下していて、重力の影響を受けているかのように感じられる。窓を黒く塗りつぶしていれば、宇宙ステーションは地上に降りてしまったのだと勘違いしかねない。

ここでポイントとなるのが、重力と加速は区別がつかないということである。窓を黒く塗りつぶした宇宙船の中では、自分が重力の効果を感じているのか、それとも宇宙船が加速しているのかを見分ける術はない。これをアインシュタインの「等価原理」という。重力と加速は物理的に等価であるということだ。この２つを見分けることはできない。まだ納得できない人は、車で少々スピードオーバーのまま曲がったときに何が起こるかを考えてみてほしい。左に曲がったとすると、身体がまるで車の右側のドアに向かって引っ張られたようになる。ちょうどまやかしの重力が横向きに作用したようなものである。実際には何が起こったのかというと、車が角を曲がって加速する一方で、あなたの身体がそれまでと同じ方向に進もうとした結果、反対側のドアに向かって身体が倒れたのだ。

いっとき深海探検家の話に戻ろう。彼らにとってどのように時間の流れが遅くなったのかを完全に理解するには、またもや光について考える必要がある。重力は光にどのような影響をおよぼすのだろうか？　重力と加速は区別がつかないのだから、加速が光にどのような影響をおよぼすのかを考えても同じことだ。何もない星間空間を一定速度で巡航している宇宙船の中であなたが浮遊していて、両腕にはゼリーを載せた皿を抱えているとしよう[(5)]。一方、友人はレーザー銃を持っている。もしも決闘だったらあなたの負けだが、いまからやるのは実験だ。あなたは友人に、ゼリーをレーザー銃で撃ってくれと指示する。友人がその指示どおりにすると、レーザーがゼリーを完全にまっすぐに切り裂く。次に再び同じことをするが、今度はその前に、エンジンを噴射してロケットを加速させる。あなたと友人はすぐにまやかしの重力の影響を感じ、空間内でその重力に押されて宇宙船の床の上にふつうに立てるようになる。そこであなたは友人にレーザー銃を発射するよう指示し、友人がそのとおりにすると、再びゼリーが切り裂かれる。そのレーザーの通った経路を詳しく観察すると、最初の実験ではゼリーをまっすぐに貫通したのに、2回目では下の図のようにわずかに曲がっている。

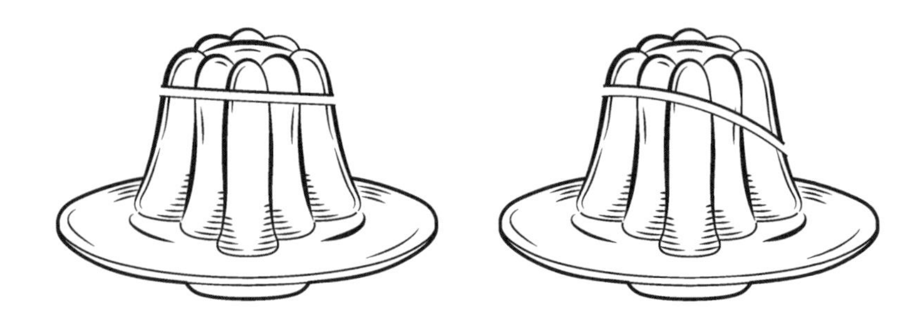

宇宙空間で皿に載ったゼリーにレーザー銃を発射した場合、宇宙船が一定速度で運動していたときの様子（左図）と、加速していたときの様子（右図）。

2回目の光線には何が起こったのだろうか？　何も特別なことは起こっていない。1回目と同じく空間中を直線的に進んだが、そのときゼリーはロケットとともに「上向き」に加速していた。そのためあなたとゼリーの立場から見ると、まるで光線が曲がったかのように見える。これは明らかにゼリーが加速していたせいだが、等価原理によれば重力によっても光は曲がるはずだと考えられる。

そして実際にそのとおりになる。

それは第一次世界大戦の終結からまもなくして証明された。その困難な時期にイギリスでアインシュタインの新説を受け入れる人はほとんどいなかったが、一人だけ彼を信じる人がいた。その人、アーサー・エディントンは思慮深くて野心にあふれた天文学者で、戦前と同じくドイツの同業者の研究に関心を持つようイギリスの科学者たちに訴える平和主義者だった。ドイツの学術誌を入手するのは困難だったが、オランダ人物理学者ウィレム・ド・ジッターを通じてアインシュタインの研究のことを知り、星の光が太陽の重力によって曲がるという予測を検証することにした。しかし太陽のそばを通過する星の光を観測したくても、太陽の輝きのせいでそれは不可能だった。観測をおこなうには日食を待つしかなく、計算によれば、1919年５月29日、アフリカ西岸沖に浮かぶポルトガル領の美しい島、サントメ・プリンシペから、大西洋を越えてブラジル北部にわたって日食が起こることが分かった。そこでエディントンは王室付き天文学者のフランク・ワトソン・ダイソンを連れてサントメ・プリンシペに渡り、また２つめの日食観測チームをブラジルのセアラー州にあるソブレルに派遣した。雲と雨によって観測の成功が危ぶまれたものの、日食の最中にヒヤデス星団の何個かの恒星を写真に収めることができた。そしてそれを夜間の写真と比較したところ、像が一致しなかった。日食中の写真では太陽のすぐそばを通過する星の光が大きく曲がっていて、夜間の写真とのずれが生じたことが明らかとなった。こうしてアインシュタインの予測は裏づけられ、世界中の新聞の一面で報じられた。アインシュタインがスーパースターになった瞬間である。

光が曲がることは時間に対して大きな影響をおよぼす。重力場から遠く離れていて、光が直線的に進む場合、宇宙ステーションの一方の壁に取り付けたランプから反対側の壁に掛けた絵まで光が伝わるのに数ナノ秒しかかからない。だがもしも宇宙ステーションがブラックホールのまわりを回る軌道上にあると、強い重力場によってその光は曲がる。まっすぐな経路よりも曲がった経路のほうが長いのだから、光が一方の壁から反対側の壁まで伝わるのに少しだけ長い時間がかかる。すると同じ出来事でも重力が強いほど長い時間がかかることになるため、重力は時間の流れ方を遅くするはずだ。

重力場が強ければ強いほど光が大きく曲がり、時間の流れがよりゆっくりになる。ジェイムズ・キャメロンがマリアナ海溝の底に潜って未来へジャンプできたのはそのためだ。海溝の底では、ごくわずかだが地球の重力場が強く、時計の進み方がゆっくりになる。逆も成り立つ。高いところに登って重力場がわずかに弱くなると、時計の進み方は速くなる。エヴェレスト山の山頂における1秒の長さは、海面における1秒と比べて約1兆分の1秒短い。アポロ17号の宇宙飛行士は、3日間の月面滞在を含む12日半のミッションによって記録的な負の時間の遅れを経験し、時間を約1ミリ秒さかのぼった*。

1959年、ハーヴァード大学のジェファーソンタワーでおこなわれた有名な実験によって、時間におよぼす重力の影響が直接測定された。ロバート・パウンドとその学生グレン・レブカJrが、高さ22.6メートルのそのタワーのてっぺんから麓の検知器に向けて、高エネルギーの電磁波であるガンマ線を発射した。そのガンマ線の振動数を時間の尺度として用いる、つまり、波が振動するたびに「針が進む」時計として使うという発想だ。実験の結果、同じ波でも、てっぺんより麓で測定したほうが振動数が高くなることが分かった。つまり、てっぺんよりも麓でのほうが、1秒間に対応する波の振動の回数が多かったということだ。ここから導き出される結論はただ一つ。タワーのてっぺんと麓とでは「1秒」の意味が違っていたと考えるほかない。麓での1秒に対応する波の振動のほうが多かったのだから、1秒がより長かったはずである。まさにアインシュタインの予測どおり、タワーのてっぺんよりも麓のほうが時間の流れ方が遅くなっていたのだ。

重力によって光が曲がって時間の流れ方が遅くなることを考えると、地球の中心核は地表に比べて約2年半若いということになる[(6)]。しかし本当に重力がまやかしだとしたら、それがどうやってこんなことを起こすというのだろう？　どうやって光を曲げるというのだろうか？　実はそんなことはしていない。光はつねに空間中を直線的に進む。曲がるのは空間のほうだ。その様子をイメージするために、果物籠からオレンジを1個取り出し

---

*　アポロ17号の乗組員は飛行中の大部分を通して高速で運動していて、それによって時間の進み方が遅くなる影響を受けた。しかし特殊相対論によるその効果よりも、ミッションの大半を通して受けた重力による負の時間の遅れの影響のほうが大きかった。

てほしい。そのオレンジの表面、互いに十分に離れたところに点を２つ打ち、それらのあいだの最短経路を描く。どうすれば最短経路になるかが分からなければ、２つの点が同じ高さ、つまりオレンジの「赤道」上に来るようにして、その赤道に沿って線を引けばいい。それができたら、途中でちぎれないように慎重に皮を剝き、テーブルの上に広げる。先ほど引いた線はどんな形になっているだろうか？　曲がっていないだろうか？　すごく奇妙だ。２点間の最短経路は直線だと思っていたのに、それが成り立つのは平面上だけだった。曲面上での最短経路は、ちょうどオレンジの表面に引いた線のように曲がっているのだ。光もそのような振る舞いをする。光は空間中の最短経路を進むが、空間が曲がっているせいで光の経路も曲がる。ロンドンからニューヨークへの長距離フライトに乗って、座席でフライトマップを見たことのある人なら、カナダの北極圏を通る奇妙に曲がった経路をつねに飛んでいるように見えるのに気づいたはずだ。これは、航空会社の計算した最短経路が地球の表面と同じく曲がっているためである。

　もちろん実際に曲がっているのは時空の幾何構造のほうだ。平らな時空における距離の計算のしかたはミンコフスキーが教えてくれたが、時空が曲がっていると距離の尺度が縮められたり引き伸ばされたりする。では何がそのように距離の尺度を縮めたり引き伸ばしたりするのか？　それは物質、つまりあなたや太陽、地球といったものだ。質量やエネルギー、はたまた運動量を持ったいかなるものも、時空を曲げたりゆがめたりする。平らに伸ばしたゴムシートを思い浮かべてほしい。その上に重い石を置くとシートは曲がる。物質が時空をゆがめる様子もそれと似ている。

　光はこのゆがんだ時空における最短経路を進む。非常に特別なタイプの最短経路で、あまりにも短く、時空における距離は０になる。しかし思い出してほしいが、だからこそ光は特別なのであって、それは時空がゆがんでいても成り立つ。光の進むこの経路を「ヌル測地線」という。では、惑星や恒星のようにもっと重い物体の場合にはどうなるのか？　時空の中でどのように振る舞うのだろうか？　やはり直線に相当する最短経路を進む。

光ほど速くは運動できないので光線と同じ経路はたどらないが、時空の中でできる限り効率的なルートを取る。そのような経路を「時間的測地線」という。ゆがんだ時空内では時間的測地線も曲がる。それどころか激しく曲がっているように見えることもある。地球のたどる経路は激しく曲がってループ状になり、1年かけて太陽のまわりで楕円を描くように見える。しかし実際には、重力をおよぼす太陽によって激しくゆがんだ時空の中で、時間的測地線という直線をたどって進んでいるにすぎない。

見るからにまっすぐではない曲がった経路を直線だと表現するなんて、詩的効果を狙ったにしてもやり過ぎだと思われたかもしれない。だが実際には、あなたが思ったよりも事実に即している。実は私たちが関心を持つたぐいの時空の幾何構造は、ズームアップすると必ず平らに見えるのだ。地球の表面も、宇宙から見たら曲がって見えるが、地上では平らであると勘違いしかねない。ズームアップしている限りほぼ平らである。時空もそれと似ている。激しくゆがんだ時空でも、十分にズームアップすれば、ミンコフスキーの表現した時空とそっくりに見える。このようにズームアップすればミンコフスキー時空を見つけられるからこそ、少なくとも十分に小さな領域では重力を消すことができる。ブルジュ・ハリファから飛び降りたときにもそれが起こる。確かに地球によって時空はゆがんでいるが、電話ボックスに入って世界一の高さのビルから飛び降りれば、自分の姿をズームアップして、少なくとも非常に良い近似で重力を完全に消すことができるのだ。

その最短経路、つまり時間的測地線は、誰または何がたどったとしても変わらない。ハンマーでも鳥の羽根でも違いはない。どちらも同じ時間的測地線をたどり、時空の中を光速で運動する。ガリレオが言ったとおり、まったく同じように落下する。しかしそうなる理由を解明するには、アインシュタインの登場を待たなければならなかったのだ。

アインシュタインの理論は次々に勝利を重ね、その突飛な予測はさらに突飛な実験によって裏づけられていった。光は曲がることが、エディントンが戦後におこなったサントメ・プリンシペ島への野心的な遠征によって裏づけられ、重力によって時間の進み方が遅くなることが、パウンドとレブカによるガンマ線の実験によって裏づけられた。惑星の軌道もアインシュタインの理論を検証するもう一つの鍵となり、中でも注目を集めたのが水星の軌道である。その軌道は楕円形だが、その楕円自体が移動、いわゆる「歳差運動」をしていて、1周ごとに位置がほんの少しずつ変わっていく。この水星のふらつきは、ニュートンの重力理論に基づいてもほかの惑星の重力による影響から予想されるが、その値は実測値と食い違う。その食い違いの大きさに気づいたフランス人数学者のユルバン・ル・ヴェリエは、水星と太陽のあいだに見えない暗黒の惑星ヴァルカンが存在すると予測した。ル・ヴェリエの説によれば、ヴァルカンの重力によって水星の軌道が変化し、まさに観測結果のとおりにふらつくのだという。彼は以前にも同様の予測によって実績を築いていた。1846年8月、天王星の軌道のふらつきを調べることで、海王星の存在を予測していたのだ*。それから1カ月も経たずにドイツ人天文学者のヨハン・ゴットフリート・ガレとハインリヒ・ルイス・ダレストが、ル・ヴェリエの予想した位置から角度1度にも満たない地点に海王星を発見した。だがそれとは対照的にヴァルカンは、偽りの発見の報が何度も伝えられながらも、けっして見つかることはなかった。実はヴァルカンは存在せず、水星のふらつきはアインシュタインの理論による補正で説明できるのだ。水星は太陽にもっとも近いため、その補正の程度がほかの惑星よりも大きくなる。

海王星とヴァルカンが対照的な運命をたどったというこの教訓めいた逸話は、21世紀になっても尾を引いている。今日では、既存の理論と宇宙論的な観測結果との辻褄を合わせるために、「ダークマター」や「ダークエ

＊　イギリス・コーンウォール地方出身の数学者ジョン・クーチ・アダムズも、独立にまったく同じ結論を導き出した。しかしグリニッジの王立天文台にその結果を伝えたのは、ル・ヴェリエがフランス学士院で新惑星の予想位置を発表した2日後のことだった。いかにもコーンウォール人らしく物事を進めるのがゆっくりで、計算はル・ヴェリエより先に始めながらも、結果をはじき出したのはわずかに遅かったのだ。

ネルギー」といったものが必要であると論じられている。しかしある説によると、それらはヴァルカンと同じく実在してはおらず、観測されているのはさらに新たな重力理論、すなわちアインシュタインの理論を宇宙物理学や宇宙論に即して改良した理論による補正効果であるのだという。21世紀に入った頃にその説は多少勢いづいたものの、アインシュタインのオリジナルの理論がまたもや成果を上げたことで、近年は失速している。その成果とは2015年の重力波の発見である。アインシュタインの予測によれば、時空はダイナミックな代物であって、その中を伝わるさざ波、いわゆる重力波が、時間と空間の形を非常に特徴的にゆがませるという。代わりの多くの理論から予測される重力波はそれと異なる形で時空をゆがませるが、実際に観測されたゆがみ方はアインシュタイン本人の予測と完璧に合致している。もしも魔法のように太陽が姿を消したら、重力波、もっと正確に言うと時空の津波が、太陽の消滅を私たちに知らせてくれることだろう。その波は太陽系全体に光速で伝わって、太陽の重力場を引き裂き、アインシュタインがニュートンに勝利したことを世界の終わりに裏づけることとなる。

ウサイン・ボルトが人間の相対論効果の限界、時間をいじくる私たちの身体能力の頂点だとしたら、重力に関してそれに相当するものは何だろうか？　重力によって時間が跡形もなくゆがんでしまっているのはいったいどこだろうか？　その答えを握るのは、「終わりなき創造をもたらす美しき暗黒の源」。

ポーヴェーヒーである。

深淵を垣間見る

ポーヴェーヒー。宇宙創成を歌った古い詠歌「クムリポ」に登場するハワイ語の言葉で、「終わりなき創造をもたらす美しき暗黒の源」という意味だ。マオリ語では単に恐怖を意味する。ポーヴェーヒーは、おとめ座にある超巨大銀河M87の中心に潜む怪物、恐ろしい巨人である。2019年4月、地球上の私たちはその姿を初めて目撃した。

イベント・ホライズン望遠鏡によって観測されたポーヴェーヒーの壮麗な姿。

ポーヴェーヒーの驚愕の姿は、世界中に戦略的に配置された8台の地上電波望遠鏡から構成される、イベント・ホライズン望遠鏡によってとらえられた。被写体の大きさと距離を考えると並々ならぬ偉業である。パリのカフェから望遠鏡でニューヨークにある新聞を読むことをイメージしてほしい。そのくらいのことをしないと、この驚きの画像をこれほど詳細に撮影することはできなかったのだ。

では、このおどろおどろしい暗黒の被写体はいったい何なのか？　ポーヴェーヒーは巨大な姿をしたブラックホールで、その質量は太陽の数十億倍。重力は極限にまで達している。前に話したとおり、光は重力によって曲がる。では、重力場をどんどん強くしていって、時空をどんどんゆがめていったら何が起こるのだろうか？　牢屋ができあがるのだ。光がすさまじく曲げられて捕らえられ、逃げ出せなくなる。光が逃げ出せないのであれば、何ものも逃げ出せない。ポーヴェーヒーはいわば宇宙の地下牢、情け容赦のない地獄、忘れられし者の牢獄だ。

そのような恐怖を初めて思い浮かべたのは、一人のイギリス人聖職者である。その人ジョン・ミッチェル師は1783年11月、太陽の500倍の大きさがあって重力があまりにも強く、光すら逃げ出せない巨大な天体、「暗黒星」が存在すると唱えた*。そこにあるのに見えない巨人というこの説は、当時こそ人々を興奮させたものの、まもなくして忘れ去られる。というのも、光は粒子からできているとする粒子説に基づいていたためである。19世紀に入った頃にトマス・ヤングがおこなった実験によって波動説が登場し、粒子説は道を譲った。暗黒星に関するこの研究こそ200年近くにわたって無視されたものの、ミッチェルは地震学の父として科学界に受け入れられる。1755年にリスボンを襲った大地震と津波に関する研究で、地震は大気の攪乱（かくらん）でなく地殻の断層によって発生するという説を示したのだった。

今日ではほとんどの科学者が、ブラックホールは確かに実在すると確信している。一般的にブラックホールは、太陽の20倍以上の質量を持った大きな恒星が燃料を使い果たすことで形成される。恒星のパワーの源は、その中心部分で原子核がぎゅうぎゅう詰めになって押しつぶされることで起こる核融合、いわば絶えず爆発しつづける熱核爆弾炉である。恒星はこのパワーのおかげで、自身の重さで潰れずに済んでいる。外向きの熱圧力が重力の効果に抗うのだ。しかしそれも永遠には続かない。恒星の中心部分で作られた鉄が増えすぎると、核融合の効率が下がって自重を支えきれなくなる。恒星の死である。あっという間に重力が圧倒して恒星を内側へ押しつぶし、どんどんきつく首を絞めていく。すると「ドカーン」！　恒星が反撃に出て、重力の容赦ない攻撃に対して劇的なカウンターパンチを食らわせる。その反撃を引き起こすのは、恒星の中心部分に溜まった中性子。中性子は互いに接近しすぎると、強い核力によって激しく反発しあう。恒星の外層が内側に落ちていくと、中性子からなる固い中心部分に衝突して

---

*　優れたフランス人数学者ピエール・シモン・ラプラスもミッチェルの10年ほどのちに、ブラックホールのような天体が存在しうるという同様の結論に達した。ラプラスがミッチェルの研究のことをどの程度知っていたかは定かでない。そもそも当時のフランスは革命に明け暮れていたため、両国間で科学に関する情報交換をおこなうのは容易ではなかったことだろう。

跳ね返る。そして瞬時に圧力波が恒星表面まで伝わって、恒星を爆発させる。ひととき銀河全体よりも明るく輝く大事変、超新星である。

その跡には何が残るのだろうか？　ほとんどの場合、すさまじく密度が高くて、スプーン１杯分だけで地球の山１つ分もの質量がある天体、中性子星が残る。全質量が太陽約３個分を下回る限り、中性子星は生き延びることができる。それより重くなると、重力が再び首を絞めはじめる。中性子にはなす術がない。何ものにもなす術はない。収縮に歯止めが利かなくなる。最終的にあまりにも密度が高くなって、光ですら逃げ出せなくなる。かつてその恒星だった物質はすべて、宇宙の地下牢の落とし戸、その先からは後戻りできない回転楕円体の表面、いわゆる「事象の地平面」の向こう側に隠されてしまうのだ。

恒星のうちおよそ1000個に１個は、重力によって命をすり減らして最期を迎えるほどの巨漢である。そうして形成された「恒星質量ブラックホール」は、かつて存在していた巨大でパワフルな恒星の影のような名残として、天の川銀河の至るところに散らばっている。しかしポーヴェーヒーはもっとずっと大きい。恒星の死によって生まれた典型的なブラックホールは質量が太陽の５個から10個分だが、ポーヴェーヒーの質量は太陽の65億個分もある。5000万光年以上離れた巨大銀河の中心に鎮座するリバイアサン、超重ブラックホールだ。私たちの天の川銀河の中心にあるブラックホール、いて座A*は、このポーヴェーヒーに比べたら小物で、質量は太陽の400万倍。ほとんどの銀河は超重ブラックホールを中心としてまとまっていると考えられている。銀河0402+379には超重ブラックホールが２個存在していて、これはおそらく２つの小さな銀河が衝突した結果だろう。0402+379の中心部では重力波の津波が渦巻いていて、２頭のリバイアサンが覇権を懸けて格闘するとともに時空が引き裂かれているに違いない。ポーヴェーヒーなどのモンスターがどのように誕生したのかは、実はまだ完全には解明されていない。おそらくは、巨大な恒星の名残である恒星質量ブラックホールが、近づきすぎた物質を見境なく呑み込んでいって、何千万年もかけて巨大なサイズに成長したのだろう。

ブラックホールであるかどうかは、事象の地平面が存在するかどうかで決まる。事象の地平面にじっと留まるだけでも、光速で運動しつづける必要がある。恒星質量ブラックホールの場合、事象の地平面に近づくだけで命を落としかねない。ある意味それは奇妙な話だ。前に言ったように重力はまやかしであって、ブルジュ・ハリファのてっぺんから落ちるにしても、ブラックホールの事象の地平面に向かって落ちるにしても、電話ボックスの中に入れば必ず重力を消せるというのに。問題は、重力場が強くなればなるほど時空のゆがみが激しくなって、重力を消せる領域の広さ、つまり電話ボックスの大きさが小さくなっていくことである。電話ボックスの外では重力応力の勾配が危険なほど大きく、潮汐力を無視できない。恒星質量ブラックホールの場合、事象の地平面が重力井戸の底に近すぎるため、そこに近づきすぎると潮汐力によって身体が引き裂かれてしまうのだ。一方、ポーヴェーヒーのような超重ブラックホールの場合は、重力井戸の底がまだずっと先なので、事象の地平面を通り過ぎてもとくに何も起こらない。しかしその敷居をまたいだら最後、もう時間はあまりない。文字どおり時間が終わってしまうのだ。ブラックホールの中心には「特異点」というものがあり、そこでは時空が無限大に達して、重力場が際限なく大きくなる。特異点は空間の終わりではないが、時間の終わりではある。ひとたび事象の地平面を越えたら、時空内であなたは特異点へと連れていかれる。そこではたとえ原理的にも文字どおり明日はなく、未来は存在しない。そのハルマゲドンに近づくにつれて、重力応力、つまり巨大な潮汐力によってあなたの身体はスパゲッティのように引き伸ばされ、身体を構成する原子がばらばらになり、原子核が陽子と中性子に、さらに陽子と中性子がその構成要素であるクォークとグルーオンに引き裂かれる。もしも意識が残っていたら、きっとひと思いにやってくれと思うはずで、そのとどめは特異点という慈悲深い必然が刺してくれる。

だが、あなたがブラックホールに落ちていくのを誰かが遠くから見ていたとしたら、その人にはまったく違った光景が見えるだろう。最初のうちはあなたがブラックホールに向かって加速していくのが見える。仮にあなたの主観的な時計、つまりあなたのはめた腕時計を見ることができたとしたら、あなたが重力井戸に深く深く突っ込んでいくにつれて、その時計の進み方がどんどんゆっくりになっていくのが見えるだろう。そしてあなたが事象の地平面に達すると、その時計とあなたは完全に静止したように見える。まるで時間と空間の中であなたが凍りついて、事象の地平面の上に貼り付き、近づきすぎるとどんな目に遭うかを永遠に物語っているかのようだ。ブラックホールに入らなかったわけではない。あなたは実際にブラックホールに入った。事象の地平面であなたの経験する１秒１秒が、外にいる人にとっては永遠になってしまうせいで、あなたがブラックホールに入るのをけっして見ることはできないのだ。

事象の地平面から遠く離れていれば時間は止まらないが、近づきすぎるとかなりゆっくりになる。十分な速さで自転しているブラックホールの場合、事象の地平面のごく近くを通る安定な惑星軌道が存在しうる。そこにしばらくのあいだ留まって、時間の流れ方を遅くしてから戻ってくると、原理的には何年も未来にジャンプできる。映画『インターステラー』では宇宙船エンデュランス号の乗組員が、ガルガンチュアという名の超重ブラックホールのまわりを公転する、ミラー飛行士の待つ惑星を訪れ、重力による時間の遅れをもろに経験する。ガルガンチュアは理論的上限から１兆分の１パーセントしか遅くない超高速で自転していて、ミラーの待つ惑星は事象の地平面からその半径の1000分の数パーセントしか離れていない軌道上を公転している[(7)]。偵察に向かった乗組員はその惑星に３時間強しか滞在しなかったが、エンデュランス号に戻ってみると、待っていた仲間たちはなんと23歳も年を取っていた。とはいえ、自転速度が上限の99.8パーセントを超えないようにする自然のメカニズムが存在するため、これほど高速で自転するブラックホールは、たとえ存在していたとしてもとてつもなく稀である。したがって惑星軌道が事象の地平面にここまで近づくことはできず、時間の遅れの効果ももっと弱くなる。ポーヴェーヒーの自転速度はこの99.8パーセントの上限に近いらしい。この実在のリバイアサンのまわりを公転するもっとも内側の惑星上での３時間は、母船で待っている人にとっての32時間24分に等しいことになる。ハリウッド映画にはさほどふさわしくないが、ポーヴェーヒーは実在していて観測されていることを忘れてはならない。もしかしたらそのまわりを公転する惑星には、ここ地球上で慌ただしく生きる私たちと比べて、11倍近くゆっくりと命を刻む生き物が暮らしているかもしれない。

ポーヴェーヒーの画像は、自然界にブラックホールが実在する証拠として説得力がある。そのこと自体は間違いではないが、ただし確定的な証拠とは言えない。そもそも事象の地平面そのものを見ることはできず、その2.5倍の大きさの影しか見えないからだ。確かにイベント・ホライズン望遠鏡は想像力を掻き立てる見事な画像を提供してくれたが、ブラックホールの実在をもっとも強く物語る証拠は重力波によって得られている。2015年９月14日、LIGO（レーザー干渉計重力波望遠鏡）の観測チームが、時空の織物に生じたそのわずかなさざ波を初めて検知した。LIGOは２カ所で運用されている。ワシントン州ハンフォードの元核燃料製造施設と、ルイジアナ州リヴィングストンに広がる、ワニの群棲する沼地である。この重力波のさざ波は非常に小さく、検出器の全長４キロメートルのアームを原子１個分足らずしか伸び縮みさせなかった。ところがそのさざ波を発生させたのは、観測可能な宇宙の果てで、太陽の36倍と29倍の質量を持った２個のブラックホールが合体するという猛烈な現象だった。発生源から波によって広がったエネルギーもすさまじく大きく、太陽の質量３個分、広島に投下された原爆10^{34}発分に匹敵し、その爆発的な時空の津波は空間を一方向に押し縮め、別の方向に引き伸ばした。しかし何かそれとは別のもの、ブラックホールとは違う何か風変わりな天体が合体したことで、その波が発生したということはありえないのだろうか？　合体の瞬間、２つの天体はわずか350キロメートルしか離れておらず、太陽65個分というその合計質量が、のちに形成される事象の地平面の大きさの２倍にも満たない領域に詰め込まれていた。らせんを描きながら究極の抱擁を交わすブラックホールのペア、それ以外の代物を思い浮かべるのはなかなか難しいのだ。

1.000000000000000858なんて最初はけっして大きい数には思えなかった

が、実は未知の世界への扉を開いてくれるほどには大きかった。ウサイン・ボルトはこの時間の遅れの世界記録を達成することで、相対論の一端に触れた。トラックが縮んで時間の流れ方がゆっくりになる、日常の直観からはかけ離れた物理世界を覗かせてくれた。その極限にはブラックホールの物理があり、事象の地平面の中に落ちた哀れな犠牲者にとって時間は静止する。幸運にも私たちは、ブラックホールが発見されるという、空前無比の時代に生きている。モンスター銀河の中心にある巨大なポーヴェーヒーの落とす暗い影を見ることができる。リバイアサンどうしの衝突する音、天空の神々の結婚を告げる相対論的な雷鳴のごとき雄叫びを、時空に響き渡る重力波を介して聞くことができる。それらの神々の物理は、この物理的現実に関する影のごとき真理、いわゆるホログラフィック原理、ホログラムに閉じ込められた宇宙の存在をにおわせている。これから先の章でも引きつづきその物語を、エントロピー、秘密を守る者、量子力学、素粒子の世界を治める者といった概念を掘り下げながら語っていこう。1.000000000000000858より大きくてさらに目を見張る数たち、何頭ものリバイアサンを通じて語っていくことにしよう。

② グーゴル

ジェラード・グラントの話

幼い頃、いとこのジェラード・グラントがよく怪談を聞かせてくれた。月明かりに照らされた祖父の幽霊が聖母マリア像の前で祈りを捧げているのを見たとか、アイルランドの僻地でキャンプをしていてふと目覚めると、外に置いてあったコンロでベーコンエッグがジュウジュウと音を立てていたといった話だ。「レプラコーン」というこびとのしわざに違いないという。自分の死を予言した男の話もあった。「その男は自分のあとをつける自分自身を見て胸騒ぎがした」。虫の知らせか？　「ドッペルゲンガー、瓜二つの自分だ。そうして男は自分がもうすぐ死ぬことを悟った」。そしてそのとおり死んだ、とジェラードは話してくれた。

物理学や数学の真面目な本にドッペルゲンガーの話なんて似つかわしくないと思われたかもしれない。しかし巨大な数にまつわる話となったら、思いがけない展開を予想しておくべきだ。その話は「グーゴル」から始まる。それはこんな数である。

10000000000000000000000000000000000000000000000000000000000000
000000000000000000000000000000000000000

1のあとに0が100個続いている。つまり10の100乗だ。グーゴルを十進数で表すと、このようにエレガントに、さらには頽廃的(たいはいてき)にも見え、地に足のついたどんな基準からしても大きな数と言って差し支えない。宝くじで1グーゴルポンド当たったら、豪華なヨットを1隻どころか船団丸ごと、あるいは航空母艦を1隻、あるいはお望みであれば世界中のすべての船を残らず買うことができる。アメリカ合衆国を買うことだってできる。おそらく50兆ドルもあれば合衆国を丸ごと買えるのだから、あなたのようなグーゴル長者にとっては何ということはない。文字どおりあらゆるもの、観測可能な宇宙に存在するすべての分子、すべての原子、すべての素粒子を買うことができる。この宇宙に存在する素粒子はおよそ10^{80}個なので、1個100京ポンドで買ったとしてもまだお釣りが来る。

グーゴルの物語は9歳の少年ミルトン・シロッタから始まる。おじはコロンビア大学の著名な数学者エドワード・カスナー。ヘルマン・ミンコフスキーやカール・シュヴァルツシルト、ロイ・カーといった、特別な時空に自分の名が冠された選ばれし人々のグループに属している。カスナー時空はあなたが経験したことのあるどんな宇宙とも異なる。その中に座っていると、まるでパン生地が一方向に引き伸ばされて別の方向に押しつぶされるように、いくつかの方向では空間が膨張し、別の方向では収縮する。しかしこの恐ろしい世界はグーゴルとは何の関係もない。カスナーがこの概念を思いついたのは、無限大の大きさを人々に伝えようとしていたときのことだった。非常に巨大に思える数であっても、無限大に比べれば、実際的などんな意味から言っても無視できるくらい小さいのだということを伝えたかったのだ。それを表現するためにカスナーは1のあとに0が100個続く数を選んだが、そのちっぽけな巨人には何か呼び名が必要だった。10デュオトリギンティリオンや10セクスデシリアードではしっくりこない。すると甥のミルトンがもっとずっと良い名前を提案してくれた。それがグーゴルである。

これほどの大きさを誇る数がそもそもその小ささを説明するために導入されたというのは、なんともおもしろい話だ。カスナーと甥のミルトンは続いてもう一つ突拍子もない数を思いついた。「グーゴルプレックス」。ミルトンのもともとの定義によれば、1のあとに0を「疲れるまで」書き連ねた数である。実際にどのくらい大きい数になるか、私は実験してみた。すると、疲れないくらいのかなりゆったりしたペースで1分間に0を135個書くことができたので、グーゴルプレックスはグーゴルよりも明らかに大きい。もう少し極めたければ、ランディー・ガードナーばりのスタミナを持った人に協力してもらうのがいいだろう。1960年代半ば、十代のランディーは、睡眠遮断の影響に関する実験の一環として、11日と25分にわたって一睡もしなかった。仮にその時間をグーゴルプレックスを書くのに費やして、私と同じゆったりしたペースを続けたら、1のあとに0を2141775個書き連ねることができただろう。確かに大きな数だが、最終的にカスナーはグーゴルプレックスをもっと明確に定義したいと思い、ミルトンの基準をはるかに上回る数に落ち着いた。この新たな数を、1のあとに0が1グーゴル個続く数と定義したのだ。いったん落ち着こう。0が1グーゴル個だ！ 10の1グーゴル乗だ！ とてつもなく巨大な数だが、これよりもはるかに大きい数が無限個存在することを、カスナーは訴えようとしたのである。

たとえばグーゴルプレキシアン。1のあとに0がグーゴルプレックス個続く数だ。「グーゴルプレックスプレックス」や「グーゴルデュプレックス」という呼び名もある。後者の命名法のほうがはるかに強力で、これを再帰的に繰り返していけば真に巨大な数の階層を丸ごと生み出すことができる。グーゴルデュプレックスの上は、1のあとに0がグーゴルデュプレックス個続く数「グーゴルトリプレックス」。その上は、1のあとに0がグーゴルトリプレックス個続く数「グーゴルクワドルプレックス」。以下同様だ。[1]

ちょっと調子に乗りすぎた。グーゴルとグーゴルプレックスまででやめておくことにしよう。次なる驚異の物理をひもといて、ドッペルゲンガーに気をつけろと諭す物語を改めて掘り下げるには十分すぎるのだから。グーゴリアン宇宙やグーゴルプリシアン宇宙を想像すれば、「ドッペルゲンガーは実在するのだろうか」という疑問が頭をもたげてくる。グーゴリアン宇宙とは、あなたの使っている何らかの実用的な距離単位（メートルでもインチでも、ハロンでもたいして違いはない）で測って、1グーゴル以上のさしわたしのある宇宙のことだ。グーゴルプリシアン宇宙はさらに大きく、同じ実用的な単位でさしわたしが1グーゴルプレックスある。

宇宙論的なドッペルゲンガーという発想は、マサチューセッツ工科大学

（MIT）の物理学者マックス・テグマークにさかのぼる[(2)]。テグマークは、どんな望遠鏡で見える範囲よりもはるか遠くにいくつもの世界が広がる、広大な宇宙を思い浮かべて、その宇宙のどこか遠くにいるあなたと瓜二つの存在、髪型も鼻の形も、考え方すら同じである存在までの距離を推計した。私は初めてテグマークの主張を読んだとき、本当だろうかと疑った。突っかかるつもりはなかったが、なぜこの宇宙にもう一人のあなたが、もう一人の私が、もう一人のジェイムズ・コーデン（コメディアン）がいる必然性があるというのだろう？　そこで私は腰を落ち着けて考えてみた。テグマークの主張は、物理学全体の中でももっとも想像力に富んだ概念、ホログラフィック原理から導き出されたのだ。

そこで私は、世界最高の物理学者たちをホログラフィック原理へと導いた、非常に重要ないくつかの概念を使って、自力でその距離を計算してみることにした。その話を語り尽くすには、「グーゴル」と「グーゴルプレックス」という２つの章をまたぐ必要がある。取っかかりはエントロピーと、それが人間や人間サイズのブラックホールにとってどんな意味があるのか。ミクロな世界の神秘である量子力学に深く分け入って、あなたがあなたであるために、そしてあなたのドッペルゲンガーがあなたであるために、量子力学がどんな意味を持つのかを解き明かす。最後に挙げる私の推計値はテグマークの値よりも少々控えめだが、おおざっぱに見れば同じである。私の計算したあなたとあなたのドッペルゲンガーの距離は、メートルやマイル、あるいは実用的などんな単位で表したとしても、次なる２つのリバイアサン、グーゴルとグーゴルプレックスのあいだに入る。要するに、グーゴリアン宇宙ではあなたのドッペルゲンガーは見つからないが、グーゴルプリシアン宇宙にはほぼ間違いなく存在する。本書と瓜二つの本を読んでさえいるかもしれない。

エントロピーという誘拐犯

鏡を覗き込んでみてほしい。何が見えるだろうか？　私は鏡に映った自分の姿を見るたびに、スペイン人の祖母から受け継いだまだら状の白髪や十字型の皺に目が行く。気にはならない。そもそも私は理論物理学者。外見を気にしない職業であることは周知の事実だ。しかし私が本当に見ているのは、時間の経過、「エントロピー」の増大である。

あなたのドッペルゲンガーまでの距離を推計しようとしたら、まずはエントロピーと、それが増えることの恐ろしさを理解する必要がある。エントロピーという言葉は誤解されることが多く、無秩序や崩壊とうっかり同じ意味で使われがちだ。実はそれよりも、誘拐犯や看守ととらえるほうがふさわしい。いずれ宇宙全体のエネルギーを永遠に閉じ込めてしまう牢番だ。しばしヴィクトリア朝時代のイングランドを思い浮かべてほしい。あなたは北部の町の煙突群から立ちのぼる黒い煙を見下ろしている。労働者たちがアリのように連なって工場に入っていき、彼らの暮らす長屋はぞっとするようなスモッグに覆われている。人間としての欲望が留まることを知らなくなった最初の時代だ。もっと機械を、もっとエネルギーを、もっとパワーを。しかし永遠に続くはずはない。この惑星が気候変動で死にゆくからではなく、エントロピーとその避けようのない増大のせいである。

エントロピーの物語は、このヴィクトリア朝時代の工場群と、サディ・カルノーという名の若きフランス人軍事工学者の探究心から始まる。カルノーは産業革命の煙と轟音に掻き立てられて、熱のダイナミクスとその力学的パワーとの関係性を扱う、「熱力学」と呼ばれる独自の物理学分野を打ち立てた。燃料を燃やすのは、その熱を何か役に立つものに変換するためだ。たとえば自動車のエンジンの中では、燃料を急激に燃焼させて高温のガスを発生させ、それでピストンを押し返す。そしてその運動をクランクシャフトで車輪に伝え、自動車を前方へ推進する。19世紀初めには自動車はなかったが、カルノーの発想は当時の列車や工場よりもはるかに幅広く通用した。カルノーはエンジンの肝が温度差であることに気づいた。温度差が存在すれば必ず、列車の推進力や機械の駆動力のような、有用な力学的仕事を引き出すことができる。しかし熱は必ず高温の場所から低温の場所に流れていって、温度差がなくなったらそれで終わりだ。それ以上仕事を引き出すことはできず、それ以上機械を駆動させることもできない。

もしかしたら、同じ機械を使って再び加熱したり冷却したりすれば、熱を循環させられるはずだと思われたかもしれない。温度差を復活させて、再び有用な仕事を引き出せるのではないか。ある程度はそのとおりだが、カルノーが証明したとおり、そのように熱を循環させるにはどうしても、取り出すエネルギーよりも多くの有用なエネルギーをつぎ込む必要がある。自動車に当てはめて言うと、自動車の運動エネルギーを変換して燃料に戻すことで、ガソリンスタンドに行って給油する手間を省きたいということだ。かなり器用な人ならそのエネルギーの一部は元に戻せるかもしれないが、最初につぎ込んだのと同じ量までは無理で、いずれはガス欠になってしまう。現実の世界では必ず何かが失われてしまうのだ。少なくともお金を使わずに、ガソリンタンクの中身を完全に元に戻すことは、絶対にできない。工場で利益を上げることを考えるヴィクトリア朝時代の起業家にとって、この手の知識は重要だった。そしてこれから見ていくとおり、エントロピーというサイコパスがこの宇宙全体から生命を根絶やしにするさまを理解する上でも、その知識は重要となってくる。

カルノーの研究成果のどこがもっとも驚くべき点なのか、それはなかなか判断がつかない。エネルギー保存則（すぐあとで説明する）が知られる前にすべてを解き明かしたことなのか。あるいはそれを解き明かす際に、完全に間違った熱のモデルを思い浮かべていたことなのか。カルノーは同時代の多くの人と同じく、熱は流体のように振る舞って互いに反発し合う、熱素と呼ばれる物質であると信じていた。熱素は実在しないが、結果的にそれは問題にはならなかった。細部を削ぎ落として真に重要な事柄に集中する、たぐいまれな才能のおかげである。だが、自説を発表してから４年もせずにカルノーは軍隊を辞め、10年もせずに世を去った。1832年、まだ三十代半ばで、２万人近いパリ市民の命を奪ったコレラの流行に倒れたのだ。伝染を防ぐためにカルノーの遺体は所持品の大部分とともに焼かれ、その中には未発表の研究成果も数多く含まれていた。カルノーの非凡な才能が人々に知られたのは何十年ものちのことで、燃やされた原稿の内容はけっして明らかにならないだろう。これから見ていくとおり、このような悲劇の物語は熱力学の歴史上何度も繰り返されることとなる。

ユリウス・フォン・マイヤーの物語もその一つである。医師のフォン・マイヤーは、1840年におこなわれたオランダ領東インドへの遠征で船医を務めた。船員が病気になると、症状を和らげるために、患者の静脈を切り開いて瀉血をおこなった。当時は一般的な治療法だったが、そこでフォン・マイヤーはある驚きの発見をする。船員の静脈を流れる血液の色が、動脈血と同じくらい鮮やかな赤色であることに気づいたのだ。祖国ドイツのようなもっと寒い地方では、肺に向かって流れる静脈血はもっとずっと黒ずんでいる。栄養素をゆっくりと燃焼させて身体を温かく保つために、酸素が使われてしまっていて、酸素不足になっているからである。ここでフォン・マイヤーは、熱帯の日光のもとではさほど栄養素を燃焼させなくても身体を温かく保つことができ、それゆえに静脈血の酸素濃度が予想より高くなっているのだという結論に達した。つまり、体内で栄養素から発生する熱と太陽からもたらされる熱は、等価であるということだ。それどころかフォン・マイヤーは、すべての熱が「エネルギー」と等価であると考えた。

この船医はちょっとした瀉血をおこなうことで、エネルギーはけっして生成も消滅もしないという「熱力学の第１法則」を打ち立てたのである。エネルギーはつねに存在していて、ある形態から別の形態へと自由自在に姿を変えることができる。フォン・マイヤーはまた、カルノーの発想の源となった古い熱素説に反して、熱はエネルギーの一形態にすぎないと断定した。そして自らの発見を書き上げて発表するも、いっさい認められることはなかった。物理学の教育を受けていなかったために、文章が稚拙で間違いも散在していたからだ。やがて、それと同じ結論にイギリス人物理学者のジェイムズ・ジュールが独自にたどり着き、その科学的厳密さゆえにこの発見の功績をほぼ完全に我がものにした。それからまもなくしてフォン・マイヤーは２人の我が子を次々に亡くし、さらなる苦しみに見舞われる。そうして鬱に陥り、自殺を図って精神科病院で最期を迎えた。身内の悲劇に加えて業績が無視されたことで、聡明な人物が非業の死を遂げたのだ。

熱力学の呪縛からは誰も逃れられない。やがては私たち一人ひとり全員に、そして私たちの暮らすこの宇宙の隅々に降りかかってくる。来たるべき恐怖を理解するために、熱い紅茶を一杯淹れてみてほしい。淹れたてのときには、紅茶とまわりの空気のあいだに温度差があるのが分かるだろう。カルノーによれば、紅茶と空気のあいだに小さな熱機関を設置すれば、その熱を有用な力学的仕事に変換できるはずだ。ちっぽけなモーターを駆動させることすらできるかもしれない。もちろん何か邪魔が入って、熱機関を設置する前に長いあいだ紅茶を放置していたら、紅茶から空気に熱が流れて、最終的にはどちらも同じ温度になってしまう。そうなったら手も足も出ない。最初にどれだけの熱エネルギーを使えていたとしても、結局は無用で手のつけられないものになってしまう。再びモーターを駆動させるには温度勾配を復活させる必要があるが、スイッチを切り替えればひとりでに温度勾配が生じるようなものではない。新たな温度差を生み出すと必ずエネルギーが費やされ、そのエネルギーはどこからか供給されなければならない。もっとも簡単なのは、やかんで湯を沸かしてもう一杯紅茶を淹れることだが、それはただではできない。

何ものかが私たちからエネルギーを奪い取っている。もちろんそのエネルギーは破壊されるわけではないが、手の届かないところに持ち去られてしまう。誰、または何が持ち去っているのか？　一杯の紅茶を長いあいだ放置したとき、その熱がひとりでに流れていくよう仕向けるのは何なのか？　温度差を均(なら)して、私たちに使えるエネルギーを引き出させまいと躍起になっているのは、いったい何ものなのだろうか？

その答えが、エントロピーという誘拐犯である。

それを明らかにしたのは、ジュールとフォン・マイヤーの発見に照らしてカルノーの研究成果を改めて掘り下げた、ドイツ人物理学者・数学者のルドルフ・クラウジウスである。エントロピーは、熱の輸送を担ってエネルギーを閉じ込めてしまう手段にほかならない。クラウジウスはそれを「変換含有量」とみなした。それこそがエントロピーという言葉の意味するところである。この言葉は古代ギリシア語で、とくに戦闘における転換点、つまりターニングポイントを意味する 'tropos' に由来する。クラウジウスは巧妙な数学を使って、閉じ込められたエネルギーとエントロピーを関連づける数式を考え出した。そして、エネルギーの変化と並行してエントロピーの変化が大きくなることに気づいた。さらに、その系が低温のときにエントロピーがもっとも大きく変化することが分かった[(3)]。

クラウジウスが導き出した公式の活躍ぶりを知るために、核爆発を熱源とするやかんと、すさまじい高温にも耐えられる銘柄の紅茶をイメージしてほしい。その原子力やかんによって、太陽の中心核よりも高温の約1億℃まで紅茶を加熱する。その紅茶から周囲の空気に1000兆分の1ジュール*の熱が流れると何が起こるだろうか？　紅茶は熱エネルギーの一部を失うため、クラウジウスの公式によれば、紅茶のエントロピーはごくわずかな量、1単位弱だけ少なくなる。一方、その捨てられたエネルギーを吸収した空気のエントロピーは増える。ここで問題。空気のエントロピーの増加分は、紅茶の失った1単位よりも大きいか小さいか？　答えは明らか。空気は紅茶と比べて約100万倍冷たいはずだ（そうでないとあなたは困ったことになる）。そのため空気のエントロピーは、エネルギーの変化によって100万倍影響を受けやすく、100万単位近く増加する。空気のエントロピーの増加分が、紅茶のエントロピーの減少分を完全に圧倒するのだ。そのため、紅茶と空気を組み合わせた系全体のエントロピーは必ず増加する。

このようにエントロピーが必ず増加することを、熱力学の第2法則という。ある系全体のエントロピーはけっして減少しない。一定のこともありえるが、年を重ねて荒れ狂った現実の物理世界では、超高温に加熱した紅茶の場合と同じようにほぼ間違いなく増加する。このようにエントロピーが増加するせいで、風車や自動車のエンジンは必ず周囲に少量のエネルギ

---

*　ジュールはエネルギーの標準的な単位。キロカロリーのほうが馴染み深い人もいるかもしれない。1キロカロリーは4184ジュールに相当する。

ーを手放してしまう。第２法則は宇宙全体にも通用して、エントロピーが過去から未来に向かって容赦なく増加し、時間の矢をもたらす。私が鏡で白髪を見つけたときに見えるのは、そのエントロピーの増大、未来へ向かう時間の矢である。それは恐怖にほかならない。自分が老人になっていくからではなく、宇宙全体にとってそれがある意味合いを帯びているからだ。宇宙のエントロピーが増えるにつれて、エネルギーが次々に無用な熱の流れに変換されていく。資源が少しずつ失われていって、仕事を引き出す能力が削がれていく。拘束具にどんどんきつく締め上げられていくように、有用なエネルギーがどんどん閉じ込められていく。未来はいわば、麻痺状態に陥ったポストエントロピーの悪夢だ。宇宙が囚われて、動くことも何をすることもできない、いわゆる熱的死である。

クラウジウスはエントロピーがどのように作用するかは解き明かしたが、それが何であるかは明らかにしなかった。ではエントロピーとは何ものなのか？　そしてドッペルゲンガーと何の関係があるのだろうか？　エントロピーを真に理解するには、産業革命で誕生したエンジンの中をさらに深く覗き込まなければならない。中に入っている気体を調べる必要がある。

気体はほとんど無のようなもので、広大な真空の中に点在した原子や分子が決まった方向性もなしに飛び交っている。たとえるなら、空っぽの物置に閉じ込められて怒り狂った昆虫の群れが、壁から壁へと飛んだり、衝突し合ったり、下降したり上昇したり、勝手気ままに左から右、右から左へと突進したりしているようなものだ。気体がどんどん高温になっていく様子を思い描くには、その虫たちの飛ぶスピードがどんどん速くなるさまをイメージすればいい。温度とは、一個一個の分子または昆虫の運動による、平均の運動エネルギーと解釈される。ときには昆虫どうしが衝突して跳ね返り、無計画な旅路の中で弾性的な邂逅(かいこう)を果たす。また、壁や物体に勝手気ままに不規則に衝突し、その力の合計が圧力として感じられる。この物置の中に立っていたら、虫たちが身体にぶつかってきて、当たる力が感じられる。昆虫の数を増やせば衝突も頻繁になって、当たる回数が増え、圧力も高くなる。さらに昆虫を増やしたら、あなたはその圧力に圧倒されて身体が潰れてしまうだろう。金星では気圧が地球に比べて90倍高く、この恐怖が実在することが知られている。もしも金星に連れていかれたら、金星の空気分子に押しつぶされて即死だろう。

このように昆虫にたとえた気体のモデルを1738年に提唱したスイス人ダニエル・ベルヌーイは、父ヨハンとおじヤコブが微積分や確率論の先駆者であるなど、科学と数学を誇りとする家に生まれた。このモデルに基づいてベルヌーイは、気体の圧力と体積の関係性を支配するボイルの法則を、分子衝突の力学から導き出すことに成功した。しかしこの功績と、科学界での高貴な立場にもかかわらず、ベルヌーイのモデルはさして歓迎されなかった。18世紀のほとんどの科学者はいまだに熱素説に傾倒していて、温度を熱素流体の密度として考えていた。そのため、微小粒子のミクロな運動に秘められた形態のエネルギーとして熱を取り扱う、ベルヌーイの回りくどいやり方には、ほとんど意味がないと思ったのだ。そもそもフォン・マイヤーが瀉血をしていてひらめきを得る100年も前のことだった。ベルヌーイは単純に時代を先取りしすぎていたのだ。

ベルヌーイにとってはさらに厄介なことに、父ヨハンが研究結果を盗んで、自分があとから書いた原稿の日付を書き換え、あたかも息子より先に考えついたかのように見せかけようとした。競争心の強すぎるヨハンのせいですでに親子関係は崩れていた。1733年に２人は、それぞれ別々の研究によってパリ学士院の大賞を分け合った。するとヨハンはその折衷策に腹を立て、息子と縁を切ったのだった。

クラウジウスの手によって熱素説が息絶えたことで、ダニエル・ベルヌーイの優れたモデルが復活を遂げるのは時間の問題となった。そしてとりわけ３人の人物がそれを証明することとなる。電気と磁気の巨匠マクスウェル、物静かなアメリカ人ジョサイア・ウィラード・ギブズ、そしてとりわけ、苦悩にさいなまれて自ら命を絶つこととなる天才、ルートヴィヒ・エドゥアルト・ボルツマンである。

クラウジウスやマクスウェル、ボルツマンやギブズ、そしてさらに何人かの科学者は、ベルヌーイのモデルに統計学的手法を当てはめてみた。そもそもベルヌーイのモデルでは、気体は、真空中をでたらめに飛び交ってはぶつかって傷つけ合う無数の粒子からなる。そんなミクロな混沌の中から集団的な現象がどのようにして現れるのか、それを彼ら科学者は明らかにした。気体の場合、温度や圧力というのはムクドリの群れが落とす優美な影のようなものであって、おおもとのミクロな世界には見られないが、数のパワーによってマクロな世界には出現する代物である。温度については、それらの分子の平均運動エネルギーと、そのエネルギーがエントロピーとともにどのように変化するかに基づいて理解できる。しかしエントロピー自体についてはどうなのか？　エントロピーとはいったい何ものなのだろうか？

エントロピーとは数えるものである。

文字どおりの意味だ。ボルツマンが明らかにしたとおり、エントロピーとは実は「ミクロ状態」の個数である。ミクロ状態とは、マクロな物体に対しておこなう究極の一斉調査のようなもので、すべての原子や分子の配置、場所、振る舞いに関するありとあらゆる事柄を記録したものに相当する。ある体積の気体、あるいは卵や恐竜ですら、それが大量の小さい物体からできていることが分かっている。それぞれの原子はここ���かあそことかにあって、こちら方向やあちら方向に自転し、空間内の短い距離をある特定の速さで運動しており、そんな原子が何兆個も何京個も存在する。その原子自体ももちろん固有の性質を持った構成部品からできている。仮に常人でないあなたが、気体や卵、恐竜の姿を完全に記述するとしたら、その系に含まれる何百億個もの構成部品の一つひとつについて、その位置や速度、自転の様子、好きな色や好きな全集など、ありとあらゆる性質を記した巨大なデータ表を書き下せばいい。そのデータ表はある特定のミクロ状態を表していて、対象の物体に関する完全で正確な情報を提供してくれる。

だがちょっと考えてみてほしい。そこいらにある数個の原子の位置が変わったところで、誰も気づかないだろう。卵はまったく同じ卵のままだし、気体も同じ温度のままだし、恐竜も6500万年前に死んだはずのトリケラトプスのままである。ここでポイントとなるのは、大きな物体を見るとき、いちいちその細かい点を気にするのはばかげているということだ。エントロピーとは、その隠された詳細がどれだけあるか、その尺度である。つまり、物体のマクロな性質が同じであるようなミクロ状態をすべて数え上げた個数、それがエントロピーにほかならない。時間が経って卵や恐竜がぼろぼろになり、分解して塵（ちり）になるにつれて、どんどん多くのミクロな詳細が隠されていく。残された塵をじっと見つめて、あるミクロ状態と別のミクロ状態を見分けるのは、どんどん難しくなっていく。厄介なことに、卵や恐竜のミクロ状態の個数は時間とともにどうしても増えていく。それがエントロピーの増大であって、その数は増えはするもののけっして減りはしないのだ。

エントロピーは必ずしも分子や原子だけの話ではない。何らかのミクロ状態が存在して、その個数を数えられる限り、どんな場面においてもエントロピーを考えることができる。例として顔認識ソフトウエアを取り上げよう。ありがたいことに私のスマホは、最初にログインしたときと必ずしもまったく同じ表情をしていなくても、私を私と認識してくれる。余計なデータを排除して、それぞれわずかに異なる大量の私の画像をすべて同じものとみなす。それらをすべて数え上げれば、その個数が私の顔のエントロピーを表す尺度となるだろう。

もっと定量的な例を。イングランドのプレミアリーグには20のサッカーチームが所属していて、1シーズンを通してホームとアウェイでそれぞれ1回ずつ対戦する。1シーズンで合計20×19＝380試合がおこなわれ、各試合には3通りの結果がありうる。ホームが勝つか、アウェイが勝つか、引き分けかだ。したがって、1シーズンの試合結果は3^{380}通りありうる。しかし優勝チームや第2位のチームなどの挙げた勝ち点だけを見る限り、その3^{380}通りのうちの多くではまったく同じ成績表になるだろう。個々の結果をミクロ状態として考えれば、シーズン終了時のある特定の成績表に関して、リーグ全体での勝ち点の分配具合がそれと同じになるようなミクロ状態をすべて数え上げることができる。それがプレミアリーグのエントロピーの尺度となる。

プレミアリーグは20チームもあって、数学的にこれ以上細かく調べていくのはあまりにも骨が折れる。そこでチーム数を切り詰めて、最大のライバルどうしであるリヴァプールとマンチェスター・ユナイテッドだけに絞ったリーグを思い浮かべてみよう。エヴァートンやアーセナル、スパーズ、あるいはオイルマネーで羽振りが良いマンチェスター・シティなど、それ以外のチームはすべて、数学的単純さのために降格してもらった。この縮小版プレミアリーグでは１シーズンに２試合しかおこなわれないため、結果は合計で９通りしかない。どちらが第１位でどちらが第２位かを気にしなければ、結果が違っていても成績表が同じになる場合がある。試合に勝つと勝ち点３、引き分けだと１、敗れると０なので、９通りの結果は下の図のように４通りの成績表にまとめられる。

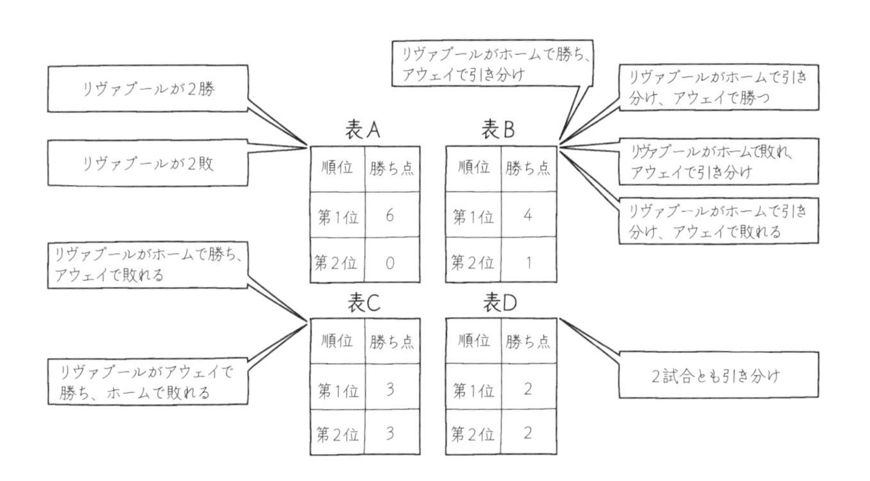

表Aをもっと詳しく見てみよう。優勝チームが勝ち点６、第２位のチームが勝ち点０。そのようになるのは２通り、リヴァプールが２試合とも勝

つか、あるいは2試合とも敗れるかだ。したがって、このような成績表となるミクロ状態は2つある。この個数、あるいはもっと正確に言うとその自然対数が、表Aのエントロピーの値となる。

取り急ぎ、対数とは何なのかを説明しておかなければならない。ある数の対数とは、何らかの決まった底(てい)の右肩に付けるとそのもとの数になるような指数のことである。たとえば底を10とすると、10の2乗は100なので、100の対数は2である。自然対数（ふつう‘ln’と表す）の場合、底はオイラー数 $e \approx 2.718$ で、e の右肩に付く指数が自然対数となる。たとえば $\ln e^2 = 2$, $\ln e^3 = 3$, $\ln e^{0.12} = 0.12$ などとなる。科学では底が10の対数よりも自然対数のほうがはるかに広く使われる。

ボルツマンは自然対数を使ってエントロピーを表す、$S = \ln W$ という公式を提案した。W は対応するミクロ状態の個数、いわば「方法」の個数である。縮小版プレミアリーグの例に戻ると、表Aと表Cのエントロピーは $\ln 2 \approx 0.693$、表Bのエントロピーは $\ln 4 \approx 1.386$、表Dのエントロピーは0となる（$\ln 1 = 0$なので）。卵や恐竜についてもこれとまったく同じように、ミクロ状態を数え上げてエントロピーを計算する。違うのは数値だけだ。2チームだけのプレミアリーグではミクロ状態の個数は1か2、または4だったが、あなたが朝食に食べた卵（または恐竜）を記述できるミクロ状態の個数は膨大で、何グーゴルにも匹敵する。

プレミアリーグのエントロピーの概念はつかめたが、ではそれが増大する傾向を示すというのはどうすれば理解できるだろうか？　実はとても簡単。表Aの状態でシーズンが終了して、エントロピーが $\ln 2$ になったとしよう。次のシーズンはどうなるだろうか？　各結果が互いに等しい確率で起こるとしたら、9分の4の確率でエントロピーは $\ln 2$ のまま（表Aと表C）、9分の4の確率で $\ln 4$ に増え（表B）、0に下がる確率はわずか9分の1である（表D）。したがってこの小規模な例であっても、エントロピーは減るよりも増えるほうがはるかに起こりやすいといえる。

卵や恐竜に含まれる原子の個数、グーゴル個のレベルにまでスケールを引き上げれば、もっとも確率の高い結果が圧倒的な割合を占めるようになる。エントロピーが増えるのは、単に起こりやすいというだけでなく、もはや必然となる。室温の場所に置いた氷を思い浮かべてほしい。この系は氷の何らかのミクロ状態によって記述され、それが時間とともに別のミクロ状態へ移行していく。さまざまなミクロ状態のあいだを何度も飛び移った末に、最終的に水たまりになっても、誰も驚きはしない。氷のままである確率はとてつもなく低いが、けっして起こらないわけではない。室温では水たまりのミクロ状態に比べて氷のミクロ状態のほうが少ないため、氷が融けるほうが圧倒的に起こりやすい。エントロピーが容赦なく増えていくのは、多数派が必然的に台頭してくるからにほかならないのだ。

統計学に基づくこのようなゲームをしてみれば、熱力学の法則を理解することもできる。エントロピーという誘拐犯によってエネルギーが囚われて、この宇宙が麻痺状態へ向かうことを定めている法則だ。ポイントは、ミクロ状態が増えれば増えるほど、卵や恐竜、水たまりに関するあなたの知識は薄まっていくことである。いわば有用なエネルギーを盗み出すのが難しいのは、それがどこに囚われているかがよく分からないからだ。高価な宝石を盗もうとする泥棒に少し似ている。何百もの部屋がある大邸宅の中に宝石が隠されていたら、見つけ出すのにきっと長い時間がかかるだろう。家があまりにも大きくて、泥棒がでたらめにさまよっていたら、けっして見つけられないかもしれない。エントロピーも同じように、漠然とした混乱状態の中にエネルギーを隠し、それを盗み出すのをどんどん難しくする。ボルツマンは、成り行きに任せていれば混乱と情報不足が決まって悪化していくことを明らかにしたのだ。しばらくニュース番組を見て政治家の話に耳を傾ければ、ボルツマンが正しかったことは即座に理解できるだろう。

ボルツマンのこの研究結果はまさに目を見張るものだった。大胆にもミクロ状態からマクロ状態へ、こびとの国から巨人の国へと飛び移っただけではない。強固な数学的基盤を築いてそのあいだに橋を架け、安全に渡る術を正確に指し示したのである。ただし、原子の実在と、真空が空間の大部分を占めているという発想を誰もが受け入れられるわけではなかったため、もちろんボルツマンの説も以前と同様、ある程度の抵抗を受けた。そしてボルツマンはそのような抵抗に立ち向かうのがさほど得意ではなかった。優秀な頭脳を持ちながら、心をかなり病んでいて、気分に激しいむらがあり、躁(そう)状態になったかと思うと深く落ち込んだりした。そして熱力学の歴史における再びの悲劇で最期を迎える。トリエステ近郊のドゥイーノで、妻と娘が海水浴をしている最中に首を吊ったのだ。何も書き遺してはいない。研究に悩んでこの自暴自棄の行動に出たのかは分からない。分かっているのは、その1年前、ボルツマンの与(あずか)り知らぬうちにアインシュタインが発表した研究によって、科学界が最終的に原子の実在を確信し、ボルツマンの架けた橋を通ってマクロの世界へ渡っていったということである。(4)

あなたとあなたのドッペルゲンガーの話に戻ろう。卵や恐竜、ある体積の気体と同じように、あなたも何兆個、何京個もの原子や分子からできている。そのすべての原子がどこにあって何をしているかを正確に知るのは不可能である。そのため、このマクロの世界で本書を読んでいるあなたを完全に十分に記述できる原子配置、すなわちデータ表は、たった1つだけではない。大量にある。もちろん、本書を読んでいるあなたと無関係なミクロ状態もほかにたくさんある。ゴシップ雑誌を読んでいるあなたを記述したミクロ状態や、ゴシップ雑誌を読んでいるウシを記述したミクロ状態、ある温度と圧力の気体を記述したミクロ状態、さらには単なる真空を記述したミクロ状態もある。それどころか、あなたの占めている約1立方メートルの空間に対しては、微妙に違うバージョンのあなた、ウシや気体、真空など、無数の種類のシナリオが考えられる。ということは、1立方メートルの何らかの空間を原理的に記述できるミクロ状態は、無限個あるはずではないのだろうか。

そんなことはない。

その個数は有限である。もしも無限個だとしたら、この1立方メートルの空間のエントロピーがどんどん大きくなって、グーゴルからグーゴルプレックスへ、TREE(3)からさらにその先へと増えていくことは避けようがない。しかし何かがそれを食い止める。それは重力である。クラウジウスによれば、エントロピーとエネルギーは並行して増えていくし、アインシュタインによれば、エネルギーは質量と等価である。1立方メートルの空間にあまりに大量のエントロピーを詰め込もうとすると、それに対応するエネルギーに重力がかかって、例の看守が駆けつけてくる。ブラックホールが形成されてしまうのだ。

ブラックホールはエントロピーの極限状態といえる。どんな人やものよりもミクロな秘密をうまく隠しおおせている。正体不明の通行人のようなもので、その恐ろしい経歴はけっして分からない。けっして知りようがない。その姿を見て測定しようとしても、自身のことは3つしか明かしてくれない。質量、電荷、自転状態である。それ以外のことはすべて隠されている。庭の奥で小さなブラックホールを見つけたとしよう。それがどうやってできたか分かるだろうか？　翌日もそこにあって、だいたいゾウの体重分くらい重くなっていたとしても、ゾウを呑み込んだと言いきれるだろうか？　ゾウと同じ質量、電荷、角運動量を持ったシェイクスピア全集を呑み込んだということはありえないのだろうか？　どちらにしても同じ3つの属性を持った同じブラックホールになるのだから、実際にどちらが起こったのかをどうして知ることができるだろうか？　ブラックホールの真の履歴を知ることなんてできるだろうか？

このように秘密を抱えていることから分かるとおり、ブラックホールはエントロピーを蓄える比類ない能力を持っている。ブラックホールが生成する方法はゾウやシェイクスピア全集など何通りもあるが、ブラックホールのマクロな属性にはそれはいっさい刻み込まれない。どんな方法であれ、取りうる大量のミクロ状態の中で失われてしまう。ある体積の空間に対してもっとも大量のエントロピーを持つのは、その体積にちょうど収まって、事象の地平面がその空間の縁に接するブラックホールである。しかしブラックホールがエントロピーの極限状態だとしたら、はたしてそのエントロピーはどれだけの量なのだろうか？

卵や人間、恐竜など、ほとんどのマクロな物体の場合、エントロピーは体積に比例して増える。たとえば、赤ん坊のトリケラトプスに比べて縦・横・高さのすべてが10倍大きい母トリケラトプスは、エントロピーの量が赤ん坊の約1000倍である。直観的にも筋が通っている。母親は赤ん坊の1000倍の体積を占めているのだから、最大で1000倍の個数の原子を収める余裕を持っている。そしてそれらの原子はそれぞれ、何通りかの新たな選択肢を選ぶことができる。たとえばこちら方向に自転するか、あるいはあちら方向に自転するかといったことだ。これで新たな原子1個あたり2通りの選択肢ができる。新たな原子が100個あれば、選択肢は2^{100}通りとなる。新たな原子が100万個あれば、選択肢は$2^{1000000}$通りだ。このように、原子の個数が増えるとともに、選択肢の個数、つまりミクロ状態の個数は指数的に増えていく。そしてエントロピーはその対数、つまり肩に付いている指数に等しいのだから、原子の個数に比例するはずだ。したがって、母トリケラトプスのエントロピーは赤ん坊に比べて1000倍多いということになる。

だが、トリケラトプスはさほどエントロピーの多い物体ではない。10億頭のトリケラトプスを同じ空間に押し込めて、体積は同じだがエントロピーのはるかに多いトリケラトプスの塊を作ることもできる。卵も人間もトリケラトプスも、いわばエントロピー食物連鎖の頂点にはほど遠い。しかしブラックホールはその頂点に君臨し、しかも母ブラックホールと赤ん坊ブラックホールのエントロピーの比は、母トリケラトプスと赤ん坊トリケラトプスのエントロピーの比とまったく異なる。ブラックホールのエントロピーは、体積に比例するのではなく、事象の地平面の面積に比例するのだ。完全に直観に反しているが、それは単に私たちが、重力の力強い抱擁に圧倒された物体を扱うのに慣れていないからにすぎない。

1970年代初め、イスラエル出身のアメリカ人物理学者ヤコブ・ベッケンシュタインと、イギリス人物理学者のスティーヴン・ホーキングが、事象の地平面の面積がA_Hであるブラックホールのエントロピーは

$$S = \frac{A_H}{4l_p^2}$$

であることを示した。ここで l_p はプランク長さを表している*。物理的に意味をなすもっとも短い長さで、1兆分の1の1兆分の1のさらに10億分の1センチメートル程度である。これより小さくなると、重力に関する私たちの知識が通用しなくなってくる。重力が量子力学のミクロな世界にからみはじめ、空間と時間の織物がぼんやりとかすんできて、ばらばらにさえなってしまうかもしれない。

ホーキングは熱力学の巧妙な論証によってこの公式の詳細を特定したが、ミクロな視点から適切な方法で導き出す方法はいまだ見つかっていない。最終的に目指したいのは、典型的なブラックホールを取り上げて、そのマクロな属性（質量・電荷・自転状態）と合致するミクロ状態を残らず特定することである。そうしてそのミクロ状態の個数を数え、はじき出されたエントロピーの値がベッケンシュタインとホーキングの公式と正確に合致するかどうかを知りたい。少なくとも銀河中心を見守っているタイプのブラックホールについては、そのやり方はまだ誰も見つけられていない[5]。ブラックホール研究の究極の目標でありつづけている。

あなたの占めている1立方メートルの空間、あるいはどこでもいいから1立方メートルの空間を再び取り上げよう。その空間の取りうる物理的性質を完全に漏れなく把握するには、何個のミクロ状態が必要だろうか？それに答えるには、取りうるすべてのミクロ状態を考えることで、エントロピーを極限まで大きくしなければならない。要するに、その空間に収まるもっとも大きいブラックホールを考える必要がある。そのブラックホールの事象の地平面は面積がおよそ1平方メートルなので、ベッケンシュタインとホーキングの公式によると[6]エントロピーは約10^{69}となる。これはミ

＊　プランク長さの精確な値は1.6×10^{-35}メートル。

クロ状態がおよそ$10^{10^{68}}$個存在することに等しい。これが問題の答え。これが上限だ。1立方メートルの空間を記述するのに必要なミクロ状態の最大の個数である。

野心に燃えるグーゴロジスト*である私は、この巨大だが有限である数に名前を付けたいと思う。ドッペルゲンギオンというのはどうだろう。実はこれが、この章と次の章、グーゴルとグーゴルプレックスの橋渡しとなる。なかなかいい名前ではないか。何よりもドッペルゲンギオンはこの2つのリバイアサンのあいだに位置する。グーゴルよりははるかに大きいが、グーゴルプレックスにはとうてい届かない。この数の意味を完全に理解するには、次の章に入ってあなたのドッペルゲンガー探しを続け、あなたがあなたであるとはどういう意味なのか、それをはるばる素粒子の世界に至るまで掘り下げていく必要がある。

このエントロピーの上限が存在するおかげで、いまこの文章を書いている私の占める1立方メートルの空間が、最大$10^{10^{68}}$個の取りうるミクロ状態のうちの少なくとも一つによって記述されることが分かる。同じことが、ハリー王子とメーガン妃、あるいはアンドロメダ銀河の外れで銀河間戦争を画策しているガス状宇宙人の占める、1立方メートルの空間にも当てはまる。そしてあなたにも当てはまる。あなたは1グーゴル分の1よりは珍しいが、1グーゴルプレックス分の1よりはありふれている。誰しもせいぜい1ドッペルゲンギオン分の1くらいの存在にしかなりえないのだ。

それでもあまりに甘すぎるだろう。$10^{10^{68}}$個の選択肢の中には、あなたとあなたのマクロな特徴、同じ鼻、同じ耳、同じ笑顔などを適切に記述できるマクロ状態がいくつもあるだろう。あなたのドッペルゲンガーはそれらの同じミクロ状態のうちの一つを取っているはずだ。もっと正確を期したいなら、対象となるミクロ状態をもう少し絞り込んでみてもいい。あなたの身体の中にある個々の原子、あるいはあなたの脳の中で思考をほとばし

---

*　グーゴロジストとは、大きな数について調べてその名前を考える人のことである。

しらせるニューロンの正確な状態について考えてみればいい。いずれにせよ、あなた、そしてそれに伴ってあなたのドッペルゲンガーをどこまで細かく定義するかに、すべてがかかっている。どこまで正確に合致していたらドッペルゲンガーと呼んでいいのだろうか？　姿が似ていれば十分なのか、それとも思考も原子の配置も正確に同じでなければならないのか？　しかし個々の原子の状態を調べはじめたが最後、あなたは量子力学の支配するミクロの世界、次の章のテーマである世界に足を踏み入れることになる。あなたのドッペルゲンガー探しの旅は量子の探求へと化す。実はここまでもずっとそうだった。この宇宙も、そしてあなたも量子的なのだから。

そしてあなたのドッペルゲンガーもそうだ。

③ グーゴルプレックス

量子の魔術師

少し飲みすぎたようだが、気にするな。水曜の晩には近所のパブでクイズイベントが開かれる。今晩はエントロピーの問題だった。正解したのはあなた一人、鼻高々だ。千鳥足で家に向かっていると、道の反対側に誰かいる。いや。こっち側か？　道路の中央か？　よく分からない。いったいどうなっているんだ。そんなに飲みすぎたんだろうか？

ミクロの世界へようこそ。行き交う人はみな魔術師。あなたがここにもそこにも、至るところにいて、確率の霧の中で道を見失う、量子力学の支配する世界だ。1のあとに0がグーゴル個続く数、グーゴルプレックス、そしてグーゴルプリシアン宇宙の広大さをイメージすることが最終目標だったのに、ここ極小の世界に連れてこられて驚かれたかもしれない。だがそうするほかなかった。グーゴルプリシアン宇宙を正しく認識して、その中に潜むドッペルゲンガーを見つけ出そうとしたら、量子の法則を理解する必要がある。それらの法則はあなたが慣れ親しんできたものとはまるで違う。奇妙で直観に反している。しかし旅を続けたいのであれば、新たな生き方を身につけるしかない。その生き方は、私たちの日常経験の奥深く、私たち一人ひとりを形作る素粒子のダンスの中にある。あなたを形作り、あなたとあなたのドッペルゲンガーをあなたにしているダンスである。

量子力学は破綻の中から生まれた。19世紀末まで物理学者はあからさまに得意げだった。電気や磁気、光や電波、原子や分子、そして熱力学と、発見と発明の時代を牽引していた。彼らの非凡な才能がロンドンやパリ、ニューヨークの街なかを明るく照らし、産業革命の立役者であるエンジンを駆動させ、ラジオやテレビによって世界を変えようとしていた。しかし万事順調というわけではなかった。玉に傷、悩ましい謎、もっとも信頼できる最高の理論から生まれた不条理が存在していた。

紫外破綻である。

物理学者の言う紫外とは、単に非常に高い振動数で振動するものを指す。たとえば紫外線について聞いたことがあるだろう。可視光に似ているが、振動数が高すぎて私たちには見ることができない。紫外破綻の問題が生まれたのは、19世紀に物理学者が、特定の物体に吸収される、または特定の物体から放射される高振動数の放射に、どれだけの量のエネルギーが蓄えられているのだろうかと考えはじめたことによる。紫外破綻は自宅でくつろぎながらでも経験することができる[1]。完全に断熱されたオーブンがキッチンにあって、その温度設定を180℃に上げたとしよう。ちょうど良い温度になったところで、次のような問題を考える。そのオーブンの中にはどれだけの量のエネルギーが蓄えられているだろうか？　それを知るためにあなたはオーブンの中を覗き込む。空っぽに見えるが、実は空っぽでないことは分かっている。「1.00000000000000858」の章で登場したマクスウェルのウミヘビのようにくねる、電磁気放射の波で満たされている。それらのウミヘビの中には、ほかのものよりも激しくくねって、頭から尻尾の先までのあいだに何度もうねっているものがある。そのような振動にはエネルギーが蓄えられているので、あなたはそれらをすべて足し合わせてみることにする。ヴィクトリア朝時代末のあの物理学者の亡霊から少々力を借りれば、すべての振動の全エネルギーを計算できる。

出てきた答え、それは無限大である。

ヴィクトリア朝時代の亡霊はもちろんばつが悪そうだ。それも当然。破綻した答えだからである。どうしてそんな大失敗を犯したのだろう？　何が起こったのかを探るために、電磁気放射の一つひとつの波に注目してみよう。その波は電気ウミヘビと磁気ウミヘビのペアと考えることができ、それらがオーブンの中に閉じ込められていながら、次の図のように互いに直角の方向にくねくねとうねっている。

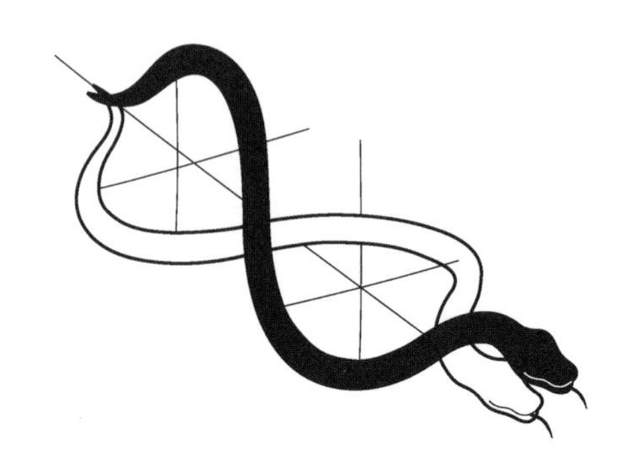

この波には２つの重要な属性がある。「振動数」と「振幅」である。振動数はヘビがどれだけ速くうねっているかを表し、振幅はそのうねりの高さを表す。ヴィクトリア朝時代の亡霊が描く絵にはものすごい数のヘビのペアが描かれていて、すべて同じ振幅でうねっているが、振動数はさまざまである。またその亡霊は、マクスウェルとボルツマンから次のように聞かされていると言う。平均的に見れば、それぞれのヘビのペアに蓄えられているエネルギーは等しく、**振動数には左右されない**と。さらに、各ペアの持っているエネルギーは約６ゼプトジュール*[(2)]、つまりチョコレートバー１本に含まれる200キロカロリーの１兆分の１のさらに100兆分の１であると言い張る。このように微小な量だが、逆に振動数の範囲は無限に広い。そのため、うねるウミヘビの匹数も無限で、オーブンの中は無限の量のエネルギーで満たされていることになってしまう。この亡霊のロジックに従うと、そのまま紫外破綻につながって、エネルギー料金が無限に高くなっ

＊　１ゼプトジュールは１兆分の１のさらに10億分の１ジュール、すなわち10^{-21}ジュールである。

てしまうのだ。

だがまだ慌てふためく必要はない。実は聡明なドイツ人物理学者マックス・プランクのおかげで、いまでは紫外破綻を避ける方法が分かっている。本書に登場する主人公の多くと同じく、プランクも私生活では苦難に見舞われる。息子エルヴィンが、クラウス・フォン・シュタウフェンベルクによるアドルフ・ヒトラー暗殺未遂事件に加担したとして、ナチスによって処刑されたのだ。

そんなプランクは、すべてのヘビが生まれつき平等ではなく、持っているエネルギーはどれだけ速くうねっているかに左右されるという考え方にたどり着いた。紫外破綻を回避したいのなら、激しくうねるヘビであればあるほど、エネルギーに対する寄与が平均的に少ないとすることで、匹数が無限であることの影響を打ち消すほかない。プランクは実際にそのような状況を実現する方法を考えついた。電磁波はもはや好きな量のエネルギーを持つことはできない（ヴィクトリア朝時代のあの亡霊が決めつけていたことに反する）。そのエネルギースペクトルには間隙があって、振動数が高くなるほどその間隙が広がり、エネルギーの平均が頭打ちにならなければならない。また、当時の実験データと合致させるには[(3)]、その間隙を非常にくっきりと定める必要もある。許されるエネルギーは、きっちりと定まった塊、ブロックとして現れることしかできず、波の振動数が高ければ高いほどその塊が大きくなるのだ。

しかしプランクはそれを塊とは呼ばなかった。「量子*」と呼んだのだ。

プランクのひらめいたこの塊の概念、その根幹をなす数学をもっとよく理解するために、イカゲーム〔2021年配信の韓国ドラマのテーマであるサバイバ

＊　量子を指す英単語 'quantum' は、ラテン語で「どれだけの量か」または「どれだけの個数か」という意味。

ルゲーム〕の変形版を思い浮かべてほしい。借金まみれの参加者が莫大な賞金目当てに、命懸けで子供向けのゲームに挑むのだ。プレイヤーが511人いて、それぞれ借金の額が違うとしよう。

・１人のプレイヤーは借金が80億ウォンある。
・２人のプレイヤーは70億ウォン。
・４人のプレイヤーは60億ウォン。
・８人のプレイヤーは50億ウォン。
・16人のプレイヤーは40億ウォン。
・32人のプレイヤーは30億ウォン。
・64人のプレイヤーは20億ウォン。
・128人のプレイヤーは10億ウォン。
・256人のプレイヤーは借金がない。

最初の時点でプレイヤーの借金の平均額は10億ウォン弱（正確には９億8238万7476ウォン）。１回目のゲームが終わると、借金が10億ウォン、30億ウォン、50億ウォン、70億ウォンのプレイヤーは全員、容赦なく「消される」。プレイヤーの人数が減ると、借金の合計額は大幅に下がって、残ったプレイヤーの平均の借金額は約６億5700万ウォンにまで下がる。２回目のゲームが終わると、借金が20億ウォン、60億ウォンのプレイヤーも消される。残ったプレイヤーの平均の借金額は２億6400万ウォン。新たなゲームがおこなわれるたびにプレイヤーが消されていき、借金額の「スペクトル」の間隙が広がって、平均が下がっていく。

あなたのオーブンの中を満たす波にもそれと似たようなことが起こっているに違いない、プランクはそういう考えに至った。ある特定の振動数を持った波のエネルギーを調べると、一つひとつの振動の持つエネルギーは決まった大きさの塊になっていることが分かる。そして振動数が高ければ高いほどその塊は大きくなって、平均エネルギーが急激に下がる。

実験データと合致するように計算したところ、振動数（角振動数）ωの波の持つエネルギーは$\hbar\omega$の整数倍でなければならないことが分かった。$\hbar$はプランク定数（換算プランク定数）と呼ばれる非常に小さい数で、日常の単位で１兆分の１の１兆分の１のさらに10億分の１よりも小さい*。すぐに話すとおり、量子の世界がこれほど長いあいだ私たちの目から隠されていたのは、この数がこれほど小さいからである。

このように、自然法則によって波が束縛を受けていて、振動数に応じた非常に特定のエネルギーしか取れないというのは、ある意味で奇妙な話だ。この規則によれば、たとえば振動数10^{33}ヘルツの波は、１ジュール、２ジュール、３ジュールなど、１ジュールの整数倍のエネルギーしか取ることができない。それ以外のエネルギーを持つことは完全に禁じられている。そこで次のような疑問が出てくる。その波の一つに0.5ジュールのエネルギーを与えようとしたらどうなるのだろうか？　許された範囲から逸脱して、革命を起こしたりはしないのだろうか？　実はそんなことはなく、この波はそのエネルギーを受け取るのを拒む。法則は絶対であって、基本的な塊、量子はつねに不可侵なのだ。

イカゲームでウォンが通貨として使われているのと同じように、$\hbar\omega$という塊にもプランク定数が通貨として使われている。プランク定数が（日常の単位で）非常に小さい値であるせいで、そもそも私たちがその塊の存在に気づくまでにはとてつもない時間がかかった。お金も同じで、もしも数十億ウォンの取り引きしかしたことがなかったら、１ウォンの差には気づけないだろう。当初プランクは、この塊や通貨は数学的なまやかしにすぎないとみなしていた。だが実際には、その数学的な呪文によって扉が開き、半世紀前にマクスウェルが電気と磁気の数学的性質を解明したときと同じように、物理世界に関する深遠な真理が暴き出された。とはいえ、その扉の敷居をまたいで、プランクの暴き出したことを世に知らしめるには、アルベルト・アインシュタインの度胸が必要だった。

＊　精確な値は$\hbar = 1.05 \times 10^{-34}$ジュール秒。

それを正しく理解するには、あるちょっとした実験の話をする必要がある。亜鉛の板に紫外線のビームを当てると、亜鉛から電子が飛び出してくるという実験である。さほど不思議なことではない。日焼け止めを塗り忘れるたびに思い知らされるとおり、紫外線は人間にもひどいことをしでかす。この実験で奇妙なのは、紫外線の強度を上げたときに何が起こるかである。ビームのエネルギーが高くなるのだから、飛び出してくる電子のスピードが速くなるだろうと予想されるかもしれない。ところがそうはならない。確かに電子の個数は増えるが、飛び出してくるスピードは変わらないのだ。電子のスピードを上げるには、ビームの振動数を高くするしかない。紫外線よりも振動数が高いのはX線である。そのためX線のビームを当てると、たとえその強度が低くても、紫外線のビームを当てたときよりスピードの速い電子が飛び出してくる。逆も成り立つ。ビームの振動数を下げると電子のスピードが遅くなり、十分に振動数を下げると電子がいっさい出てこなくなる。可視光の振動数は低すぎるため、亜鉛に可視光を当てても電子はまったく出てこない。

「光電効果」と呼ばれるこの奇異な実験結果に説明を与えたのが、アインシュタイン。1905年、「奇跡の年」のことである。同じ年にアインシュタインは特殊相対論を唱えることになるが、自分ではずっと、光電効果の研究のほうが革新的で、従来の学説に反旗をひるがえしたものとみなしていた。その反骨的な理論のエッセンスはまた別のたとえを使うと理解できるが、ただし酔っ払いが登場する。あなたは混み合ったウォッカ・バーにいて、酒好きの常連客が1グーゴル人、ウォッカが出てくるのを待っている。いまは彼らはしらふだが、ウォッカを0.5リットル飲んだところで酔っ払いに分類されて、すぐさま用心棒につまみ出される。その様子をアインシュタインが観察している。店に届けられたウォッカは1瓶50ミリリットルのミニボトルで、それが何千本もある。ここの客はわがままで、けっしてシェアしようとしない。バーテンダーはミニボトルをランダムに配るが、客の人数があまりにも多いため、ほとんどの客は何も受け取れない。1瓶だけつかみ取る客は何人かいるが、誰かが幸運にも2瓶以上もらうことはほぼありえない。そのため、飲みすぎて千鳥足になる客は一人もおらず、誰も店からつまみ出されることはない。翌日、店には50ミリリットルのボトルが10億本届けられるが、前日と何ら様子は変わらない。ウォッカを大量に受け取って酔っ払い、店からつまみ出されるような客は一人もいない。３日目、ウォッカメーカーは強気な手に出た。ミニボトルをやめて、代わりに１リットルのボトルを提供することにしたのだ。それが数千本届けられ、再びバーテンダーによってランダムに配られる。しばらくするとアインシュタインの目にはようやく、店からつまみ出される客の姿が映りはじめる。見るからに酔っ払っていて、全員例外なく、ウォッカが半分だけ残った１リットルボトルを１本ずつ抱えている。４日目、再び１リットルボトルが、今度は100万本届けられた。酔っ払って騒ぎ、外につまみ出される客の人数はずっと増えるが、やはり全員、ちょうど半分空になったウォッカの瓶を抱えている。

この享楽的な生活が光電効果とどう関係してくるというのだろうか？アインシュタインは思い至った。プランクが提唱したとおり、もしも光がいくつもの塊に分かれていたとしたら、この酒場のたとえに近い形で光電効果を簡単に説明できるだろう。バーを金属板、客を電子、ウォッカの配達を紫外線のビームとして考えてみればいい。もしもプランクが正しければ、ちょうどウォッカが必ず50ミリリットルのボトルか、または１リットルのボトルで届けられるのと同じように、光は振動数に応じた決まった大きさの塊でエネルギーを運ばざるをえない。亜鉛板にそのエネルギーの塊が１個届けられると、うち700ゼプトジュールのエネルギーによって１個の電子がはじき出され、残ったエネルギーはその電子の加速に使われる。エネルギーの塊の大きさはつねに一定なので、残るエネルギーもつねに同じで、電子はつねに同じ分だけ加速される。ビームの強度を上げても何も変わらない。届けられる塊の数が増えて、はじき出される電子の個数は増えるが、電子のスピードは前と変わらない。ウォッカも同じ。１リットルのボトルが届けられる場合、何本届けられてもたいして違いはない。酔っ払いとみなされるレベルである0.5リットルを超えたかどうかだけが重要で、そのレベルを超えた客は全員必ず、0.5リットルを残して店からつまみ出される。亜鉛板に可視光を当てても電子が出てこない理由も、これでお分かりのはず。たとえば青色の光は約400ゼプトジュールのエネルギーの塊を届けてくるため、電子をはじき出すには不十分なのだ。

この光電効果によって、光がいくつもの塊からできていることが証明された。その光の塊、つまり量子は、「光子」と呼ばれている。１匹の働きアリが完全に決まったサイズの特定の葉を運ぶ役割を担っているのと同じように、光子は完全に決まった量のエネルギーを運ぶよう定められている。当時の人々はとてつもなく心を掻き乱された。イギリス人大学者のトマス・ヤングが画期的な実験をおこなって以降、100年以上にわたって、光は波であることが確実に立証されていたのに、ここに来て粒子のように振る舞うというのだ。それはまるで、ある朝起きたら、グレタ・トゥーンベリがずっとドナルド・トランプを支持していたと聞かされるようなものだ。そんなことが起こるなんて思ってもいないはずだ。

以前にヤングはある有名な実験によって、光は波としての性質を持つことを証明した。黒いスクリーン上の互いにごく近い場所に２本のスリットを開け、そこに光線を通す。そしてそのスクリーンの向こう側にもう一枚スクリーンを立て、通過した光の描き出す像を観察する。もしも光線が粒子の流れだとしたら、途切れのない１本の帯が現れて、２本のスリットのちょうど真ん中で強度がもっとも高くなるはずだ。スクリーンに向けて見境なく銃弾の雨を浴びせたと考えてみればいい。狭い隙間を通過する際に銃弾の向きが逸れて、両端よりも中央部分に多く集まってくるだろう。中央に立っていると両方向から銃弾を浴びるから最悪だが、たとえば右端であれば、右側のスリットを通過してきた銃弾だけを気にすればいい。しかしヤングが光の実験でとらえたのは、その銃弾の描くようなパターンではなかった。ちょうどスーパーのバーコードのように、明暗の帯がずらりと並んでいたのだ（次頁図）。

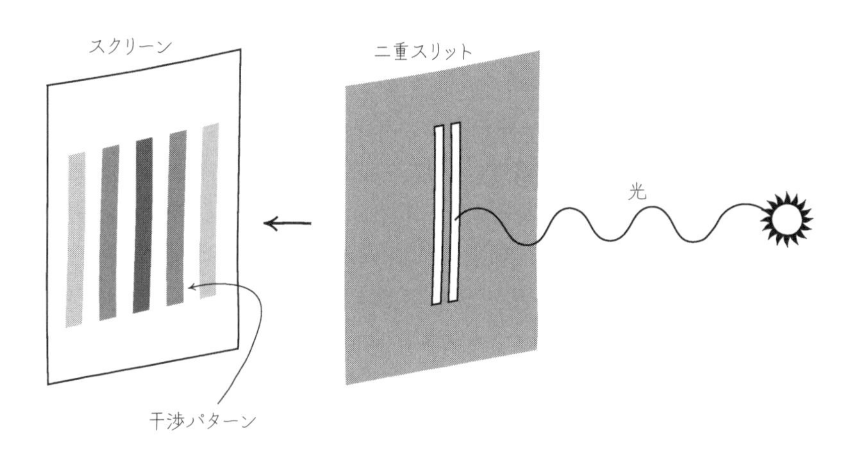

ヤングの二重スリット実験。

この実験結果と辻褄が合うのは、ちょうど海岸に面して立つホテルの隣り合った２枚の扉から津波が流れ込んできたのと同じように、光が両方のスリットを通過して、スクリーンの反対側で自分自身と干渉したというイメージである。暗い帯は、２つの波の山と谷がそれぞれ反対方向に押し合って打ち消し合い、相殺的に干渉したために現れたと解釈できる。それに対して明るい帯は、２つの波が力を合わせて同じ方向に押し合い、建設的に干渉することで、もっとずっと明るい部分ができたとする考え方と合致する。この帯のパターンが物語ることは明らかで、ヤングの実験結果は、光は粒子でなく波そっくりに振る舞うことを意味していた。ところがここに来て、光電効果はその逆のことを物語っているらしいのだ。

ではいったいどちらなのか？　波なのか、はたまた粒子なのか？

実は光は究極の舞台俳優のようなもので、演目に応じてそのいでたちを変えられる。トマス・ヤングが舞台監督を務めて、二重スリット実験の舞台を設定すると、光は波のように踊る。ところが光電カンパニーのプロデュースする劇では、粒子のように踊るのだ。

そこであなたはこう思われたかもしれない。光はあくまでも粒子であって、その波としての振る舞いはマクロな効果である、つまり群れとしての性質であるとすれば、この結果を説明できてしまうではないかと。水の波も実際には膨大な数の微小な水分子からできているのだから、光子も十分な数集めれば、協力しあって波のように振る舞うかもしれない。実は日常的に目にする光線については、そのように光子の集団として考えるのがまさにふさわしい。しかしここで問題がある。ヤングの実験で光線の強度を非常に低いレベルに下げ、光子が一度に１個ずつしか出てこないようにしてもなお、同じ結果が得られるのだ。一個一個の光子はそれぞれスクリーン上のランダムな位置に当たるが、最終的にはあのバーコードのようなパターンが浮かび上がってくる。二重スリット実験の舞台を設定すると、光子が１個だけであっても波のように踊るのだ。物理学全体の中でも私がお気に入りの事実の一つである。１個の光子が波のように振る舞って、あたかも同時に両方のスリットを通過する。わけの分からない話で、正しいはずがない。だが実際にそうなのだ！

この事実から逃れることはできない。単独の光子がそのときの気分によって、粒子としても波としても振る舞うのだ。では、私たちがふつう粒子として考えている、電子や陽子についてはどうなのか？　それらも波として振る舞うことはできるのだろうか？　もちろんできる。舞台に立つのは光だけではない。実は物質も、これとまったく同じ劇を十二分に演じることができる。アメリカ人物理学者のクリントン・デイヴィソンとレスター・ガーマーがおこなった実験では、２本の狭いスリットに向けて電子を発射したところ、反対側のスクリーン上に到達する電子が、波を名乗る資格のあるどんな存在でも決まっておこなうとおり、スーパーのバーコードのようなパターンを描き出したのである。

デイヴィソンとガーマーが実験を成功させた1920年代半ばには、この結果はすでに予想されていた。舞台そのものが設定されたのはその10年以上前、ニュージーランドでもっとも有名な物理学者アーネスト・ラザフォード、あるいは肩書きを略さずに書けば、メリット勲位ネルソン男爵ラザフォード閣下による。この肩書きが示すとおりラザフォードは地位の高い人物で、ノーベル賞受賞者、そして原子核物理学の祖である。第一次世界大戦前にラザフォードの実験によって証明されたとおり、原子はミニチュアの太陽系のようなものであって、惑星に相当する電子が、原子核と呼ばれる高密度の中心核のまわりを回っている。電子からなる大きな雲が負の電荷を帯びていて、原子核には正の電荷が集中している。このように電荷を帯びているため、太陽系に相当する原子のダイナミクスは電磁気力に支配されている。しかしマックス・プランクにとって、ラザフォードの原子モデルは筋が通らなかった。公転する電子は加速しているのだから、マクスウェルの理論によれば、エネルギーを放射してほぼ瞬時に原子核に落ちていってしまうほかない。原子は何の役にも立たない中性の塊になってしまう。存在するはずがないのだ。

コペンハーゲンでこの問題に関心を持ったのが、ニールス・ボーアという名の元サッカー選手である。十代の頃には弟のハラルトとともに、デンマークのアカデミスク・ボルドクラブというサッカーチームに所属し、ゴールキーパーを務めていた。ハラルトはナショナルチームでオリンピックに出場したが、ニールスは物理学に専念し、1913年には原子を救い出す術を考え出した。

そんなボーアは、プランクの考え出した通貨、あの微小なプランク定数を拝借して、電子の軌道も非常に明確な塊に従って分布しているはずだと唱えた。そのように塊に分かれていると、軌道をいくらでも小さくすることはできない。水素原子における最小の軌道の半径を計算したところ、およそ１兆分の50メートルという結果になった。その一つ上のレベルの軌道は半径が４倍、そのさらに上は９倍などとなる。ボーアの原子は、10階にゾンビがうじゃうじゃいるアパートのようなものとしてイメージできる。ゾンビが１階まで降りてくると街は破壊されてしまう。それを防ぐために、当局は階段を封鎖した上に、エレベーターのプログラムを設定しなおして、いくつか決まった階にしか止まらないようにした。エレベーターはすでに10階に上がっているが、当局の対応が功を奏して、ほかには２階と５階にしか止まらない。しばらくすると何体かのゾンビがエレベーターに乗り込んで、アパートの別のところに姿を現し、ときには５階にたどり着いて、２階にもたまにやって来る。しかしそれより下には行けない。１階にはエレベーターが止まらないので、そこにはけっして来られない。街は無事だ。原子も同じである。プランクの通貨から計算される最低レベルに電子がひとたび降りてきたら、それ以上低いレベルに進むことはできず、原子は無事存在しつづけることができる。

ボーアはこれらの規則を確立させたものの、なぜ電子がその規則に従うのか、なぜそのように特定の距離の軌道を公転するのかを説明することはできなかった。そこで登場するのが、若きフランス人貴族ルイ・ド・ブロイ、第７代ブロイ公爵である。1924年にパリ大学に提出した博士論文の中で、ド・ブロイは次のように論じた。ボーアの原子軌道を解釈するには、粒子である電子が公転しているのではなく、電子の波がぐるりと一周して輪を作り、ちょうど自分の尻尾に嚙みつくウロボロスのヘビのようになっていると考えればいい。電子に対応するその波は、その電子の運動量に応じて非常に特定の波長を持つはずだ。[(4)] その波長は、くねるヘビの身体の山と山、あるいは谷と谷のあいだの距離に等しい。そして電子の運動量が大きいほど波長は短く、運動量が小さいほど波長は長い。輪を一周したときに山や谷がきちんとつながるためには、山と谷の個数が整数でなければならない。そのようになるのは、半径が飛び飛びのいくつかの値である場合に限られる。ちょうど、パーティーで人々が手をつないで何重もの輪を作り、みんなで踊っているのに似ている。それぞれの輪で人数は異なるが、一人ひとり腕を伸ばして隣の人と手をつないでいる。一番内側の輪がもっとも小さく、赤ん坊が自分の右手と左手をつないでいる。次の輪は子供２人からなる。赤ん坊に比べて腕が２倍長いので、２人の作る輪は４倍の大きさになる（腕が長くなるのに加えて、人数が２人に増えるから）。３番目の輪は３人の大人からなる。腕が赤ん坊の３倍の長さなので、輪は９倍の大きさになる。さらに腕が長くて、赤ん坊の４倍の長さがある巨人を呼んでくれば、その次の輪も作れる。ここでポイントとなるのは、手をつないで輪を作るよう言われたら、各メンバーがそれぞれ決まった半径の輪で踊るしかないことである。原子の中の電子もちょうどそれと同じだ。

博士課程の若き学生ド・ブロイは、学者としての地位こそさほど高くなかったものの、アインシュタインの目に留まって、この説の重要性をすぐさま認めてもらえた。そうして革命の口火が切られた。ヴェルナー・ハイゼンベルクやエルヴィン・シュレディンガー、パスクアル・ヨルダンやポール・ディラックなど、確立された学説に異を唱えることを厭(いと)わない聡明な若手物理学者たちが、我先にと加わってきた。最初に立ち上がった一人が、オーストリア人のシュレディンガー。ある学会で、波のような電子だったら何らかの波動方程式を満たすはずだという与太話*を聞いて、はっとひらめいた。そこでその問題に取り組むために、クリスマスのあいだ妻を自宅に残して、スイスアルプスのリゾート、アローザにある人里離れた山小屋に向けて旅立った。かばんにド・ブロイの博士論文を詰め、ヴィーンから愛人を招いた。けっして褒められない数週間ではあったが、最後には物理学の中でも屈指の重要度を誇る方程式を見つけ出していた。

シュレディンガーは自ら導き出したその波動方程式を使って、水素原子の物理的性質を正しく再現することに成功したものの、実際のところその波が何であるのかまでは明らかにできなかった。ともあれその波を「波動関数」と名付け、電子の電荷がまるで空間中に滲み出ているかのように広がっている様子を記述しているのだと考えた。しかしそれは間違っていた。デイヴィソンとガーマーは独自の二重スリット実験によって、電子が波に似たパターンを作ることを明らかにしたが、そのパターンは大量の電子がスクリーンに当たらないと浮かび上がってこない。実際には**個々の**電子は必ずランダムなどこか１カ所に当たる。シュレディンガーが唱えようとし

＊　オランダ人物理学者ピーター・デバイのおしゃべりだとされている。

たのと違い、けっして一個一個の電子の電荷がばらばらになってバーコード状のパターンに広がるわけではない。

実際に何が起こっているのかを明らかにしたのは、ノーベル賞受賞者のマックス・ボルン、歌手オリヴィア・ニュートン＝ジョンの祖父である。シュレディンガーの波動関数は確率の波だというのだ。その振幅からは、電子が存在しうる場所と、その場所にいる確率が分かる。その電子を探すと、振幅の山の近くで見つかることが多いが、必ずそこで見つかるという保証はない。波が消えていない限り、どんな場所にも存在しうる。測定をおこなって位置を特定するまで、どこに電子があるかは知りようがない。偶然任せだ。

それはちょうど、安いGPS発信器を使って逃亡犯を追跡しようとするようなものである。逃亡犯の位置を精確に特定することはできない。街なかのショッピングモールのどこか、おそらくは中央付近に隠れているとまでしか言えないし、断定もできない。実際の位置は偶然に委ねられている。モールのあちこちに戦略的に警官を配置することはできるが、実際にどの警官が逃亡犯を捕まえるかは分かりようがない。実際に捕まえるとようやく、どこにいたかがはっきりする。自然界はあたかも、私たちに安いGPS発信器を使うよう強いているかのようだ。二重スリット実験では、個々の電子の最終的な位置は偶然に委ねられている。何度も測定をおこなって大量の電子を捕まえたところで初めて、確率波と合致するパターンが浮かび上がってくる。これはなんとも重大な意味合いを帯びている。

決定論は死んだのだ。

つまり、過去に基づいて未来を完全に決定することはできない。デイヴィソンとガーマーの実験で使われた電子もそのとおりで、その運命は根本的に知りようがない。何らかの確率でここまたはそこに当たるかもしれないが、確実に知るための方法はいっさいない。神は本当にサイコロ遊びが好きらしい。自然は運試しゲームである。恋愛運が悪くても、一人きりで生きていくのが運命だなどとあきらめてはいけない。覚えておいてほしい。ミクロの世界には運命などというものは存在しないのだ。

確率波に関しておそらくもっとも重要なのは、互いに重なり合うことである。それはどんな波にも当てはまる。船に乗っていて舷側から石を投げたら、その石が水面に落ちてさざ波が立つ。そしてそのさざ波は、舷側に打ち寄せては返す大きな海の波と重なり合う。そのように重なり合うことを、物理学では「重ね合わせ」という。二重スリット実験の場合、左側のスリットを通過した電子の確率波と、右側のスリットを通過した電子の確率波とが重なり合う。２つの波が平等に組み合わさって、互いに強め合ったり弱め合ったりする。そうして最終的にできあがる波は、スクリーン上に現れる美しいバーコードのパターンと合致する。

このように二重スリット実験では、スクリーン上で電子は、当たる確率のある場所に当たる。出発点と到達点は分かるが、ではどうやってそこにたどり着いたかは分かるのだろうか？　左と右、どちらのスリットを通ったのだろうか？　それを断言することはできず、そのため確率で語るしかないのだが、常識で考えればもちろんどちらか一方のスリットを通過したはずだ。

しかしリチャード・ファインマンはその点に疑いを抱いた。

ファインマンは物理学界のいわばロックスターで、魅力的なルックスと切れ味鋭いニューヨーク訛りを兼ね備えていた。そして非凡な才能の持ち主だった。第二次世界大戦後に、波のような電子は同時に**両方の**スリットを通過するのだと解釈できると論じた。シュレディンガーが思い浮かべたのと違って、電子自体が広がるのではなく、もっとずっと奇妙なことが起こる。電子は文字どおり、ある道筋を通るととも**に**別の道筋を通るのだ。

そしてまた別の道筋を通る。

さらにまたまた別の道筋を通る。

それどころか電子は、考えられる限りあらゆる道筋を通る。もっとも踏みならされた道筋を通ってそれぞれのスリットを通過するだけではない。宇宙の制限速度を破ってアンドロメダ銀河の最果てを経由したり、地球の中心に潜ってから再び戻ってきたりするなど、途方もない道筋もたどる。ファインマンの見方によれば、電子はある意味、このような振る舞いをすべて取る。しかしここからがファインマンの本領発揮である。2点間を結ぶ具体的な道筋のそれぞれに特定の値を割り振る方法を示したのである。すべての道筋にわたってその値の平均を計算すると、その2点間を通る電子の確率波が得られる。手作業で電子の波を描き出す必要はない。取りうるすべての道筋、つまり起こりうるすべての「歴史」を想定して、それらの和を取るだけでいいのだ。

同じことは、あなたが道の先にある店へ歩いていく場合にも当てはまる。あなたは自宅からその店にまっすぐ歩いていくと思うかもしれないが、それは数ある道筋の一つでしかない。実際には取りうるすべての道筋を探索し、その中には宇宙の隅々をさすらうような道筋も含まれる。もちろんあなたの場合、「歴史の総和」に圧倒的な寄与をおよぼすのは、自宅から店までまっすぐ進むひどく退屈な道筋である。というのも、あなたのようなマクロな物体は何億兆個もの部品でできているからだ。それらの部品の一つひとつは、単独の電子や光子と同じ量子的振る舞いに左右される。しかし互いに作用しあうその膨大な数の部品にわたって平均を取っていくと、日常的に存在する平凡なストーリーが浮かび上がってきて、量子的なあいまいさははるかに見つけづらくなる。

何もかもが不確かな話ではないかと感じられてきたことと思う。そのとおり！　そう感じるのがまさに正解なのだ。量子力学の根底には不確かさが存在する。それどころか、「不確定性原理」と呼ばれるものを仮定しないと、量子力学は粉々に崩れ去ってしまう。不確定性原理によると、電子、さらにはどんな粒子でも、その位置と運動量の両方を正確に知ることはできない。量子力学によってそれは禁じられているのである。

その理由を理解するために、単独の電子を見つけてその場所を特定することのできる、高分解能の顕微鏡があったと想像してほしい。問題は、その電子を見るためには光を当てなければならないことである。光子のビームは運動量を持っていて、それが電子に当たるとその運動量の一部が電子に伝わる。しかしその量はよく分からない。その不確かさを抑えるには、光子をもっとずっと優しく当てる必要がある。まずはビームを弱くして、一度に１個ずつしか光子が当たらないようにしなければならない。しかしそれでもまだ強すぎる。さらに、一個一個の光子の運動量を小さくする必要もある。しかしここでド・ブロイの教えを思い出さなければならない。運動量の小さい光子は波長が非常に長いのだった。ここで問題となるのが、顕微鏡の分解能は入ってくる光の波長によって決まり、波長が長いほど分解能が悪くなることである。電子の運動量を確実に知りたければ、その位置をかなり不確かにするしかないのだ。

このたとえ話を考えついたのは、バイエルン出身で自尊心のあるハイゼンベルク、量子革命絶頂期の1927年に不確定性原理を発見したその人である。実はこのたとえ話は、電子と光子の相互作用の量子的性質が考慮されていないため、少々難がある。不確定性原理を正しく理解するには、それを正しい形で表現する必要がある。いくら電子の位置を測定しようとしても、Δxという幅を持った、ある程度広い空間領域にまでしかせいぜい絞り込めない。運動量についても同じである。その値を特定することはできず、Δpというある程度の幅の範囲内にその値が入るということしか分からない。ΔxとΔpはそれぞれ、位置の不確定性と運動量の不確定性と呼ばれる。

ハイゼンベルクの不確定性原理によれば、これらの値は次の法則に従わなければならない。

$$\Delta x \Delta p \geq \frac{\hbar}{2}$$

電子の位置を正確に知りたければ、Δxという不確定性を持った空間領域の大きさを０にまで縮めなければならない。同様に、運動量を正確に知るためには、Δpを0にする必要がある。だがハイゼンベルクの法則によれば、その両方を同時に満たすことはできない。位置をもっと正確に知りたかったら、運動量を知ることをあきらめるほかない。逆もしかりだ。

不確定性原理にはもう一つあって、それは粒子のエネルギーの不確定性ΔEと、時間の不確定性Δtとを関係づけるものである。それも考慮に入れることでようやく、ウサイン・ボルトもきっとお望みのとおり、時空の不確かさについて語ることができる。その数式も先ほどのものと非常に似ている。

$$\Delta E \Delta t \geq \frac{\hbar}{2}$$

この数式を理解するには、音楽にたとえてみるのが一番である。というのも、不確定性は実は波全般の持つ性質であって、量子論における確率波を見ることはできないが、楽器から発生する音波なら見ることができるからだ。私の友人で研究仲間のフィル・モリアーティが著作 'When the Uncertainty Principle goes to 11'（『不確定性原理をダイヤル11にまで上げると』）の中で、そのたとえ話を詳しく取り上げている。フィルはエレキギターを弾くのが好き。彼がAの弦を爪弾(つまび)いて、できるだけ長くその音を響かせたとしよう。その音は何秒間か空中に留まり、やがてエネルギーが拡散して消えてしまう。フィルを含め誰でも知っているとおり、その音はさまざまな振動数の音波が特定の形で組み合わさってできている。その振動数スペクトルを詳しく見れば、幅の狭いピークがいくつも連なっていて、Aの弦の基音と各倍音が抜きんでていることが分かるだろう（次頁図）。

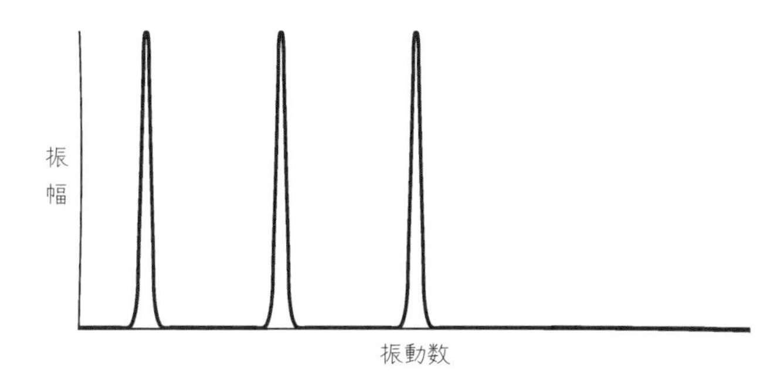

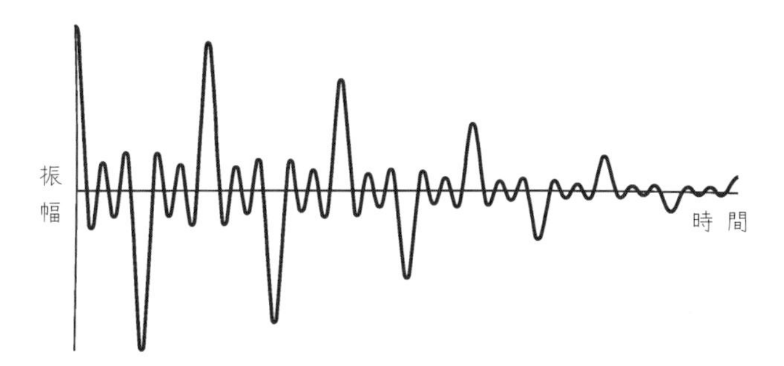

フィルが最初に弾いた音の振幅を振動数に対してプロットしたグラフ（上図）と、同じく時間に対してプロットしたグラフ（下図）。非常に幅の狭いピークが連なっていて、かなり長いあいだ音が鳴りつづける。

フィルはヘビメタ好きなので、拇指球をブリッジに押しつけて音を弱める「チャグ」奏法がお気に入り。ヘビメタならではの音が出て、音程は先ほどと同じだが、「ドゥン」という特徴的な音になる。チャグの音のスペクトルを分析すると、基音と各倍音は最初と同じなのに（そもそも音程が同じだから）、ピークどうしが一体化して、はっきりした振動数を取らないぼんやりした形になっている（次頁図）。

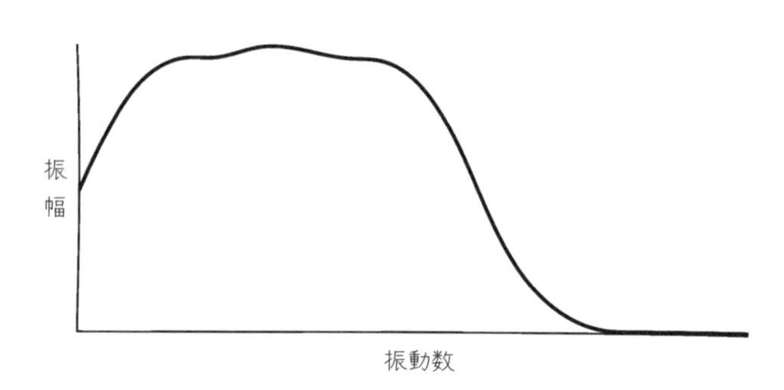

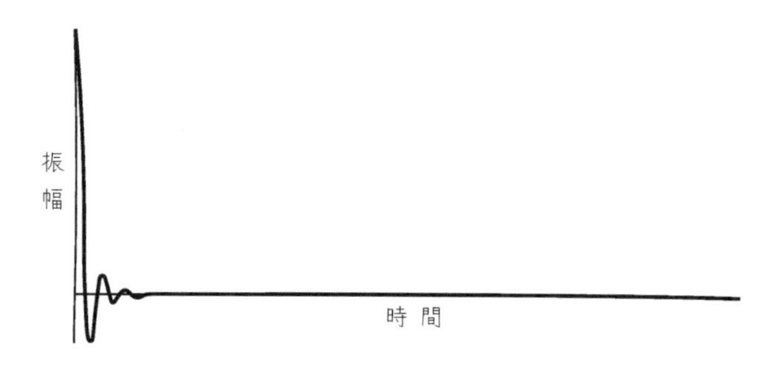

フィルが弾いたチャグの音の振幅を振動数に対してプロットしたグラフ（上図）と、同じく時間に対してプロットしたグラフ（下図）。今度の音はあまり長くは鳴りつづけず、振動数がかなり幅広い範囲に広がっている。

この２つの音の違いは、不確定性原理の核心をかなり突いている。１つめの音は、スペクトルのピークの幅が狭いことから分かるとおり、振動数が正確である。しかし時間的には不正確で、音が非常に長く続くため、実際にいつ鳴ったのかを正確に特定することはできない。チャグの場合はその逆で、音が短いために時間的には正確だが、振動数は不正確である。いずれの場合にも、振動数の精度と時間の精度がトレードオフの関係にあることが見て取れる。

確率波についてもこれと同じことが言える。不確定性原理と関連づけるには、プランクの通貨換算器$E=\hbar\omega$を使って振動数をエネルギーに変換するだけでいい。詰まるところ不確定性原理は、19世紀初めにさかのぼる、フランス人ジョゼフ・フーリエの編み出した初等的な数学にほかならない。フーリエは、どんな信号でもサイン波を組み合わせれば作れることを明らかにした。その信号を局在化させる、つまり時間的または空間的な位置を絞り込みたければ、大量のサイン波を使って、多くの場所でサイン波どうしが互いに打ち消し合うようにしなければならない。電子や光子の場合、その位置を知りたかったら、確率波を１本の鋭いピークにする必要がある。フーリエによれば、そのためにはさまざまな波長で振動する大量の波を重ね合わせて、その粒子の近く以外のあらゆる場所で互いに打ち消し合うようにしなければならないのだ。

量子力学のストーリーには、おそらくもっとも心穏やかでないという理由から、少なくともここまでは触れてこなかった重要な一面がある。ショッピングモールで逃亡犯を追跡する話を覚えているだろうか？　どこに逃亡犯が隠れているのかよく分からなかったのに、突然、一人の警官が捕まえたことで、その位置が正確に分かったのだった。モール全体に広がっていた確率波が瞬時に、確保地点に局在した鋭いピークに変化したことになる。では、その変化は物理的にどのように記述されるのだろうか？　電子を検出した場合にもそれと同じ問題に直面する。ボーアによれば、測定をおこなった瞬間に波動関数がどこか１カ所に収縮するのだ。それをシュレディンガー方程式のような数式で記述することはできない。ではどうやって理屈づければいいのか？　私はケンブリッジ大学の学生だったとき、指導教官にその疑問をぶつけてみた。すると教官も、量子力学の偉大な開拓者ポール・ディラックに同じ質問をしたことがあるという。そしてディラックは、自分もまた完全に途方に暮れているのだと打ち明けてきたそうだ。しかし私が学生だったのはとうの昔の話である。いまでは実際に何が起こるのかが、完全にではないもののもっとずっと明らかになっているが、それを説明するには初めにシュレディンガーのイヌの話をする必要がある。

「シュレディンガー使徒団」を名乗る過激な科学教師の一団が、大胆不敵にもバッキンガム宮殿を襲撃して、エリザベス女王のかわいがるコーギーの一頭を捕まえた。手段は何でもいいから人々の関心を惹いて、科学を教え広めるためだ。襲撃直後に彼らがネットに上げた動画には、そのイヌが大きな箱に閉じ込められる様子が写っている。その箱は完全に密閉されていて、中で何が起こっているのかを見ることも聞くこともできない。使徒団によれば、空気は十分にあって、イヌは少なくとも２時間は生きていられるという。しかしそれに加えて、ある聞き捨てならない話を伝える。箱の中にはコーギーと一緒に、放射性物質を使った小さな仕掛けが収められているのだという。１時間のうちにその中の原子の１個が50パーセントの確率で壊変する。そうすると一連の機構によって銃が発射され、瞬時にイヌは死ぬ。しかし、原子が一個も壊変せずにイヌが生き延びる確率も50パーセントある。動画はライブ中継されている。コーギーはまだ箱の中だ。かれこれ１時間近く経ったところで、使徒団は視聴者に、いま箱の中のイヌはどういう状態なのか当ててみろとけしかける。生きているのか？　それとも死んでいるのか？　SNSはこの話題で持ちきりだ。

　すごく嫌な気分だ。#イヌは死んでいる
　みんな希望を持とう。#イヌは生きている
　イヌは生きても死んでもいる。#重ね合わせ

　ここで使徒団は箱を開ける。そして沈んだ声で、コーギーは死んだと宣告する。もしかしたらあなたは女王と同じように、もう一方の結末、イヌは生きていたという結末をお望みかもしれない。どちらでもかまわない。肝心なのは、使徒団が箱を開けて中を覗き込むと、イヌは生きているか、または死んでいるかのどちらかであることだ。それ以外の結末はありえない。

　では、使徒団がああやってけしかけた瞬間、箱の中を覗き込む直前にはどうだったのか？　その直後にはどうだったのか？　量子力学ではどんな

物体でもそうだが、このコーギーも確率波で記述しなければならない。ある確率波は生きているイヌを表し、別の確率波は死んでいるイヌを表す。最初、箱に入れられるとき、イヌは吠えつづけて誰かに嚙みつこうとしている。明らかに生きていて、1つめの確率波、生きている状態を表す確率波で記述されるはずだ。しかし時間が経つにつれて、イヌの確率波はもっと不思議なものへと変化していく。生きているイヌのさざ波に、死んでいるイヌのさざ波が重ね合わされた状態である。あの逃亡犯の位置がモール全体に広がっていたのと同じように、コーギーが生きているか死んでいるか、その確率も両方の可能性にまたがって広がってしまう。そのため、使徒団が箱の中を覗き込む前、誰かが測定をおこなう前には、コーギーは生きても死んでもいるのだと考えるほかない。

「＃重ね合わせ」だ。

　ここまではまだいい。だが最終的に使徒団が箱を開けて中を一目見ると、生きているイヌか死んでいるイヌのどちらかしか目に飛び込んでこない。両方の状態なんてけっして見られない。逃亡犯がショッピングモールの中で捕まったときにその確率波が収縮したのと同じように、コーギーの確率波が生きている状態か死んでいる状態のどちらか一方に収縮してしまったかのようだ。もしもそのイヌが本当に生きても死んでもいたとしたら、なぜ使徒団はそのような状態をけっして目にしないのだろうか？　量子的にあいまいな状態が目に飛び込んでこないのはなぜだろうか？　それを理解するには、使徒団や世界中の視聴者から、箱の中を満たす空気まで、イヌのまわりのあらゆるものについて考える必要がある。それらをひっくるめて「環境」と呼ぶことにしよう。

　その環境がイヌと接触すると、相互作用しはじめる。何億何兆もの原子や光子がさまざまな形でひっきりなしに衝突して、エネルギーや運動量などあらゆるものを交換する。ここで重要なのが、重ね合わせ状態はいわば伝染することだ。最初に接触したとき、環境はイヌの重ね合わせ状態を目にする。ここで環境は、死んでいるイヌと生きているイヌのどちらに反応すべきだろうか？ 結局のところどちらか一方は選べないので、両賭けをして両方に反応する。二心あるこの振る舞いは、重ね合わせ状態が新たに広がったしるしにほかならない。その重ね合わせ状態の半分では、悲しんでいる環境と死んでいるコーギーがもつれ合っていて、それらを切り離すことはできない。もう半分では、喜んでいる環境と生きているコーギーがもつれ合っている。

その環境の一部である誰か、または何かは、自分を含む環境によって見ることが許された状態しか見ることができない。使徒団が生きても死んでもいるイヌを見るためには、何が必要だろうか？ それはもちろん重ね合わせ状態である。喜んでいる環境と生きているイヌを表現する確率波と、悲しんでいる環境と死んでいるイヌを表現する確率波との重ね合わせ状態だ。しかし量子的にあいまいな状態を実感するには、私たちの状態を表現する波も重ね合わされていなければならない。デイヴィソンとガーマーの実験で二重スリットを通過した電子と同じように、私たちが喜ぶと同時に悲しんで、それらを互いに干渉させる必要がある。これで材料はすべて揃ったのではないだろうか。そもそも先ほど言ったとおり、環境も重ね合わせ状態に引き込まれたのだから、重ね合わせ状態は間違いなくそこに存在する。ではなぜ使徒団は、死んでも生きてもいるイヌをけっして目にしないのだろうか？ 問題は環境が大きいことである。環境が大きければ大きいほど、喜んでいる状態の波と悲しんでいる状態の波とが引き離されて、重なり合いが小さくなる。このプロセスを「デコヒーレンス」という。直接的にも間接的にもコーギーと接触する環境が大きくなればなるほど、環境を記述する２通りの確率波は互いにどんどん引き離されていく。喜んでいる状態の波と悲しんでいる状態の波はもはや意味のある形で干渉し合うことができず、イヌの量子的性質はほぼ完全に身を隠してしまう。デコヒーレンスは非常に素早く起こるため、使徒団がコーギーの様子を確かめると、ほぼ間違いなく、死んでいるイヌか生きているイヌのどちらか一方を見ることになる。両方を目にすることはけっしてないのだ。

私たちが日々の生活で量子的にあいまいな状態を目にしない理由はこれで分かったが、ディラックを途方に暮れさせたあの疑問を本当に説明できたとは言えない。デコヒーレンスのプロセスが終わったとき、イヌと環境は、ほぼ重なり合っていないとはいえ、いまだ重ね合わせ状態にある。ある学派によれば、それは私たち自身が招いた問題であって、私たちがどうしても決定論にこだわらざるをえないからだという。シュレディンガーを始め多くの人は波動関数に現実を結びつけようとしたが、それも度を過ぎると厄介なことになる。波動関数はあなたが把握できるような代物ではない。確率を見守るものとして考えるべきだ。その役割は、オッズから競馬の結果をある程度予想できるのと同じように、実験で何が起こりそうかをあなたにそれとなく教えることである。実験の結果は実験の結果、競馬の結果は競馬の結果。それ以外の何ものでもない。どこが問題だというのか？

このコーギーの話にはもう一つ重要な要素が含まれていて、それを理解することでようやくドッペルゲンガーの問題（覚えているだろうか）に戻ってくる。ここまでで分かったとおり、コーギーと環境は２通りの形で互いにもつれ合っていて、それらが重ね合わされている。その状態のことを「純粋状態」という。非常に複雑ではあるが、それでも波のように振る舞い、イヌとそれが置かれた環境の真の量子状態に関する完全な情報を含んでいる。しかし実際には、大きな系の純粋状態を正確に知ることはけっしてできない。そのような大量の量子情報を追跡するのは現実的に困難なだけでなく、不可能な場合もある。とりわけ、どこかにブラックホールが存在していて、中に閉じ込めたものの記録を破壊してしまう場合にはそうである。この問題に対処するには、ボルツマンの魂を甦らせなければならない。平均を取る必要があるのだ。

いまの話では、女王がもっとも気に掛けるのは愛するペットが無事かどうかである。そこに含まれる一部の原子や、それを取り囲む空気の分子、閉じ込めている箱の正確な状態にはいっさい関心がない。女王のイヌを監禁した過激な科学教師の一団の状態ももちろん気にしない。イヌの生死、それのみの量子状態を記述するには、それ以外のあらゆる事柄を無視して平均を取る必要がある。そのためには、考えられるすべての環境、つまり愛するコーギーの取りうるあらゆる状態ともつれ合ったすべての環境に注目して、それらの平均の寄与を計算する。すると最終的に何が残るのか？いわゆる「混合状態」である。それは要するに、コーギーの生死（たとえば死んでいるイヌの状態や、生きているイヌの状態）と結びついた、考えられるすべての状態と、それらに伴う何らかの確率を列挙した、一つのリストにほかならない。それらの確率が分かれば、最終的に箱の中を覗き込んだときに何が見えそうかを知ることができる。

その混合状態は、ここまで話してきた純粋状態とさほど違いはないように思えるかもしれないが、実際には別物である。純粋状態は正真正銘の波。いくつもの波が重ね合わされているので複雑な波ではあるが、波であることには変わりない。しかし混合状態はただのリストであって、重ね合わせ状態ではない。波のようには振る舞わない。イヌと環境の両方を記述する純粋状態を考える限り、イヌが生きても死んでもいるような重ね合わせ状態は間違いなく存在する。しかしイヌだけを記述する混合状態について考えはじめると、イヌは生きているのか死んでいるのか、あるいはその２つの何らかの組み合わせであるのかを実際に判断することはできない。いっさい見当がつかないからだ。イヌが置かれているかもしれないいくつか特定の純粋状態と、それに伴う確率のリストを示すことはできるが、それ以上のことは望めないのである。

もっと深く理解するには、ビートルズの名曲「レット・イット・ビー」を聴いている自分を思い浮かべてみるといい。あなたがその曲を聴いているヘッドホンは、片側からはゾクゾクするようなピアノのインストゥルメンタルが聞こえ、もう片側からは、‘whisper words of wisdom’ とアカペラで歌うポール・マッカートニーの特徴的な魅惑の声が聞こえるよう設定されている。同時に両方の側を掛ければ、もちろん両方の音の重ね合わせが聞こえ、1969年にヒットチャートをにぎわせたとおりの完全な曲を楽しめる。ピアノのインストゥルメンタルとマッカートニーの歌声、そしてそれらの美しい組み合わせは、それぞれ純粋状態と考えることができる。いずれも波の重ね合わせ状態だが、ただし量子力学における確率波ではなく音波である。

次に別のシナリオとして、うっかりヘッドホンを壊して片側が鳴らなくなってしまったとしよう。あなたはどちらの側からどちらの音が出ていたのかを知らないので、実際に聴くまでは、2つの音のどちらが鳴らなくなったのか分からない。一部の情報を失った状態だ。このときあなたは混合状態にある。壊れていないほうの側からピアノのインストゥルメンタルが50パーセントの確率で流れてくるという純粋状態と、マッカートニーの歌声が50パーセントの確率で流れてくるという純粋状態、それらのリストである。

純粋状態にあるならば、量子系に関して知りたい事柄をすべて知ることができる。完全な量子情報と呼んでもいい。もちろんそうだからといって、実験の結果を完全に予測できるわけではなく、やはり確率の霧に包まれている。量子力学では純粋状態は確率波であって、電子がどこに現れるかではなく、どこに現れそうかまでしか知ることはできない。一方、混合状態にあるときには、実際に一部の量子情報が失われている。どの重ね合わせ状態がその系を記述しているのかすらはっきりとは分からない。その情報が、けっして知りようのない環境ともつれ合ってしまっているからだ。イヌが死んでいるか生きているかしか気にしない場合、大量のがらくた情報は考慮する必要がない。自分の知識は不完全になってしまうが、それでもいっこうにかまわない。混合状態は、自分にとって肝心な測定をおこなうとどういう結果になりそうか、それを教えてくれるものである。

量子の困難な旅路に連れ回して、確率と不確かさの支配するミクロな世界に深く分け入ってしまったが、単なる道草でなかったことはお約束できる。あなたのドッペルゲンガーを見つけ出して、それが何者であるか、あなたが何者であるかを理解するという探求のためには、欠かせない回り道だった。もうお分かりのとおり、原子のある特定の配置によってあなたの素性を判断すべきではない。その配置を記述するのは不可能だからだ。それを記述するには、人体の中にあるすべての粒子の正確な位置と運動量を知る必要があるが、ハイゼンベルクが明らかにしたとおり、それは量子の法則によって禁じられている。実際のところあなたという存在は、いくつも重ね合わされた確率波に支配された、複雑な量子状態として考えるべきである。ではそれをあなたのドッペルゲンガーと比較するには、その複雑な状態に関する事柄を漏れなく知る必要があるのだろうか？　純粋状態を考えるほかないのだろうか？

あなたのドッペルゲンガーはどこにいる？

あなたは何者なのか？　あなたと同じというのはどういう意味なのか？私と兄ラモンとでは、DNAがかなり共通している。２人ともパンクバンドのスティッフ・リトル・フィンガーズが好きだし、２人ともリヴァプールFCを応援している。そこだけに注目するのであれば、ラモンは私のドッペルゲンガーである。しかしそれ以外の多くの点では違っている。たとえば私は首が異常に長いが、ラモンはふつうの長さ。真のドッペルゲンガーであると言うからにはいっさいの違いを許すべきではないが、いまから見ていくとおり、それはものすごく危険なゲームになりかねない。

電子１個と比べると、あなたはたくさんの要素を持っている。それはそうだろう。本書を読んでいる人間といった複雑な物体を構築するには、非常にたくさんの要素が必要となる。クォークやグルーオンを結合させて陽子や中性子を作り、原子核に電子の確率の雲をまとわせ、原子どうしをつないで複雑な分子の鎖を作り、その分子を何兆個も慎重に集めて何兆個もの細胞にしなければならない。さらに複雑なことに、それらがすべて周囲の世界ともつれ合っている。学生時代、ちょっとした噂話がどうやってクラスじゅうに広まったか覚えているだろうか？　たいていは紙の切れ端に手書きで、「デグジーがヘレン・ジョーンズをデートに誘おうとしている。そばの人に渡して」などと書いてある。最後の箇所には必ず下線が引かれていて、その指示が大事であることがはっきりと示されている。この紙が回ってくると、人それぞれ違った反応をする。焼きもちを焼いたり、ときめいたり、あるいは無関心だったりする。そうした反応がさらなる反応ややり取りのきっかけとなる。いずれにせよ、一つ確実に言えることがある。デグジーの狙いを知ったことで、クラス全体があっという間にもつれ合うのだ。それと同じことが、あなたと観測可能な宇宙との関係にも当てはまる。この宇宙は誕生以来ずっと、噂話を書いた紙切れを回し合っていて、あなたを形作るすべての部分ともつれ合っている。それを記録していくと、すさまじく大量の情報になってしまう。

誰かがあなたに視線を向けてきたり、あなたが何を考えているかを質問してきたりしたとしても、もちろんその人は入手可能な情報をすべて得ようとしているわけではない。あなたの小腸の奥深くにある電子の一つが上向きと下向きどちらのスピン*を持っているかなんて気にしていない。私たちがある人物（または卵や恐竜、粒子からなる気体）について語るときには、けっしてそれらを純粋状態として考えているわけではない。知る必要のない詳細な事柄が大量にあるからだ。あなたもその例外ではない。あなたは純粋状態ではなく、混合状態である。あなたを記述するときに本当におこなうのは、複数のミクロ状態とそれに伴う確率を列挙したリストを特定することである。しかし欠けている情報はどうしたらいいのか？　それを突き止めるには何が必要なのだろうか？

確率のリストの中に隠されている事柄は私たちには分からない。それはどうにもならない。測定できないというレベルの話ではない。たとえばあなたを記述するミクロ状態のうちのいくつかでは、あなたの小腸の中にあるあの電子はある確率でスピンが上向きで、別のいくつかのミクロ状態で

＊　スピンの概念に対応する直観的概念が日常の世界にも存在する。物体が何らかの形で公転しているときの、その軌道運動に伴う運動量である。しかし量子力学では、実はスピンにも2種類ある。軌道運動の量子バージョンと、新たな固有のスピンである。その新たなスピンは軌道スピンに似てはいるが、日常の世界でそれに対応するものは存在しない。電子の場合、その固有スピンは「上向き」または「下向き」として測定される。1922年にオットー・シュテルンとヴァルター・ゲルラッハが初めておこなったシュテルン＝ゲルラッハの実験のように、時間変化する磁場を使えばそれを測定することができる。

はある確率でスピンが下向きである。勘違いしてほしくはないが、その電子が実際に上向きのスピンを持っていて、あなたがたまたまそのことを知らないということではない。量子力学では絶対的な真理など存在しない。繰り返しになるが、測定できないというレベルの話ではない。あなたの小腸の中で小型のシュテルン＝ゲルラッハ実験装置を組み立てて、その電子のスピンを測定しない限り、そのスピンが上向きである確率と下向きである確率しか語ることはできない。このロジックは、あなたに関して尋ねることのできる、ミクロレベルにまで至る膨大な事柄の一つひとつすべてに当てはまる。適切な測定を片っ端からおこなわない限り、量子的な分裂状態にある真のあなたを受け入れるほかない。ミクロレベルでは互いに異なっているものの、すべて等しく現実的である、膨大なバージョンのあなた自身の集合体、それが真のあなたなのだ。

この分裂状態を正すには、さらに測定をおこなうしかない。それが純粋状態へ至る唯一の道である。しかし困ったことに、そのためには莫大な数の測定をおこなう必要がある。あなたの身体の中には何億兆個もの原子が存在するし、その構造を一つ残らず分解しなければならない。そのような侵襲的な実験をおこなったら、あなたはほぼ間違いなく破壊されてしまうだろう。原子がばらばらになってしまうほどのエネルギーに晒さずに、あなたのミクロな構造を残らず探る方法なんて、なかなか想像できない。実験をおこなったら、あなたという存在は影響を受けてしまう。この事実から逃れることはできない。あなたはプラズマになってしまうのがオチだ。知らないほうが良いこともあるというものだ。

だが仮に、あなたを破壊することなしに、必要な測定をすべておこなうことができたとしたら、はたしてどうなるだろうか？　そうするとあなたは、１ドッペルゲンギオン分の１の存在になってしまう。完全に純粋な$10^{10^{68}}$個のミクロ状態の一つになるが、ただしそれも一瞬のことである。あなたのミクロ構造をことごとく記録することに成功した優秀な実験チームは、これであなたのドッペルゲンガー探しを始めることができる。もちろん膨大な情報を扱わなければならない。次の章で説明するが、その情報がブラックホールへと収縮するのを防ぐには、物理的に十分に広い空間、人体よりも大きい空間にその情報を蓄えるほかないだろう。しかし有効な安全対策をすべて取ったとすれば、ドッペルゲンガーを探しはじめることができる。実験チームはまず、あなたの右側に位置する１立方メートルの空間に対して、必要な測定をおこなう。すると、あなたを測定したときと正確に同じ結果が得られるだろうか？　ほぼ確実にそんなことはないだろう。そこでその隣の１立方メートルの空間、さらにその隣の空間と、やれる限り測定をおこなっていく。いずれか一回の測定で最初と同じ結果が得られる確率は非常に小さく、１ドッペルゲンギオン分の１ほどだが、十分に繰り返せばどんな予想外のことでも起こりうるというものだ。2016年のプレミアリーグでレスター・シティが優勝したとしても驚いてはならない。ドッペルゲンガー探索チームが１ドッペルゲンギオンの距離を進んでいって、１ドッペルゲンギオン回の測定をおこなえば、不利なオッズを覆すチャンスも出てくる。本書を読んでいるもう一人のあなたが見つかっても驚かないでほしい。

「おいおい、マジかよ？」

　あなたともう一人のあなたはそう返してくるはずだ。しかしこう考えてみてほしい。１ドッペルゲンギオンの距離も、グーゴルプリシアン宇宙に比べたら非常に短い。割合で言えば、ドッペルゲンギオンとグーゴルプレックスの比はとてつもなく小さい。そのため、あなたのドッペルゲンガーが見つかることに対する非常に不利なオッズがただ覆されるだけでなく、何倍にも何倍にも覆される。さらに注目すべきことに、１ドッペルゲンギオンの距離が必要だという見立てもほぼ間違いなく過大だ。この値は、あなたとあなたのドッペルゲンガーが完全に合致しなければならないという条件から導き出される数値であって、その条件を満たすためには、２人のあなたは測定に掛けられて死んでしまう恐れが非常に高い。もっと安全でもっとゆとりのある定義をすれば、さらに短い距離でドッペルゲンガーが見つかるだろう。したがって、あなたがどんなに稀で複雑な存在だったとしても、そして合致の判断基準をどんなに厳格にしたとしても、グーゴルプリシアン宇宙にあなたのドッペルゲンガーが存在しないというのは、とてつもなく信じがたい話だろう。ドッペルゲンガーが大勢いることすら否定はできないだろう。

もしもこの宇宙が十分に大きかったら、あなたのドッペルゲンガーは必ずどこかにいるのだ。

ではこの宇宙は十分に大きいのだろうか？　その前に、「宇宙」というのが何を指すのかをはっきりさせておかなければならない。まず初めに、「観測可能な宇宙」というものがある。この宇宙に始まりがあったとしたら、非常に遠方の星からやって来る光が私たちのもとに届く時間的余裕があるとは限らない。私たちにはどれだけ遠くまで見えるか、その距離には限界があるのだ。そして事実として、この宇宙には確かに始まりがあったことが分かっている。それは夜空を見上げるだけで分かる。何が見えるだろうか？　数えられるほどの恒星や惑星がロマンチックにまたたいているのを除けば、漆黒の闇である。しかし永遠に存在しつづけてきた無限の宇宙では、そのようには見えない。夜空は昼間のように明るく見えるだろう。どの方角に目をやっても、若い星か年老いた星、または信じられないほど古い星からの光が見えることになる。このことを初めて指摘したのは、ドイツ人天文学者のハインリッヒ・オルバース。星々が一様に散らばった、無限に広くて時間的に変化しない宇宙を思い浮かべる。すると、光があなたのもとに届くまでに永遠の時間をかけられるのだから、あなたに見える星の年齢に上限はない。もちろん遠い星ほど暗く見えるが、そのぶん数が増えるため、どの方角を見ても無数の星が見える。オルバースの宇宙では、夜が昼間のようになってしまうのだ。

しかし実際には夜は昼間ではない。それは、この宇宙がつねに姿を変えつづけているからである。時間が経つにつれて恒星や銀河どうしの距離はどんどん広がっていくが、それは互いに遠ざかろうとしているからではなく、空間自体が広がっているからだ。空間は文字どおり「膨張」している。そのため、時間を巻き戻せば宇宙は縮んでいって、どこかの時点で大きさが0になってしまう。それがこの宇宙の始まり、歴史上おそらくもっとも重要な瞬間。いまからおよそ140億年前のことである。

宇宙の年齢を測定する方法は何通りもある。一つの方法は、私たちにぎりぎり見える距離で起こる、非常に壮絶な爆死からの光を捕らえること。はるかかなたで死にゆく星の輝き、超新星である。そうした遠方の超新星も近くの超新星とある程度似ていると考えられるため、捕らえた光の性質を比較することで、宇宙の歴史に関する貴重な情報を読み取ることができる。宇宙の年齢を測定するもう一つの方法では、初めて原子が形成されてからずっと空間の中を旅してきた放射、いわゆる宇宙マイクロ波背景放射（CMB）を用いる。これらの２通りの測定方法による結果はわずかに食い違っていて、その違いはさほど大きくはないものの、新たな物理学の手掛かりかもしれないとして人々は色めき立っている。ともあれおおざっぱな値で言うと、どちらの測定結果もおよそ140億歳という宇宙の年齢とおおまかに合致する。ここではこの年齢が有限な値であることが重要で、そのため時間の始まりから光が進むことのできた距離には上限が課せられる。その値は約140億光年だと思われるかもしれないが、それでは空間の膨張が考慮されていない。実は、観測可能な宇宙の最果てはおよそ470億光年の距離にある。それより向こうに何があったとしても、あまりにも遠すぎて、私たちのところにその情報は届かない。信号や光など、どんなものであっても、時間の始まりからいままでに私たちのもとにたどり着くことはできない。

ではこの470億光年というのは、グーゴルプリシアン宇宙に匹敵する距離なのだろうか？

そんなことはない。

取るに足らない距離にしかならないのだ。私のいとこはあんなふうに言っていたが、観測可能な領域の中であなたのドッペルゲンガーを見つけられる望みはまったくない。ではもっと先ではどうなのか？　存在する領域はどこまで広がっているのだろうか？　470億光年という想像上の壁よりも先まで広がっているのか？　その壁の向こうには「野獣」が棲んでいるのか？　もっと言うと、この宇宙はどこかで終わっているのだろうか？

この宇宙が470億光年先で終わっていることはもちろんない。もっとずっと遠くまで、地球からでは見えない領域にまで広がっている。その遠くの領域まで旅することさえできる。十分に長生きできれば可能だ。この宇宙がどこかで終わっていて、折り返し地点があり、巨大な球体の表面のようにぐるりと一周しているということもありうる。宇宙版のマゼランが究極の宇宙一周旅行を果たす様子さえ想像できるかもしれない。もしもこの宇宙が本当に一周可能な巨大球体だとしたら、CMBの光子の測定からそれが分かるかもしれない。仮に球体だとしても、観測できないほど巨大で、その直径は少なくとも23兆光年はあるはずだ。すると宇宙全体は、私たちが見ることのできる部分に比べて250倍以上大きいことになる。私たちの目から隠されたその深淵は確かに大きいが、はたして十分に大きいのか？この宇宙が23兆光年より広かったとしても、はたして1グーゴルプレックス光年先まで広がっているのだろうか？

宇宙の真の大きさをとらえるには、その子供時代にさかのぼる必要がある。子供はなぞなぞが好きだが、CMBにも謎がある。国際宇宙ステーションの中で浮かんでいるあなたが左を向くと、顔にCMBの光子がぶつかってくる。その放射は宇宙の年齢におよぶ壮大な旅路の中で冷え切って、平均温度がわずか2.7ケルビンにまで下がっている。次に右を向いてみよう。別のCMB光子がぶつかってきて、その平均温度もまた2.7ケルビン。どちらを向いてもCMB光子はこの温度である。別に不思議ではないと思われるかもしれないが、実は非常に奇妙なことである。それらの光子は、自身の誕生したそれぞれの世界の情報を携えてきていて、いずれも同じことを語る。ということは、遠く離れたそれらの世界は互いに相手のことを何か知っていたとしか考えられないが、はたしてそんなことが可能だろうか？　そもそもこれらの光子が旅立ったとき、これらの若き世界は互いに観測不可能だった。それらのあいだで信号を伝えることはできなかったはずだ。ではどうやって宇宙全体に情報が拡散して、CMBの織りなす天空全体で温度が同じになるようになったのだろうか？　アマゾンの最深部で、とある部族に出くわしたのと少し似ている。彼らは外の世界と一度も接触したことがなかったが、なぜか完璧な英語を話していたとしよう。いくら否定されようがあなたはこう考えるはずだ。歴史上のどこかの時点で彼らは英語話者と出会ったことがあるはずだと。

それと同じように、CMBの織りなす天空の互いに反対端にある遠くの領域どうしが、過去のどこかの時点で出合ったことがあるのは間違いない。どこかの時点で情報を交換したのだ。しかし信号を伝え合えないほど互いに離れているのに、どうやって情報を交換したというのだろうか？　赤ん坊時代の宇宙が、この謎を解決する巧妙かつ単純な方法を考えついたのだろう。「インフレーション」と呼ばれるプロセスである。インフレーション説によれば、互いに遠く離れたこの２つの領域は、かつてはごく接近し合っていた。隣どうしにあって信号を伝え合い、情報を交換していた。ところが突然、急激に散りぢりになって、光速よりも速いスピードで引き裂かれたのだという。ある意味悲劇だが、奇妙な話でもある。いったいどうやって光速よりも速く引き裂かれたというのだろうか？　空間の中ではどんなものも、たとえウサイン・ボルトであっても、光より速く運動することはできない。これはもちろん真実である。しかしここで言っているのはそういうことではない。「インフラトン」と呼ばれる奇妙なこびとの悪魔によって、空間自体が光速よりも速く押し広げられたのだ。インフラトンについてはあまりよく分かっておらず、のちほど登場する、かの有名なヒッグスボソンに似たものかもしれないと考えられている。もっと言うと、ヒッグスボソンが時代ごとにまったく異なる姿を取るのかもしれないが、確実なところは分かっていない。インフラトンが１種類なのか２種類なのかさえ分かっていない。いずれにせよ分かっているのは、隣り合った世界どうしのあいだにインフラトンが膨大な空間を急激に作り出し、それが終わった頃にはその２つの世界は情報を交換し合う能力を完全に失っていたということである。しかし重要な点として、それらの世界はいまだに互いのことを覚えていて、その情報をCMB光子に託した。だからどのCMB光子もほぼ同じ温度なのだ。

インフレーションの始まりについて考えることでようやく、グーゴルプリシアン宇宙の話へとたどり着く。インフレーションはなぜこのようにして始まったのだろうか？　その答えは、終わることなく宇宙が生まれつづけるプロセス、いわゆる「永久インフレーション」に隠されているのかもしれない。永久インフレーション説によれば、インフラトンは気まぐれなときにさまざまに変身していたという。ある値から別の値へ量子力学的に跳躍したということである。長いあいださして興味深い行動は取っていなかったが、それが突然、赤ん坊宇宙のごく小さな一角で、爆発的膨張を引き起こすのにちょうど良い値に跳躍した。そしてその小さな一角が巨木セコイアの種子のように巨大に成長し、私たちの見ているこの宇宙全体になった。しかし肝心なのはここから。その後もインフラトンは、空間内のあらゆる地点でランダムにある値から別の値へと跳躍しつづけた。そしてたびたびどこかで、この宇宙のどこか忘れ去られた小さな一角で、最適な値に跳躍して爆発！　巨大な空間が生まれた。それが何度も繰り返された。巨大な空間が生まれれば生まれるほど、さらに空間が生まれるチャンスが増えていく。リバイアサンがどんどん成長して怪物のような大きさになり、最終的にはグーゴルプリシアン宇宙ですら取るに足らないほどになった。そして、想像しうる限り最果ての地まで旅する宇宙版マゼランなら証言してくれるとおり、そこまで巨大な宇宙には……ドッペルゲンガーが大勢いる。

いとこのジェラードの言うことは正しかったのだ。

④ グラハム数

ブラックホール頭の死

子供の頃、BBCで 'Think of a Number'（『数を一つ思い浮かべろ』）という人気番組が放映されていた。司会者のジョニー・ボールが派手な小道具や衣装でステージを駆け回っては、感受性の高い子供心に科学や数学のおもしろさを植え付けるという番組である。もちろん私も大好きだった。数を一つ思い浮かべろ。何一つ危なくない教育的なお遊びだ。いや、はたしてそうだろうか？

7や15、476522であれば何も問題はない。だがグラハム数を思い浮かべたらどうなるだろう？　そうするとちょっとまずいことになる。間違った形でグラハム数を思い浮かべると、あなたは死んでしまうのだ。いまから考えると、本当ならジョニー・ボールは 'Think of a number that won't kill you'（『自分が死なないような数を一つ思い浮かべろ』）という番組名にすべきだった。きっと1980年代のイギリスでは、生命や安全はさほど重視されていなかったのだろう。

グラハム数で死ぬさまは、紀元79年のヴェスヴィオ山の噴火に巻き込まれた人たちの運命にたとえたくなる。ポンペイで死んだ人たちの写真を見たことがあるかもしれない。最期の瞬間、高温の火砕流に一気に巻き込まれて命を落とし、石に姿を変えて火山灰の墓所の中に永遠に埋められたのだ。彼らはまだ幸運なほうだった。近くの町ヘルクラネウムやオプロンティスには、目を覆いたくなるような、さらに壮絶な最期の証拠が見られる。火山噴火によって脳脊髄液が急激に沸騰し、爆発して粉々になった頭蓋骨の破片の残骸である。彼らは頭が爆発して死んだのだ。

グラハム数はそれよりももっと壮絶な脳損傷を引き起こす可能性がある。その数を一桁ずつ考えさせられて、その十進表記を乱暴に頭の中に詰め込まれると、そうなりかねない。しばらくのあいだは何も不都合は感じず、心の目に映る数字列がどんどん長くなっていくだけ。だがしばらくすると、あることが起こる。

頭がブラックホールになって死んでしまうのだ。

実はグラハム数のことを、少なくともその巨大な姿全体として考えることはけっしてできない。単純にあまりにも大きすぎて、あなたでも、あるいはどんな人でも相手にすることは不可能である。知性の問題ではなく、物理の問題だ。それほど大量の情報を人間の頭の中に詰め込もうとすると、頭がブラックホールへと収縮するのは避けられない。いまから見ていくとおり、ある特定の体積の空間に詰め込める情報量の上限はブラックホールによって定まっていて、あなたの頭の大きさはグラハム数に含まれる情報をすべて収めるにはとうていおよばないのだ。グラハム数にはこのような問題が付きまとっている。グラハム数は単に大きいだけでなく、グーゴルやグーゴルプレックス、さらにはグーゴルプレキシアンよりもはるかに巨大である。あなたの頭の中にも、あるいは観測可能な宇宙の中にも、さらにはグーゴルプリシアン宇宙の中にも、グラハム数とそのすべての桁の数字が存在することはできない。その十進表記に含まれる情報があまりに多すぎて、それをすべて収めることはできないのだ。

人を殺しかねない数なんて、いったい何のために考え出されたのだろう？　責められるべきは、受賞歴のある数学者ロン・グレアム。一般的な数学者のイメージには収まらない人物だった。1950年代初め、まだ童顔だった15歳にしてシカゴ大学に飛び級で入学するも、トランポリンやジャグリングに手を染めてあっという間に上達し、バウンシング・ベーアズというサーカス団で演技をするようになった。トランポリンは晩年まで自宅で趣味として続けた。友人たちの話によれば、ロン・グレアムと一緒にいると思いもしないことが起こったという。数学の議論をしていたかと思ったら、次の瞬間には宙返りして逆立ちになったり、ホッピングに乗って飛び回ったりするのだった。

グラハム数の物語は、20世紀初め、同じく多芸多才な数学者フランク・ラムゼーから始まる。かなりの博学で、「ケンブリッジ・アポストルス（ケンブリッジの使徒たち）」*という、知識人からなる秘密結社のメンバーだった。偉大な経済学者ジョン・メイナード・ケインズに師事し、ケンブリッジ大学キングズ・カレッジの特別研究員に推薦された。ちなみに私もこのカレッジに在籍していた。ケインズのことを知らない学生は一人もいなかったし、私は彼にちなんだ名前の建物に寄宿していたが、ラムゼーのことを話す人など誰もいなかった。いまから考えると話題にしておくべきだったと思う。ラムゼーは1930年にわずか26歳で慢性の肝臓病によりこの世を去ったが、その短い人生のあいだに数学や経済学、哲学に大きな貢献を果たした。しかし彼の最大の業績は、1928年に発表した形式論理に関する論文の中に深く埋もれた、ちょっとした付随的な定理によって、ほぼ偶然になされたものである。その定理が組み合わせ論の新たな一分野の萌芽となり、いまではその分野には彼の名が冠されている。

そのラムゼー理論は、混沌から秩序が生まれる過程を扱う。たとえるなら、ブレグジットをめぐって討論する国会議員を観察して、エゴと独断の渦巻く混沌とした不協和音の中から、何らかの合意、何らかの共通点を見出すことはできるのだろうかと問いかけるようなものだ。私がディナーパーティーを開くときにも同じ疑問が当てはまる[(1)]。招待した６人のゲストが全員まったく違う人物で、私との関係性も友人や親戚などさまざま、出自や経験、持論も大きく異なっていたとしよう。私はみんなをテーブルのま

＊　ケンブリッジ・アポストルスは、おもにケンブリッジ大学の学部生が学問的な議論を交わすグループである。悪名を轟かせたのは1950年代から60年代のこと、元メンバーのガイ・バージェスとアンソニー・ブラントが、ケンブリッジのスパイ組織の一味としてイギリスの秘密情報をソ連に流していたことが明らかとなった。ラムゼーがメンバーだったのは1920年代、バージェスとブラントが入会する10年ほど前のことだったし、政治的に左寄りではあったものの、スパイ活動に関与していたと考えられる理由は当然ない。

わりに座らせ、良きホストとして、誰と誰が知り合いなのかをはっきりさせようとする。アルジャーノンは私の娘ベラのことを知っている。私の大学時代からの旧友で、ときどきうちにも遊びに来る。いまは音楽業界で仕事をしている。レコードショップで働いていたとき、歌手のレオ・セイヤーが店に入ってきて自分のCDを十数枚買っていったという話をしょっちゅうしている（実話）。ベラはまだ在学中だが、いつかは芸術家になりたいと思っている。アルジャーノンはクラーキーとも知り合いで、大学で一緒だった頃からの仲。クラーキーはスポーツキャスターをしている。若い子には近づきたがらないので、ベラのことは知らない。以上の事柄を私は次のような図にして書き留める。

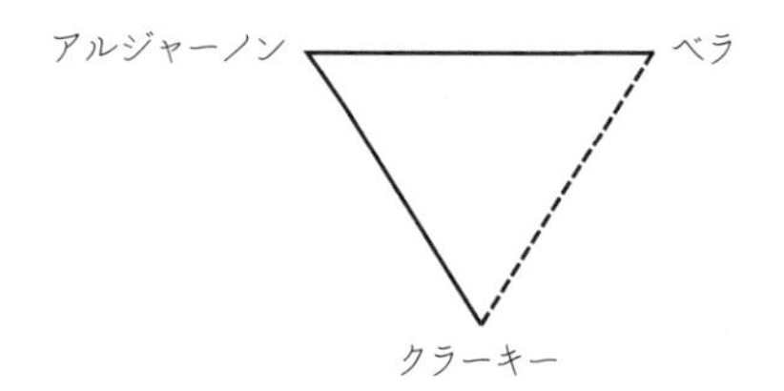

見て分かるとおり、実線は２人が互いに知り合いであることを、破線はそうでないことを表している。次にこの図に、アイビーリーグの大学教授であるディーノを加える。彼も大学生のとき私やアルジャーノン、クラーキーと一緒だったが、クラーキーと同じくベラのことはまったく知らない。そこで私は次のように図を更新する。

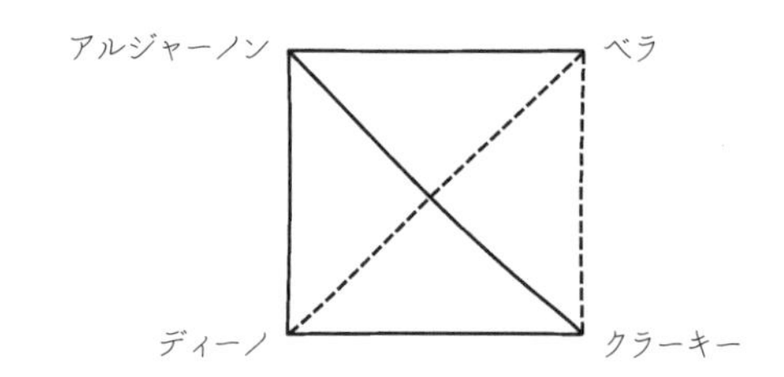

最後、残った２人のゲストを付け加える。アーネストとフォンシはどちらもベラと知り合いだが、互いのことは知らないし、もっと言うとこのパーティーにベラ以外の知り合いはいない。アーネストは技術者で、祖父は北アメリカからイギリスにハイイロリスを持ち込んだ人物である（これもまた実話）。フォンシは野心に燃える政治家。私は再び図を更新する。

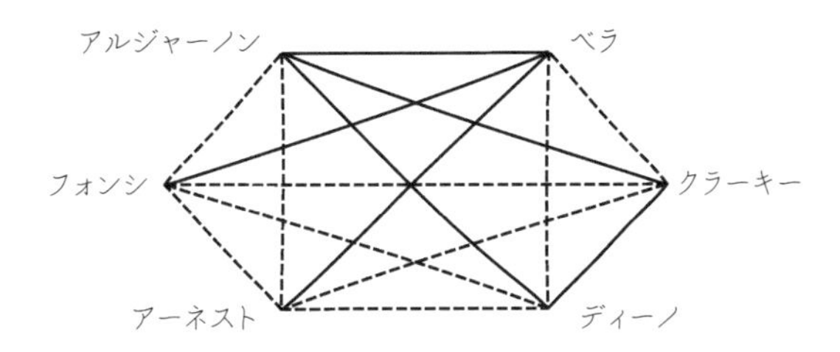

まだゲストがたった６人だというのに、この実線と破線からなるネットワークは混沌の趣を呈しはじめている。だがその混沌の中身を見てみると、ある程度の秩序が見えてくる。たとえばアルジャーノン、クラーキー、ディーノは、３人全員が互いに知り合いであるグループ、いわば派閥を作っている。クラーキー、アーネスト、フォンシは、全員が互いに初対面であるという、別のタイプの派閥を作っている。しかしどちらのタイプについても、４人からなる派閥は存在しない。

このようなネットワークがラムゼー理論の中核をなしている。６人のディナーパーティーで３人の派閥が形成されたとしても、何も驚くことはない。間違いなくそうなる。それどころか、確実にそのような派閥が形成されるのに必要な最小人数が６人である。しかしいま言ったとおり、ゲストが６人だけだと、４人の派閥が確実に形成されるには十分でない。実はそのためには少なくとも18人が必要である。これらの数をラムゼー数という。簡潔に言うと[(2)]、３番目のラムゼー数は６、４番目のラムゼー数は18である。

ラムゼーは、十分な人数のゲストをパーティーに招きさえすれば、有限のどんな大きさの派閥でも作れることを証明した。しかし何人のゲストが必要であるかは、必ずしも明らかにできなかった。５人からなる派閥を探そうとしただけで、問題ははるかに難しくなる。おおかたの数学者の考えでは、５人の派閥が必ず形成されるためには少なくとも43人のゲストが必要だそうだが、確実なことは誰にも分からない。その最小人数は43人から48人のあいだにあることまでしか分かっていない。

その数を正確に突き止めるには、存在しうるネットワークを一つ残らず再現して、何人になったら５人の派閥が確実に存在するのかをせっせと調べていかなければならない。コンピューターでやってみてもいいが、厳密に実行できるほどのパワーを持ったコンピューターがどこにもない。実はゲストが43人の場合だと、2^{903}通りものネットワークを調べ尽くすようコンピューターに命令しなければならない。１グーゴルよりもかなり大きい数だ。最新のスーパーコンピューターでもこんなたぐいの数は扱えない。

６人の派閥が確実に存在するためのゲストの最小人数は、102人から165人のあいだである。６番目のラムゼー数の正確な値を求めるという問題は、当然ながら５番目のラムゼー数よりもさらに相当難しい。偉大な放浪数学者ポール・エルデシュは、この事実を強調するために、ある終末論的な物語を考え出した。私たちよりもはるかに進んだ宇宙人の軍団が地球を侵略してきて、５番目のラムゼー数を答えられなければ愚かな人類を全滅させるぞと迫ってきた。そこで世界中のコンピューターを総動員して、数学者たちに運命を託し、答えをはじき出した。しかしもしも宇宙人が、６番目のラムゼー数を要求してきたらどうだろうか？　そうなったら打つ手はない。宇宙人に全滅させられるよりも前に、こちらが宇宙人を全滅させる方法を考え出すほかない。

このような特徴的な表現からうかがわれるとおり、エルデシュは個性的な人物だった。第一次世界大戦直前にブダペストで生まれ、成人してからはほとんどの期間をホームレスで過ごし、一カ所に１カ月以上留まることはめったになかった。ある共同研究者から別の共同研究者のもとへ、大陸を股にかけて絶えず放浪しながら、さまざまな数学問題の新たな解を探した。スーツケースを持って誰かの玄関先にひょっこりと姿を現しては、気の済むまでベッドと食事を提供してもらい、身の回りの世話をしてもらう。子供のいる家だったら、無限小を表すときに数学者が使う表記法に引っ掛けて、その子供のことをイプシロンと呼ぶ。また、解いてもらいたい問題も携えてくる。数学問題と、それを解く上で力になってくれる人物とを結びつける能力、それがエルデシュの最大の強みだった。驚くほど風変わりな研究人生を通してエルデシュは、アンフェタミンに溺れながら、500人を超す共同研究者と1500本を超える論文を書いた。数学界であまりにも顔が広く、ほとんどの数学者が片手で数えられるほどの共同研究者を介してエルデシュとつながってしまうことから、いまではエルデシュ数というものが界隈で語られている。

ロン・グレアムのエルデシュ数は１。エルデシュと非常に近しい仲だったグレアムは、訪ねてきたエルデシュが泊まれるよう、自宅に「エルデシュの部屋」を作り、不在中はそこを物置にしていた。エルデシュの資産管理もおこない、小切手の回収や勘定の支払いをしてあげていた。しかしグレアムが、いまでは有名なグラハム数を発見したのは、エルデシュを介してではない。同僚のアメリカ人数学者ブルース・リー・ロスチャイルドとの共同研究、およびその後、雑誌『サイエンティフィック・アメリカン』のコラムニスト、マーティン・ガードナーとの共同研究を介してである。

グレアムとロスチャイルドは、ラムゼー理論におけるある特別な問題に興味を持っていた。それを理解するために、パーティーにさらに２人のゲストを追加しよう。グレアムとハロルドである。グレアムはベラのおじ。ハロルドは謎の人物で、どうやら５つの言語に堪能だが、どういう人で何をしているのか誰も知らないし、ほとんど素性を明かさない。もしかしたらスパイかもしれない。まあそんなことはどうでもいい。重要なのはこれでゲストが８人になったことであって、この８人を立方体の各頂点に配置すれば新たなタイプのネットワークを作ることができる。

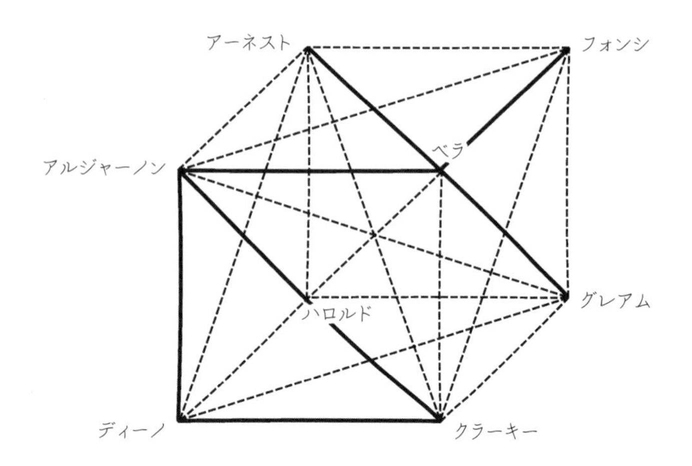

ここでこのネットワークをどこかで切断して、その切断面を考えることにする。たとえば、ベラ、クラーキー、アーネスト、ハロルドを含む対角面に沿って切断してみよう。この４人は一種のサブネットワークを形作っていて、それは平らな紙の上に簡単に描くことができる。

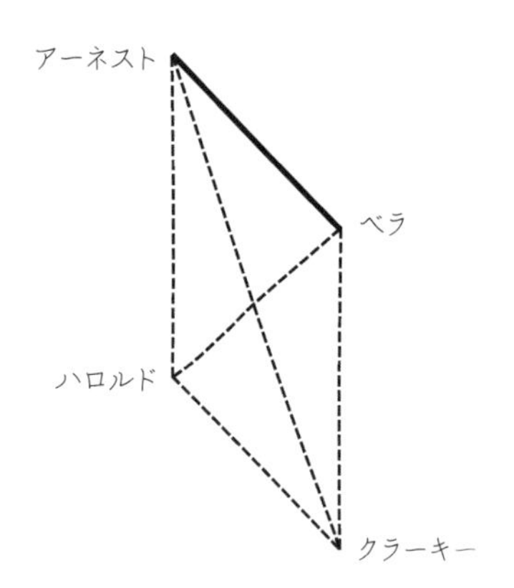

しかしこれはどちらのタイプの派閥にもなっていない。友人どうしや初対面の人どうしが適当に混ざっているだけだ。ではもっと意味のある切断

面を選ぶことはできるだろうか？　この例の場合、その答えはイエスである。アーネスト、フォンシ、グレアム、ハロルドを含む、立方体の奥側の面に沿って切断すれば、初対面どうしの４人からなる派閥ができる。

グレアムとロスチャイルドが知りたかったのは、どんな構成の立方体であっても、派閥となるような切断面を必ず見つけられるかどうかである。３次元の場合はその答えはノーで、８人のゲストからなるネットワークの中には、派閥となるような切断面が一つもないものがいくつかある。もちろん３次元の世界に縛られる数学者など一人もおらず、グレアムとロスチャイルドも、４次元や５次元、６次元、さらには任意の次元における「超立方体」について考えはじめた。派閥となる切断面が必ず存在するためには、何次元が必要なのだろうか？

言うまでもないが、グレアムとロスチャイルドがその確定的な答えを示すことはできなかった。ラムゼー理論のほとんどの問題はそういうものだ。しかし２人は、この問題には有限の答えが存在することを証明し、その答えにある程度の制限を課すことができた。必要な次元の最小数は、６と、あるとてつもなく巨大な数、私たちが理解できそうなどんな数よりも大きい有限の数とのあいだにあるはずだというのだ。ただし俗説と違って、２人が示したその巨大な上限値は、いまではグラハム数と呼ばれている数とは別物である。グラハム数が誕生したのはそれから６年後の1977年、ロン・グレアムがマーティン・ガードナーと話を始めたときのことである。『サイエンティフィック・アメリカン』のガードナーの記事でその上限値を単純な形で説明するために、それよりわずかに大きい数を考え出したのだ。その新たな数は『ギネスブック』1980年版に、「数学の証明でこれまでに使われた中で最大の数」として掲載された。しかし実際に証明に使われることはけっしてなかった。

それはさておいて、あなたの度肝を抜かせるために、ガードナーに示されたグラハム数の値について考えてみてもらいたい。心配は無用。その十進表記を考えさせるようなことはしない。ともかくそれはまだ早い。とりあえずは、グラハム数についてもっとずっと安全に考えるための方法として、クヌースの矢印表記と呼ばれるものを使うことにする。1976年にそれを考案したアメリカ人コンピューター科学者、ドナルド・クヌースにちなんだ呼び名である。クヌースは数やコンピューティングに関する幅広い著作があり、いずれかの著書に間違いを見つけた人には2.56ドルの報酬を支払うことでよく知られている*。そんなクヌースの矢印表記を使えば、巨大な数の大地を安全に進んでいくことができる。

スタートとなるのは掛け算。3×4という式はどういう意味だろうか？きっと「12」と答えたくなるだろうが、もう少し深く考えてみよう。3×4という式が本当に意味するのは、「３を４回足す」、つまり3+3+3+3ということである。もっと抽象的に表せば次のようになる。

$$a \times b = \underbrace{a + a + \cdots + a}_{b\text{回繰り返す}}$$

aをb回足し合わせただけだ。このように分解してみれば分かるとおり、掛け算とは実は、足し算の繰り返しを変わった方法で表現したものにすぎない。では掛け算の繰り返しはどうだろうか？

数学ではそれを「冪乗（べき）」といい、ふつうは上付きの数字で表す。

$$a^b = \underbrace{a \times a \times \cdots \times a}_{b\text{回繰り返す}}$$

この場合にはaをb回掛け合わせたことになる。たとえば次のようになる。

$$3^3 = 3 \times 3 \times 3 = 27$$
$$3^4 = 3 \times 3 \times 3 \times 3 = 81$$

＊ 2.56ドルという額にしたのは、「十六進法では256ペニーで１ドルになる」からである。

累乗と呼んでいる人もいると思う。ちなみに私の妻は、'to the' を縮めて 'tuther' と呼んでいる〔たとえば3^4のことを英語で 'three to the fourth' と表現する〕。意味さえ分かっていれば、どんなふうに呼んでもかまわない。ドナルド・クヌースはどうかというと、累乗を別の方法で書いている。もっぱら矢印を使うのだ。

$$a \uparrow b = \underbrace{a \times a \times . . . \times a}_{b\text{回繰り返す}} = a^b$$

先ほどの例だと、$3 \uparrow 3 = 27$, $3 \uparrow 4 = 81$となる。

ここでやめてもいいし、ふつうの人ならきっとそうするだろうが、私たち数学者はふつうの人間ではない。もっと続けていこう。冪乗を繰り返しおこなったらどうなるだろうか？　それを「テトレーション」という。クヌースはそれを、次のように２重の矢印を使って表現している。

$$a \uparrow\uparrow b = \underbrace{a \uparrow \Big(a \uparrow \big(. . . \uparrow a\big)\Big)}_{b\text{回繰り返す}}$$

つまり、aに「１重矢印の演算」をb回施すということである。これは次のように考えることもできるので、'power tower'（累乗のタワー）とも呼ばれる。

aがb層積み重なったタワーである。

$3 \uparrow\uparrow 3$と$3 \uparrow\uparrow 4$を計算してみよう。３の累乗がそれぞれ３段と４段積み重なっているので、

$$3 \uparrow\uparrow 3 = 3 \uparrow (3 \uparrow 3) = 3^{3^3} = 3^{27} = 7625597484987$$
$$3 \uparrow\uparrow 4 = 3 \uparrow (3 \uparrow (3 \uparrow 3)) = 3^{3^{3^3}} = 3^{7625597484987}$$

となる。

２重矢印を使うと、３から約７兆6000億までたった１段階でたどり着けてしまう。これだけでも十分にすごい。しかしクヌースの矢印表記を使えば、さらに先まで進むことができる。２重矢印の繰り返しとして、３重矢印を使えばいいのだ。

$$a \uparrow\uparrow\uparrow b = \underbrace{a \uparrow\uparrow \left(a \uparrow\uparrow \left(\cdots \uparrow\uparrow a\right)\right)}_{b\text{回繰り返す}}$$

理屈は先ほどと同じだが、今度は a に「２重矢印の演算」を b 回施す。３重矢印はものすごくパワフル。試しに3↑↑↑3を計算してみよう。３重矢印なので、２重矢印の演算を繰り返し施す必要がある。この例では次のようになる。

$$3 \uparrow\uparrow\uparrow 3 = 3 \uparrow\uparrow (3 \uparrow\uparrow 3) = 3 \uparrow\uparrow 7625597484987$$

何てこった。3↑↑約７兆6000億になってしまった。つまりこのタワーは、

$$3^{3^{3^{\cdot^{\cdot^{\cdot^{3}}}}}}$$

と、約７兆6000億層の高さになってしまう！　省略せずに書くことを想

像してみよう。一個一個の３が高さ２センチメートルだとすると、このタワーははるばる太陽まで届いてしまうのだ。そのため 'Sun tower'（太陽のタワー）と呼ばれることもある。正直言って計算するのはあまりに恐ろしい。

しかしここでやめるわけにはいかない。

3↑↑↑↑3はどうだろうか？　もうとてつもないことになる。計算を始めてみると次のようになる。

$$3\uparrow\uparrow\uparrow\uparrow 3 = 3\uparrow\uparrow\uparrow\left(3\uparrow\uparrow\uparrow 3\right) = 3\uparrow\uparrow\uparrow(\text{太陽のタワー}) = \underbrace{3\uparrow\uparrow(3\uparrow\uparrow(\cdots\uparrow\uparrow 3)}_{\text{太陽のタワー回繰り返す}}$$

太陽のタワーですら恐ろしくて計算できなかったのに、ここでは「２重矢印の演算」を太陽のタワー回も繰り返さなければならない。まさにぞっとする。グーゴルやグーゴルプレックスなどとうの昔に打ち負かしている。こんなに大きい数、どんなものにもたとえられない。物理世界からおさらばしたのを受け入れるほかない。だがそれでもグラハム数にはまだとうていたどり着かないのだ。

さらに先へ進めるしかない。

この段階でグレアムは梯子を導入した。梯子の各段を形作る数は、それより下の段に比べてはるかに大きい。グレアムの梯子の一番下の段はふつう g_1 と表され、そこにはいま出会ったばかりの巨大な数が当てはまる。

$$g_1 = 3\uparrow\uparrow\uparrow\uparrow 3$$

ここから梯子を１段登ると、突然はるか上のほうにたどり着く。

$$g_2 = 3\underbrace{\uparrow \cdots \uparrow}_{\text{矢印が}g_1\text{個}}3$$

矢印が何個あるのか見てもらいたい。g_1 個だ！　矢印が４個だけでも巨大モンスターが生まれたのに、今度は矢印の個数自体がモンスターになっている。モンスターのモンスターである。しかしまだグラハム数にはとうてい近づかない。

梯子をもう１段登ってみよう。

$$g_3 = 3\underbrace{\uparrow \cdots \uparrow}_{\text{矢印が}g_2\text{個}}3$$

これがどれだけ大きいか、それを言葉で表そうとすることすらほとんど意味がない。言語は数学にとうてい太刀打ちできない。しかし幸いにもパターンを読み取ることはできる。グレアムの梯子を１段登るたびに、矢印の個数がすさまじく増えるのだ。数自体に対する影響は計り知れない。そこでひたすら登りつづけていこう。g_3 から g_4 へ、g_4 から g_5 へと。64段目にたどり着く頃には、深い深い闇に包まれて、巨大な数の大地に呑み込まれ、もともとどんな数だったのか見当もつかなくなっている。しかしこれでようやくたどり着いた。g_{64}、それがグラハム数である。

ちょっと正確さを欠いてはいないだろうか？　ある数学問題の答えが、６と、言葉で表せないほど巨大な g_{64} とのあいだにあるというのだ。ロン・グレアムもそう認めていたが、彼が強調したかったのは、真であると分かっている事柄と、実際に証明できる事柄とのあいだには隔たりがあるということ。グレアムとロスチャイルドがもともと問うた問題に正確な答えがあることは分かっている。信じられないほど広い範囲のどこかに潜んでいる。しかしそれを正確に突き止めることはできるのだろうか？　そう願うほかない。実はグレアムとロスチャイルドの論文以降、その範囲は大幅に狭まっていて、いまでは答えは13と2↑↑↑5のあいだにあることが分かっている。確かに前進ではあるが、ラムゼー理論の問題で人類を試そうとする怒り狂った宇宙人の要求を満たすのには、もちろん不十分である。

数学の歴史の中でグラハム数は真のリバイアサンだが、抽象的に説明したことでその壮大さが失われてしまったきらいがある。そこでさらに理解を深めるために、物理学に戻って、なぜこの巨大な数が人を殺してしまうのかを見ていくことにしよう。

情報が多すぎる

どうしてグラハム数はそんなに危険なのだろうか？　その十進表記を考えただけで、なぜ頭がブラックホールに収縮してしまうのだろうか？　実はそのグラハム数の十進表記には、エントロピーが、大量のエントロピーが含まれている。そしてあまりに大量のエントロピーをあまりに小さい空間に押し込もうとすると、決まってブラックホールが形成されてしまうのだ。卵やトリケラトプスがエントロピーを持っているのと同じように、数がエントロピーを持っているだなんて、奇妙に聞こえるかもしれない。しかしエントロピーは情報と密接な関係にあって、グラハム数にももちろん情報が含まれている。もしも私がその最後の桁の数字を教えたら、あなたは少量の情報を受け取ったことになる。もしもその十進表記を最初から最後まで教えたら、あなたの頭はとてつもない量の情報を中に詰め込もうとする。限られた空間にそれだけ大量のエントロピーを詰め込めば、起こりうることは一つだけ。頭がブラックホールになって死んでしまうのである。

ブラックホールとエントロピー、そしてグラハム数の十進表記とのあいだの関係を理解するには、情報というものの持つ意味を掘り下げる必要がある。私が一つの数、グラハム数の最後の桁の数字を思い浮かべて、あなたにそれを当ててもらう。あなたは何でも質問してかまわないが、私は「はい」か「いいえ」でしか答えない。たとえばあなたが次のような戦略を取ったとしよう。

その数は0から4までの数ですか？　いいえ。
5か6か7ですか？　はい。
5か6ですか？　いいえ。

これであなたは、答えは7のはずだと見抜けた。

あなたは3つの質問をした。なかなか良い戦法で、質問をするたびに候補が約半分に絞られた。この戦法だと、ランダムに選ばれた数字を平均3.32回の質問で当てることができる。暗号学者で情報理論の開拓者であるクロード・シャノンは、このような方法を使って情報量を測定しようと提唱した。知りたい事柄を特定するには、はい／いいえの質問を何回する必要があるか、その最小の回数を情報量と定義するのだ。

シャノンは、コンピューティングや数学における秀でた才能と、受賞歴のある工学者としての実用的スキルとを併せ持っていた。ロケット推進のフリスビーから一輪車、ジャグリングをするロボットまで、つねに何かしら物作りをしていた。一番ふざけた発明品は、スイッチをオンにすると機械の手が出てきて、すぐさまそのスイッチをオフにしてしまう装置。シャノンはロン・グレアムとも仲が良く、その友情はシャノンがジャグリングに興味を持ったことで深まった。ジャグリングを習いたいと思っていたら、グレアムが教えてくれることになったのだ。最終的にシャノンがジャグリングできるようになったボールは4個、自分の作ったロボットが扱えるよりも1個多かった。

シャノンが情報理論に関心を持ったきっかけは、第二次世界大戦中、ニュージャージー州にあるベル研究所で暗号や通信の研究に携わったことだった。とりわけ戦争においては情報伝達が重要だが、多くの場合それは難しく、危険なことさえあるとシャノンは気づいた。そこで、邪魔をする「ノイズ」が大量にある場合でも効率的にメッセージを伝える方法を編み出したいと思ったが、そのためにはその情報の量を表すのにふさわしい尺度が必要だった。

シャノンの考案したその尺度を理解するために、コイントスを1回してみよう。そのトスの結果を特定するには、はい／いいえの質問を１回するだけでいい。「オモテか？」と質問すればいいだけだ。したがって１回のコイントスは、１ビットの情報を持っている。コイントスを５回おこなったら５ビット、１グーゴル回なら１グーゴルビットである。もっと一般化するには、コイントスの回数ではなく、起こりうる結果の個数をビット数と関連づける必要がある。コイントスを５回おこなった場合、起こりうる結果は2×2×2×2×2＝32通りある。ではこの32という数から、５ビットという値を導き出すにはどうすればいいか？　$32=2^5$で、５が２の指数になっている。グラハム数の最後の桁の数字の場合、起こりうる結果は10通り（０から９までのいずれかの数字になる)。ではそれは何ビットに相当するか？　少々ややこしいが、10は2^3より大きくて2^4より小さいので、答えは３ビットと４ビットのあいだ。実際には、グラハム数の最後の桁の数字に含まれる情報量は約3.32ビットである*。

もちろんシャノンが関心を持っていたのは、コイントスよりも単語や文章のほうである。ある有名な英語辞書に載っている単語の中でもっとも長いのは、‘pneumonoultramicroscopicsilicovolcanoconiosis’。火山噴火で発生したケイ酸塩の微粒子を吸い込んだことで起こる肺疾患のことである。理想的な例とは言えないが、頭が爆発してしまうよりはましだろう。ここで考えたいのは次のような問題。この単語自体にはどれだけの量の情報が含まれているだろうか？　一つ一つの文字は、26通りの起こりうる結果のうちの一つだとみなすことができる。26は$16=2^4$と$32=2^5$のあいだなので、一文字あたり４から５ビットの情報が含まれているはずだ。正確に言うと一文字あたり4.7ビット**。この単語全体では45文字もあるので、合計で211.5ビットとなる。この数値はこの単語に含まれる総情報量に比較的近

---

*　3.32ビットとなるのは、$2^{3.32}\approx10$だからである。対数が得意な人だったら、$\log_2 10\approx 3.32$であることに気づいたと思う。

**　１文字あたり4.7ビットという値は、$2^{4.7}\approx26$であることによる。やはり対数が得意な人であれば、$\log_2 26\approx4.7$であることに気づかれただろう。

いが、実際には大きすぎる。どんな言語でもそうだが、英語にもパターンや規則がある。たとえば‘quicquidlibet’という単語を考えてみよう。これは「別に何でもいい」という意味である。qの文字が2回使われているが、どちらもその次の文字はuで、この規則はほぼ確実に成り立っている。では、uがあるはずだとすでに分かっているところでuを目にしても、4.7ビットの情報が得られると言えるだろうか？

こうした微妙な問題があることから分かるとおり、情報量を測定するには結果を数え上げるだけでは済まない。確率を考慮に入れる必要がある。たとえば公正なコインの場合、コイントスを5回おこなえば、確かに5ビットの情報が得られる。しかしコインに偏りがあって、必ずオモテが出るとしたらどうだろう？　5回連続でオモテが出たところで、はたして何か情報が得られたと言い張れるだろうか？　もちろんそんなことはない。

そこでシャノンは、こうした事柄をすべて考慮に入れた、もっと優れた情報量の公式を考え出した。確率pでオモテが出て、確率$q=1-p$でウラが出るコインをトスすると、シャノンの計算によれば、$-p\log_2 p-q\log_2 q$ビットの情報が得られることになる。この公式に2を底とする対数が用いられているのは、二者択一の結果を踏まえて情報量を数えているためである。直観的に考えて、この公式はまさに予想どおりの働きをする。たとえば公正なコインの場合、$p=q=0.5$なので、1回トスすると1ビットの情報が得られる。一方、完全にオモテに偏ったコイン（$p=1,\ q=0$）、または完全にウラに偏ったコイン（$p=0,\ q=1$）の場合には、トスしても情報はいっさい得られない。それ以外のどんなコインの場合も、この両極端な値のあいだに来る。

ではもっと複雑なもの、シャノンが本当に関心を向けた、文字や単語、文章といったものについてはどうなるのだろうか？　その情報量はどうやって測定するのだろうか？　たとえば未知の単語の最初3文字、CHEを与えられたとしよう。この次の文字が明らかになったとき、その文字にはどの程度の情報が含まれているだろうか？　もしもすべての文字が等確率で現れるとしたら、その答えは4.7ビットである。しかし明らかにそれは正しくない。スマホに ‘CHE’ と入力してみてほしい。予測入力欄にどんな単語が出てくるだろうか？　もっとも可能性の高いのは次のようなものである。

CHEERS
CHEAT
CHECK

ここから分かるとおり、E、A、Cは、たとえばBよりも高い確率で現れる。Aが現れる確率を p_1、Bが現れる確率を p_2、Cが現れる確率を p_3、……Zが現れる確率を p_{26} とすると、シャノンによれば、その続く文字に含まれる情報の量は次のようになる。

$$I = -p_1 \log_2 p_1 - p_2 \log_2 p_2 - p_3 \log_2 p_3 \cdots - p_{26} \log_2 p_{26}$$

ここまでと同じく単位はビットである。シャノンは実験によって、ネイティブの英語話者が単語の次の文字をどの程度推測できるかを調べた。その結果、１つの文字には平均で0.6から1.3ビットの情報が含まれていることが分かった。さほど多くないように思えるかもしれないが、そのおかげで英語の文章は意思疎通に適したものとなっている。たとえ１つの文字が欠けたり、間違えて入力されたりしても、さほど情報は失われずに、おそらく読み手は内容を読み解けるだろう。

シャノンの公式でもっとも注目すべき点は、それより50年以上前に寡黙な物理学者ジョサイア・ウィラード・ギブズが導き出した別の公式と、非常に似ていることだろう。ギブズには「グーゴル」の章で登場してもらった。エントロピーの概念を頼りにしながら、ドッペルゲンガー探しをおこなったときのことだ。そのときには、エントロピーはミクロ状態の個数であると言ったが、それは少し単純化しすぎていた。それぞれのミクロ状態を取る確率がすべて等しい場合にしか正しくないのだ。もっと幅広い状況へ一般化する方法を示したのが、ほかならぬギブズである。1つめのミクロ状態を取る確率がp_1、2つめのミクロ状態を取る確率がp_2、3つめのミクロ状態を取る確率がp_3などだったとすると、エントロピーは正確には次の公式で与えられる。

$$S = -p_1 \ln p_1 - p_2 \ln p_2 - p_3 \ln p_3 - \ldots$$

シャノンの公式と似ていることに驚かされる。違いはもちろん、ギブズが自然対数を使っているのに対して、シャノンが2を底とする対数を使っている点だけである。実はこの違いは単なる取り決めの問題にすぎない。シャノンが底に2を選んだのは、情報量をビットで表して、コイントスのような二者択一の結果と対応させるためだった。しかしそれはあくまでもそう選んだにすぎない。ビットでなく「ナット」を使って情報量を表してもいっこうにかまわない。1ナットは、2通りでなく$e \approx 2.72$通りの結果を基準としていて、$1/\ln 2 \approx 1.44$ビットに相当する。理由はどうであれ、自然はビットよりもナットで取り引きしたがるもので、それに応じて単位を換算すると、シャノンの公式はギブズの公式と完全に合致する。

ということは、エントロピーと情報は本当に同じものなのだろうか？　私に言わせればそのとおりだ。見方はわずかに異なるものの、どちらも分からなさや不確かさの程度を表している。気体や卵、トリケラトプスの場合にエントロピーを持ち出してくるのは、実際にどのミクロ状態にあるかが分からないからである。知らない事柄、知る必要のない事柄がたくさんある。どんな現実的定義に基づいたとしても、小腸の奥深くにある1個の電子のスピンが反転したところで、トリケラトプスはトリケラトプスのままだ。エントロピーは、このように不確かでどうでもいい事柄をすべて数え上げたものといえる。しかし仮に凝り性のあなたが、その電子のスピンを始め、はっきりしていない事柄をすべて測定することにしたとしよう。するとすさまじい量の情報が集まることになる。その量はどれだけだろうか？　それは最初にどの程度の不確かさがあったかで決まり、それがほかならぬエントロピーである。

情報というのは単なる抽象的な概念ではない。物理的な存在である。重さを考えることすらできる。その正確な値は、その情報がどのように記録されているかによって異なる。たとえばあなたのスマホのデータは、メモリブロックに捕らえられた電子によって記録されている。そのトラップに捕らえられた電子はそうでない電子に比べてエネルギーが高く、したがって質量も大きい。というのも、アインシュタインが自身のもっとも有名な公式 $E=mc^2$ であっさりと説明したとおり、質量とエネルギーは等価だからである。１ビットのデータがあると、質量が平均で約10^{-26}ミリグラム増える。あなたのスマホの重さを埃１粒分増やすには、約10兆ギガバイトのデータを記録する必要がある[3]。市場調査会社IDCによれば、世界中の全データ、いわゆる「グローバル・データスフィア」の大きさがそのくらいだという。

いまでは私たちは情報を記録するのにかなり長けている。18世紀の織物職人バジル・ブションの開発した、穿孔（せんこう）テープで制御する機（はた）織り機では、数センチメートルのテープに数ビットしか記録できなかった。私のiPhoneに保存されている64ギガバイトのデータを記録するには、月までの距離の10倍もの長さのテープが必要となる計算だ。だが、需要に合わせて加速度的に技術が進歩するにつれ、データもどんどん小さな空間に押し込められるようになっている。アップルはいつか10兆ギガバイトのデータを記録できる携帯電話を売り出すことになるのだろうか？

すでにそれは実現している。

私のiPhoneは電子トラップによって最大64ギガバイトの写真や動画、WhatsAppのメッセージを保存することができるが、それよりもはるかに大量の情報を、別の場所、iPhoneを構成する原子や分子のネットワーク全体の中に蓄えている。問題は、そのさらなる情報が私たちにとってさほど役に立たないことである。読み取ることも操作することもできない。その情報がどのくらいの量になるかは、スマホの熱エントロピーを計算すれば見積もることができる。その量はおよそ1兆の10兆倍ナット、約1000兆ギガバイトである[(4)]。このとおり、そのミクロな構造体の中には膨大な量のデータが存在するわけだが、裏庭でイヌと遊ぶ子供たちの動画を祖母に見せるためにそれを使うことはできない。もしかしたらいつか、その原子一個一個、あるいはクォークや電子一個一個に1ビットずつデータを記録する方法が発明されるかもしれない。そうなってようやく、スマホの記憶容量はその熱エントロピーに近づいてくる。もしそうなったら、さらに狭い空間にデータを記録する方法を本格的に考えられるようになるだろう。

だがいずれは、データが閉所恐怖症にさいなまれるときがやって来る。問題はブラックホール。限られた空間に詰め込めるデータの量が、ブラックホールのせいで頭打ちになるのだ。それはブラックホールもエントロピーを持っているためである。それも当然。仮にブラックホールがエントロピーを持っていなかったとして、政治家を一人ブラックホールに突き落としたらどうなるだろうか？　その政治家は、足に含まれる原子や分子の配置から、脳のニューロンに記録された偽情報に至るまで、大量のエントロピーを持っている。ところが、事象の地平面の向こう側に姿を消して、ブラックホールと一体になったら、そのエントロピーは失われてしまうことになる。合計のエントロピーが減少して、熱力学の第2法則を破ってしまうではないか。政治家でなく第2法則を守るには、ブラックホールもまたエントロピーの勘定を支払うほかないのだ。

ブラックホールの内部にあるエントロピーの量を直観的に把握するには、ブラックホールが共食いをしたときに何が起こるかに注目すればいい。一個のブラックホールが別のブラックホールを呑み込むと、事象の地平面の合計面積は必ず大きくなる。このように面積が必ず増えるというのは、熱力学でエントロピーが必ず増えるのと非常に似ている。ヤコブ・ベッケンシュタインは1972年、その類似性を真剣に受け止めて、ブラックホールのエントロピーはその事象の地平面の面積と関連しているはずだと唱えた。しかし証明はできなかった。計算が必要だった。そのためには、スティーヴン・ホーキングという名の若き物理学者の度胸と才能が求められることとなる。

前に見たとおり、ホーキングはブラックホールのエントロピーを次の式のように計算した。

$$\frac{A_H}{4l_p^2}$$

ここでA_Hは事象の地平面の面積、l_pはプランク長さである。注目すべきは、ホーキングがどのようにしてこの式を導き出したかである。1970年代半ばまで、ブラックホールはまさにその看板どおりの存在だった。真っ黒だということである。少なくともそう考えられていた。ところがホーキングは信じられないような手に出て、その通念に異議を唱えた。ブラックホールを決定づける特徴、つまり光を含めあらゆる粒子を重力で閉じ込めてしまうという点に着目して、それが正しくないことを明らかにしたのだ。多くの人は、完全に自己矛盾した話だと思った。しかしホーキングには無謀なことをするつもりなどなかった。量子力学が、自然界のアルカトラズ島から脱出する一つの方法となることに気づいたのである。

量子力学によれば、真空は見た目と違って静まりかえってはいない。「10^{-120}」の章で話すが、空っぽの空間は実は、「仮想粒子」が出現と消滅を激しく繰り返す、泡立ったスープのようなものである。仮想粒子は実在の粒子ではなく、いわばアイデンティティを喪失した状態だ。実在の粒子という表現は、ある特定の場における局在化したさざ波を指す。光子は電磁場のさざ波で、重力子は重力場のさざ波、電子は「電子場」のさざ波。問題は、２種類以上の場が互いに相互作用しうる場合、この区別が量子力学によってあいまいになることである。重力場の中を運動する中性子は、つねに中性子場のさざ波だけであるわけではなく、ときどき重力場にもさざ波を立てる。たとえ話で説明しよう。出自のまったく異なる２人がいて、一方のレフティーは社会主義に囲まれて育ち、もう一方のライティーはもっとずっと保守的な環境で育った。レフティーは左翼場のさざ波、ライティーは右翼場のさざ波と考えられるはずだ。どちらもおのおのの環境から影響を受け、おのおののイデオロギーに全幅の信頼を置きながら育てられた。そしてその後、２人は出会って互いに影響しあった。どちらも分別があって、一方的に話すだけでなく相手の話にも耳を傾ける。その結果、２人をそこまでは白黒つけられない瞬間が生まれる。レフティーは依然として左翼のままだが、ときには立ち止まって、自分の過激な思想が経済全般におよぼす影響を考えるようになる。ライティーはと言うと、いまだに自分は保守的だと考えたがるものの、ときには社会正義や不平等の問題を憂慮するようになる。仮想粒子は、このように混じり合った別の思想のようなものだと考えることができる。だが別のイデオロギーに足を踏み込むのも、あくまでもいっときにすぎない。レフティーは必ず社会主義的理想に、ライティーは保守主義に立ち返る。仮想粒子も同じで、いつまでも存在していられる仮想粒子などけっして見つからない。別の場にさざ波を立てたとしても、それは決まって一時的にすぎない。

ブラックホールのそばでこのような混じり合いが起こるとどうなるかを考えていたホーキングは、ある驚きの結論にたどり着いた。一時的な存在にすぎないと考えられていた仮想粒子が、ときには永久的な存在に変わるのだ。ブラックホールの事象の地平面の近くで仮想粒子のペアが生成すると、そのペアの一方がブラックホールに落ちていって、もう一方が逃げ出すことがありうる。その逃げ出したほうの粒子はパートナーと永遠に別れて、実在の粒子、実際に握りしめることのできるいわば永遠の形見となる。そしてあたかも、事象の地平面から発せられた放射のように振る舞い、ブラックホールの重力場からエネルギーを取り去って、その重力場を少しだけ弱くする。その結果、いまではホーキング放射と呼ばれている放射が発生して、ブラックホールは蒸発していくのである。

ホーキングは、この放射によってブラックホールが温度を持つことを示し、さらに熱力学を援用してブラックホールのエントロピーの公式を導き出した。学問的に驚くほど大胆な一手で、当時としてはあまりにも過激な学説だった。しかしホーキングの大胆な才能は報われ、いまではこの学説はあまねく受け入れられている。

ブラックホールは実際には黒くなく、放射を発していると言い切ったホーキングは、すかさずもう一つ爆弾を投下した。量子力学は破綻しているというのだ。

多くの国には、建国者が新たな国家のビジョンを示した一連の基本的な規則、すなわち文章の形で示された憲法がある。量子力学の国にも同じことが言える。ボーアやハイゼンベルク、ボルンやディラックなど、量子論の何人もの開拓者たちによって示された一連の基本的な原理、いわば独自の憲法を持っている。その基本法則の一つによれば、何ものも失われることはなく、入ったものは必ず出てくるとされている。ところがホーキングが、ブラックホールはこの法則を無視しているようだと気づいた。最初は純粋な量子状態だったのに、最後には混合状態で表される放射になってしまうのだ。純粋状態と混合状態については前の章で説明した。純粋状態ではその量子系に関して知りうる事柄をすべて知ることができるが、混合状態ではそれと対照的に、一部の情報が失われている。ここでポイントとなるのが、量子力学の憲法では純粋さを失うことは禁じられていて、純粋状態から混合状態へ移行することはできないという点である。情報がそのまま消えてしまうことはなく、たとえ見つけるのが少々難しくても、必ずどこかに存在していなければならない。ということは、ブラックホールは量子力学に楯突いているのではないだろうか。

この問題は「情報のパラドックス」と呼ばれている。非常に深遠な難題の一つで、それが解決されれば、私たちの暮らすこの世界について何か非常に重要な事柄が明らかになると期待される。ホーキングはこうした問題をめぐって人と賭けをするのが好きだった。1997年にはキップ・ソーンと組んで、カリフォルニア工科大学（カルテック）の物理学者ジョン・プレスキルを相手にある賭けをした。プレスキルは、たとえブラックホールの中であっても情報が失われることはけっしてないと言い張ったが、ホーキングとソーンはそうではないと考えた。そして正しかった側が自分の好きな百科事典をもらうことになった。まさにふさわしい賞品だ。誰かがうっかりブラックホールに百科事典を落としてしまっても、その百科事典に収められていた情報を再現できるか否か、それによって賭けの勝敗が決まるからである。7年後、ホーキングはこのパラドックスの解決法を提唱し、賭けに負けたことを認めた。そしてプレスキルに 'Total Baseball, The Ultimate Baseball Encyclopedia'（野球のすべて、決定版野球百科事典）を1冊渡しながら、本当なら燃やして灰にしてからあげるべきだったと冗談を言った。灰になってからもその情報は存在しているはずなのだから！ソーンはと言うと、ホーキングの提案には納得できず、プレスキルに賞品を渡すことはなかった。そして実際のところ、ホーキングの解決法が受け入れられることはなかった。とはいえ、ブラックホールが謀反を起こすことはない、つまり情報が失われることはないと信じるに足る非常に説得力の高い理由がいくつかあって、それについては次の章で説明する。量子力学はあまりにも貴重で、見捨てることなどできないのだ。

ブラックホールは大きさのわりにすさまじい量のエントロピーを持っていて、そのため膨大な量の情報を蓄えている。そして、現実的には無理でも、原理的にはその情報を引き出すことができると、いまでは考えられている。私のiPhoneと同じサイズのブラックホールには、10^{57}ギガバイトもの情報が蓄えられている計算になる[(5)]。それに比べたら、写真やメッセージとして記録されている64ギガバイトや、原子の情報に含まれている10^{15}ギガバイトなど取るに足りない。ブラックホールほど効率的に情報を保存できるものはほかに何一つないのだ。

その理由を探るために、銀河を股にかける冒険者であるあなたが、地球から1000光年近く離れた系外惑星ケプラー62f を訪れる使命を帯びていたとしよう。ケプラー62f の主星であるケプラー62はこと座にあって、私たちの太陽よりもわずかに小さく温度が低い。訪れるのには理由がある。SETI計画によってすでに、ケプラー62f は地球外生命を探すのに適した場所と特定されているのだ。主星を囲むハビタブルゾーンの中に位置する古い岩石質の惑星で、表面は海で覆われ、地球と似た季節を持っている。あなたの乗り込む宇宙船はさほど大きくなく、直径３メートルの球体にちょうど収まる程度。宇宙船には大量の物資が搭載されている。食糧や燃料、そして何よりも、コンピューターシステムに詰め込まれた膨大な量の情報である。総重量はおよそ100万キログラム。そこにどれだけのエントロピーが含まれているか定かではないが、こんなに情報量が多いのだからエントロピーも大量であることは確かだ。

ケプラー62f に接近したところで、あなたはある厄介なことに気づいた。宇宙船を取り囲むように巨大な球殻が作られている。いつの間にか地球外由来の球体にくるまれてしまったのだ。どこからやって来たのか見当もつかないが、偶然とは思えない。あの惑星の住人に襲撃されて、球形の牢屋に囚われてしまったに違いない。そこで少々調べてみることにした。すると、その球殻は何かとてつもなく密度の高い物質、中性子星よりも高密度の物質でできていることが分かった。あなたはちょっとうろたえる。さらに計算したところ、球殻の総質量は10^{27}キログラムをわずかに割り込むほど。もはやパニックだ。こんなに重い球殻がどうやって形を保っているのだろう？　どうして崩れたりばらばらになったりしないのだろう？　何一つ理解できないが、非常にまずいことに、この球殻は縮んでいっているように見える。計算してみると、あなたと球殻の合計質量は閾値（しきいち）である10^{27}キログラムを超えている。球殻が直径わずか３メートルにまで縮んで、宇宙船に触れるほどになったら、あまりに小さい空間にあまりに大きな質量が詰め込まれてしまう。そしてブラックホールになってしまうのは避けられない。

不幸にもあなたは、球殻の直径が閾値の３メートルを下回るよりもずっと前に、潮汐力でばらばらに引き裂かれて死んでしまった。そこでケプラー62f の住人が探査機を派遣して、あなたの宇宙船を閉じ込めたブラックホールを調査する。目的は、あなたがどれだけのことを知っていたか、つまり、ブラックホールに呑み込まれる前に宇宙船にどれだけの量の情報が搭載されていたかを明らかにすること。事象の地平面の直径を測定すると、さしわたしわずか３メートル、このブラックホールのエントロピーは約

2.7×10^{70}ナットと計算される。宇宙人も知っているとおり、全エントロピーが時間とともに減少することはけっしてない。ブラックホールに捕らえられる前にあなたの宇宙船には大量の情報が搭載されていたかもしれないが、最終的にその合計は約2.7×10^{70}ナットより多くはなかったはずだ。

もちろん少々突飛な物語である。いくらケプラー62fの宇宙人でも、これほど高密度の球殻をこしらえて制御できるはずはない。だがそれは問題ではない。実はただの思考実験であって、非常に創造的なアメリカ人物理学者レナード・サスキンドが考案した。目的は、限られた空間に蓄えられるエントロピーの量の上限が、ブラックホールによって定まるのを示すこと。宇宙船でもトリケラトプスでも、あるいはただの卵でもいいが、何らかの物体を持ってきて、それをできるだけ小さい球の中に完全に収める。するとその物体のエントロピーは、この球と同じ大きさの事象の地平面を持つブラックホールのエントロピーよりけっして多くはないことを、サスキンドは示したのだ。先ほどの空想話では、宇宙船は直径3メートルの球の中にちょうど収まるのだった。そのため宇宙人が明らかにしたとおり、ちょうどそれと同じ大きさのブラックホールのエントロピーが、宇宙船のエントロピーの上限ということになる[(6)]。

サスキンドのこの考え方は人間の頭にも当てはまる。頭の中に収められる情報量の絶対的上限をはじき出すには、頭と同じ大きさのブラックホールのエントロピーを計算しさえすればいい。頭の中の限られた空間にあまりに大量のデータを詰め込んで、その上限を超えようとすると、あなたの頭は確実に重力崩壊を起こす。頭がブラックホールになって死んだもっとも最近の犠牲者になってしまうのだ。

数を一つ思い浮かべよ

私だって四六時中、何かを考えているわけではない。妻に言わせると、掃除機で食洗機の水を抜こうとしたときには何も考えていなかったという。水と電気が危険な組み合わせであることは百も承知だ。そこで、ホースの中に水を吸い込んで、すかさず電源を切るという作戦だった。うまくいけば、電気回路に触れる前にシンクに水を流し出すことができる。幸いにもタイミング良く妻が帰ってきて、掃除機と自分の身体を壊す前に食い止めてくれた。つくづく私は実験科学者に向いていないと思う。ペンと紙を使って厄介な計算をするのはかまわないが、高価な物のそばで私に何かさせるのはやめたほうがいい。量子力学の開拓者として本書の後半で大活躍する、侮りがたきドイツ人ヴォルフガング・パウリも、似たような問題を抱えていた。ただそばにいるだけで実験を台無しにしてしまったという話だ。私はまだましなほうだと思う。

しかしときには考え事をすることもある。ふだんはサッカーか物理学のことを考えているが、やけになると数について考えることだってある。そんなときには脳内で何かが起こる。数を思い浮かべているとき、脳はいったい何をしているのだろうか？　非常に大きい数を思い浮かべるには、何をしなければならないのだろうか？　そしてグラハム数のような巨大な数を相手にしたら、いったい何が起こるのだろうか？

記憶やちょっとした知識、さらにはグラハム数の下500桁の数字はすべて、ニューロンからなるそれぞれ異なるパターンのネットワークによって脳内に蓄えられる。どんな瞬間にも、一部のニューロンは休止していて、残りのニューロンは発火（活性化）している。一般的に脳は、発火するニューロンの数をできるだけ少なくしてやり過ごそうとする。人間の脳の中には合計で約1000億個のニューロンがある。その一個一個のニューロンがオンまたはオフのどちらかになるとすると、記録できる情報量の上限は約1000億ビットということになる。実際に必要なのはそれよりもはるかに少ないが、グラハム数に取り組もうとすると話は違ってくる。頭の中から無関係な情報をすべて追い払いさえすれば、心の目でグラハム数の十進表記を思い描けるはずだと思われるかもしれない。家族の名前も卵の見た目も、鳥のさえずりを聞き分ける方法も忘れてしまえばどうだろうか。そのような瞑想状態に入れば、ニューロンのパターンをどんどん複雑にしていって、グラハム数を一桁ずつ頭の中に詰め込めるのではないだろうか。しかしたとえそのように自分の心を徹底的に操れたところで、とうてい足りない。

問題は、グラハム数の十進表記が1000億桁よりもはるかに長いことである。太陽のタワーですらイメージできなかったのだから、グラハム数なんて相手にしないほうがいい。

脳がさらに上を望むのであれば、もっと効率的な方法で情報を記録できるようにしなければならない。どんなものであっても、ブラックホールより効率的に情報を記録できないのは分かっている。では、どんな方法かは分からないが、ブラックホールの情報記録法を脳が真似ることはできないのだろうか？　ミュンヘンにあるマックス・プランク物理学研究所の所長ギア・ドゥヴァリは、特定のタイプのニューラルネットワークであればそれは可能かもしれないという。そのロジックは、ブラックホールとその情報記録法に関するある非常に刺激的な学説に基づいている。前に言ったとおり、ブラックホールの情報のパラドックスはいまだ解決されていないので、ここからはまさに最先端の話に入っていく。ドゥヴァリとその共同研究者たちは初めに、ブラックホールは「ボース＝アインシュタイン凝縮体」のように振る舞うと考えた。大部分の粒子がエネルギー最低の同じ量子状態を取っているという、かなり特別な物質の状態である。非常に希薄な気体を絶対零度近くまで冷却すると作ることができ、1995年にルビジウム原子を使って初めて成功した。このボース＝アインシュタイン凝縮体が奇妙なのは、マクロのレベルでも量子的挙動を示すことである。ドゥヴァリはブラックホールを、膨大な数の重力子、つまり重力場の量子的さざ波が、できる限り密に詰め込まれたものとして考えることにした。すると情報は、この凝縮体自体の量子的さざ波として記録されることになる。実はその方法を使えば、まさにブラックホールにおいて予想されているとおり、データを非常に効率的に、つまり非常に少ないエネルギーコストで膨大な量の情報を蓄えることができる。しかしドゥヴァリはさらに歩を進めて、それと非常に似た方法で情報を記録できるニューラルネットワークのモデルを考え出した。そこで、仮にあなたの脳も、それと同じたぐいのニューラルネットワークを使って情報を記録できたとしたらどうだろうか？

それでもグラハム数を収めるには足りないのだ。

結局のところ問題は、実際に人間の頭の中にどれだけの量のデータを詰め込めるかに行き着く。その上限はどれだけだろうか？　それに答えるために私自身の頭を観察してみたところ、半径は約11センチメートルと見積もられた。ここでホーキングの公式を使えば分かるとおり、それと同じ半径のブラックホールはとてつもない量のエントロピーを持っていて、情報量に換算すると１兆の１兆倍の１兆倍の１兆倍の100億倍ギガバイトに相当する。これが、私の頭と同じサイズの空間領域に記録可能な最大の情報量である。それに対して、大量のデータを生み出すことが本分である大型ハドロン衝突型加速器（LHC）でも、１年間に生み出すデータは約1000万ギガバイトにすぎない。しかし１兆の１兆倍の１兆倍の１兆倍の100億倍ギガバイトですら、グラハム数を完全にイメージするにはとうてい足りない。近づいてすらいない。

私でなくあなたの頭ではどうだろうか？　もっとましだろうか？　どんな人の頭も、１兆の１兆倍の１兆倍の１兆倍の100億倍ギガバイトというおおよそ同じ上限に縛られている。もちろん実際のところ、あなたが生きている限りあなたの頭は、そんなに膨大な情報を収められる状態には遠くおよばない。前にも言ったとおり情報は重さを持っているので、この閾値に近づくには、頭の中という比較的小さな空間の中に、とてつもない質量、地球の10倍以上の質量を詰め込まなければならない。そして質量とデータを詰め込めば詰め込むほど、すさまじい内圧と驚くほどの高温に見舞われる。あなたの頭は間違いなく爆発してしまう。それもおそらく何度も。生き延びるなんて完全に論外だ。

だが、死んでしまったからといって興味深い思考実験をやめることはない。友人に頼んで、魂の抜けたあなたの身体とあなたの頭の残骸を、はるかかなたの星間空間の深淵に運んでもらう。そして人の目を気にせずに済む場所で、グラハム数を一桁ずつもっともっと詰め込んでいくというあなたの遺志を引き継いでもらう。どうにかしてあなたの頭の中に十分なデータを収めつづけることができれば、いずれは1兆の1兆倍の1兆倍の1兆倍の100億倍ギガバイトという閾値に到達するだろう。その時点でもはや頭ではなくなって、ミニブラックホールになる。これだけ小さい空間にこれだけ大量のデータを詰め込もうとしたら、それが可能である物理的物体はブラックホールしかない。

身体も姿を消してしまうだろう。頭サイズのブラックホールのそばにあったらけっして無事では済まない。無事でいられる物体などそうそうない。さほど大きくはないブラックホールなのだから、そこまで危なくないはずだと思われるかもしれない。しかし思い出してほしい。かつてあなたの頭だった空間の中に、地球の10倍の質量が詰め込まれているのだ。そのような物体の重力がおよぼす影響を見くびってはならない。ブラックホールの場合、本当に気をつけるべきは小型のもの。頭サイズのブラックホールは、「1.00000000000000858」の章の最後に登場したリバイアサン、ポーヴェーヒーよりもはるかに危険である。非常に小さいため、その事象の地平面の近くに来ただけで、あまりにも特異点に接近して、潮汐力でばらばらに引き裂かれてしまう。人間の身体はわずか1万ニュートン程度の力でちぎれてしまうが、頭サイズのブラックホールの縁では、その1兆倍以上もの潮汐力に見舞われてしまうのだ。

恐ろしいことに小型のブラックホールは実在する。もちろん自然界で出くわすのは、気の毒にもグラハム数をむりやり詰め込まれた誰かの成れの果てではない。恒星の収縮によって生成するものでもない。そのちっぽけなドラゴンの多くは、赤ちゃん宇宙の原初のスープの中で生まれたものである。赤ん坊時代の宇宙は高温で、放射で満たされた浴槽のようだった。そしてその浴槽の水面は、完全に滑らかではなかった。エネルギーのさざ波で泡立っていて、場所によってはさざ波があまりにも集中して重力崩壊を起こした。そうして生まれたブラックホールは、恒星から作られるどんなものと比べてもはるかに小さかった。中にはあまりにも小さくて、ホーキング放射によってとうの昔に蒸発してしまったものもある。しかし1兆分の1ミリメートルより大きいものはいまでもどこかにあるはずで、あなたの頭と同じ大きさのブラックホールもそこに含まれる。このような原初の物体が、この宇宙の物質の大部分を占める謎の見えざる存在、ダークマターの主要成分の一つであると考えている人も多い。私たちの暮らす天の川銀河はダークマターの巨大な雲に包まれていて、その量は実際に見ることのできる恒星よりもはるかに多い。そのうちの最大10パーセントを頭サイズのブラックホールが占めているのかもしれない。だから先ほど言ったとおり、このような代物は実在する。天の川銀河の中に満ちあふれているかもしれないのだ。

実験はほぼ終わり。あなたはついに頭がブラックホールになって死んでしまい、いまでは頭サイズのブラックホールとして星間空間をわびしく漂っている。それどころか忌まわしき存在になってしまった。かつては人間だったというのに、ダークマターに見間違われ、近づいてくるものをばらばらに引き裂いてしまう。何のために？　ホーキング放射で徐々に失っていく、１兆の１兆倍の１兆倍の１兆倍の100億倍ギガバイトのデータのためだ。そして残念なお知らせだが、それでもグラハム数のさわりにすら触れたことにはならない。

そこでもっと続けていこう。

友人にはデータを供給しつづけてもらう。グラハム数の数字をもう一つ、さらにもう一つ、さらにもう一つ。あなたのブラックホールは成長して、事象の地平面がどんどん広がっていく。エントロピーと情報をさらに多く獲得するには、成長するほかない。やがてあなたはポーヴェーヒーのサイズに達する。その時点で10^{86}ギガバイトの情報を持っているが、それでもまだグラハム数の上っ面すら撫でていない。ありがたい点としては、もはや以前ほど危険ではない。かなり大きくなったので、事象の地平面近くでの潮汐力はごく弱い。愛する人がキスをしに来ても、引き裂かれることはない。確かに落ちていくのを防ぐのは難しいが、何とか逃げ出せれば、ばらばらにちぎれずに済む望みは多少ある。些細な救いだが、救いには間違いない。

さらに続けていこう。

もっと数字を、もっとデータを。やがてこのブラックホールの事象の地平面はさしわたし数十億光年にまで広がり、観測可能な宇宙の大部分を占めることになる。この段階で、予想外の新たな存在を感じはじめる。あなたの「ド・ジッター地平面」である。重要な代物なので、それがいったい何なのか、少々時間を割いて説明すべきだろう。

私たちは変わった宇宙に暮らしている。さかのぼって1998年、アダム・リースとソール・パールマッター率いる２つの天文学者チームが、ある奇妙なことに気づいた。彼らは恒星の死を観測して、遠方の恒星が最後の雄叫びを上げて超新星に変わったときの光を集めていた。ところがその光が予想よりも暗く、その恒星がそれまで考えられていたよりも遠くにあるようだった。この結果はある興味深い事実を指し示していた。それらの恒星が予想よりも遠くにあるのは、宇宙空間の膨張がどんどん速くなっているからである。膨張が加速していたのだ。重力は物体どうしを引き寄せるのだから、そんなことは予想だにされていなかった。予想では、重力が時空を容赦なく引き寄せて、宇宙の膨張を減速させているはずだった。ところが実際にはそうではなく、何かがこの宇宙を押し広げていたのである。

いったい何がそんなことをしているのだろうか？　それはダークエネルギーと呼ばれているが、単なる名前で、切り裂きジャックやブギーマンのように正体不明の悪党に付けた呼び名にすぎない。多くの人が、ダークエネルギーは真空と関係があると唱えている。その考えが理にかなっているのは、この宇宙が量子宇宙であって、真空が仮想粒子で泡立つスープのようになっており、そのスープが恒星や銀河のあいだの茫漠な宇宙空間を満たしているからである。そのスープを、手に取ったり捕まえたりできる何かであると考えてはならない。仮想粒子を捕まえることはけっしてできないが、その影響は感じることができる。重力場を邪魔して宇宙を押し広げ、どんどん速いスピードで宇宙を膨張させていく。この真空のスープによって加速度的に膨張している宇宙を、「ド・ジッター宇宙」という。その宇宙の中での暮らしぶりについて初めて考えたオランダ人物理学者にちなんだ呼び名である。

リースとパールマッターによる超新星の観察結果から察するに、私たちの向かう先はこのド・ジッター宇宙であるらしい。恒星や銀河がどんどん散りぢりになっていき、その跡には真空と加速膨張するスープしか残らないだろう。いまではほとんどの物理学者が信じているとおり、もしそうだとしたら、私たち一人ひとりはみな、直径が１兆の１兆倍キロメートル近い巨大な覆い幕に囲まれていることになる。それも一種の地平面だが、ブラックホールの境界を示す事象の地平面とはまったく違う。ド・ジッター地平面と呼ばれていて、もしも永遠に生きられたとしたらいつかは目にすることのできる領域の境界を表している。そんな境界が存在するなんて奇妙な話だと思われたかもしれない。十分に長い時間待っていれば、どんなに遠くの恒星や銀河からでも光が届いてくるはずではないのか。しかしそうではない。宇宙の膨張が加速すると、かなたの星々はその逃げ足を速めていく。あなたとそれらの星々とのあいだの空間があまりにも速く広がって、光ですら追いつけない。たとえ永遠の時間が経ったとしても、ド・ジッター地平面より先はけっして見ることができない。そうしたはるかかなたの領域からやって来る光があなたのもとに届く望みはない。

「地平面（ホライズン）」という言葉は、見ることのできる領域に限界がある場合に用いられる。ただし押さえておくべきこととして、ド・ジッター地平面と共通点が多いのは、ブラックホールの事象の地平面よりも海の水平線（ホライズン）のほうである。ド・ジッター地平面は、監獄の入口や、恐ろしい特異点のまとったマントなどではない。位置も絶対的に決まっているわけではない。海の水平線と同じように相対的な現象であって、人によって違う。一人ひとりが**自分の**ド・ジッター地平面、自分自身を中心とする巨大な球面を描き出すことができる。あなたはあなた自身のド・ジッター地平面、見えるものと見えないものを区切るあなたなりの境界を持っている。その位置は私のド

・ジッター地平面と違うし、アンドロメダ銀河の端に暮らす宇宙人のものとも違う。ちょうど遠くの船が大海原の水平線の向こうに姿を消していくように、その気になったらあなたが宇宙人のド・ジッター地平面を越えることも、宇宙人があなたのド・ジッター地平面を越えることもできる。

実験にけりを付けることにしよう。グラハム数のデータをさらに詰め込んでいくと、あなたのド・ジッター地平面が立ちはだかってくる。ブラックホールの事象の地平面が大きくなりつづけてどんどん広がっていくが、やがてド・ジッター地平面と接する。これを「成相（なりあい）限界」という。あなたのブラックホールをそれ以上大きくすることはできない。友人がさらにデータを詰め込んで、あなたをあなた自身の覆い幕よりも大きく広げようとすると、まずいことが起こる。数式によれば、自然が抵抗してきてこの宇宙を一点へと収縮させてしまうのだ。しかもせっかくここまで頑張ってきたのに、まだグラハム数にはとうてい近づいていない。

結局のところ、本当にグラハム数の全データをものにしたければ、さらに大きい宇宙が必要となる。ド・ジッター地平面が存在するとしたら、メートルやマイルなど単位は何でもいいが、そのサイズがグラハム数以上でなければならない。私たちが暮らしているのはそのような宇宙ではなく、私たちのド・ジッター地平面はもっとずっと小さいが、原理的にはそのような宇宙も存在しうる。弦理論によれば、大きさや形、次元数の異なる多数の宇宙からなる、多宇宙が存在すると予想されている。もしもその多宇宙の中に、想像もできないくらい大きな覆い幕を持った巨大宇宙が存在していれば、グレアムと彼の考えた巨大な数を収める余地もあるのかもしれない。

⑤ TREE(3)

木ゲーム

　ファイナルセット、ゲームカウント47－47。ウィンブルドンの18番コートのスコアボードが故障した。2010年夏、予選から勝ち上がってきたフランスのニコラ・マユと、対戦するアメリカのジョン・イスナーが新たな歴史を築いている最中のことだった。すでに記録上最長の試合となっていて、まだとうてい決着は付いていなかった。スコアボードが故障したのは、このような試合があるなんて想定されていなかったためである。プログラムした技術者は、これほど多くのゲームでこれほど大量のデータを扱うことになるとは予想だにしていなかった。スコアボードの表示が消えたあとは主審がスコアを記録しつづけ、２日目の日が暮れてもなお、試合は59－59で膠着状態のままだった。プログラマーたちは徹夜でスコアボードを修正したものの、次のように断りを入れた。「あと25ゲーム以上続かなければ問題はない。でもそれ以上続いたら壊れる」。彼らは幸運だった。３日目の20ゲーム目、イスナーがライン際に驚きのバックハンドショットを決め、マユのサービスゲームをブレークしたのだ。消耗戦がようやく終わり、イスナーが６－４、３－６，６－７，７－６、70－68で勝利した。見向きもされていなかった１回戦の対戦が、いつの間にか驚きの試合に変わっていた。２人はコート上で11時間を超えて戦い、消耗しながらも疲労に屈することはなかった。どちらも100回を超すサービスエースを決めた。18番コートの観客と、自宅で観戦する何百万もの人にとっては、まるで永遠に試合が続くかのようだった。

　ウィンブルドンでは今後このようなことは二度と見られない。マユとイスナーの勇ましい対戦から９年後の2019年、オール・イングランド・クラブはルールの変更を決定した。スケジュール管理と、長時間の対戦が選手の体力におよぼす影響を考慮してのことである。ファイナルセットでは、スコアの合計が12点に達したところですぐさまタイブレークに移ることになった。永遠に試合が続く恐れは減ったものの、完全に消えたわけではない。タイブレークや各ゲームの長さには上限がないからだ。テニスはいまだに永遠に続く可能性を秘めている。

同じことがボードゲームのモノポリーにも当てはまる。きっとあなたも経験があるはずだ。ゲーム開始から何時間も経って、いつ終わるのだろうかと首をかしげ、メイフェアのホテルに駒が止まってもう終わってくれないかと心から願う。三目並べのように有限回のステップで終わることが保証されているゲームに限定しない限り、永遠に続く恐れは必ずある。チェスは有限のゲームで、75手ルールが発動されれば、ゲームは必ず8849手以内で終わる。では、もしも誰かから「木ゲーム」をやらないかと誘われたとして、手数を有限回に留めたかったらどうすべきだろうか？　永遠に続く恐れはないのだろうか？

この問題は、1950年代後半に偉大なさすらい人ポール・エルデシュが、数学者たちにある話を広めたことで生まれた。まだ十代のときにブダペストで会った、同じく十代のハンガリー人数学者の話だ。彼の名はエンドレ・ヴァイスフェルド、のちにアンドリュー・ヴァーズニと名を変える。1930年代にユダヤ人差別が高まったのを受けて改名したが、最終的にアメリカへ亡命した。エルデシュいわくヴァーズニは、木ゲームは必ず有限回の手で終わるという予想を立てたものの、その予想を証明することなく「死んだ」。だが実は、少なくともエルデシュがこの話をしていたときにはヴァーズニは健在だった。エルデシュの言う「死んだ」というのは、学問の世界を離れて航空工学技師として高給の仕事に就いたという意味だった。とはいえこの予想は証明されないままだった。すると、プリンストン大学の廊下で一人の優秀な若き学生が、このエルデシュの話に興味深く耳を傾けていた。彼の名はジョゼフ・クラスカル。

1960年春、博士号を取得して間もないクラスカルは、この木ゲームが必ず有限回の手で終わることを証明した。しかしそれとともに釘を刺した。

木ゲームは確かに有限だが、人間や惑星、さらには銀河の寿命を超えて続くことも十分にありえる。宇宙の終わりまでプレーしてもまだ終わらないこともあるのだ。

ではやってみよう。

このゲームは基本的に、選んだ種から森を作っていくというものである。

典型的な木は次のような姿をしている。

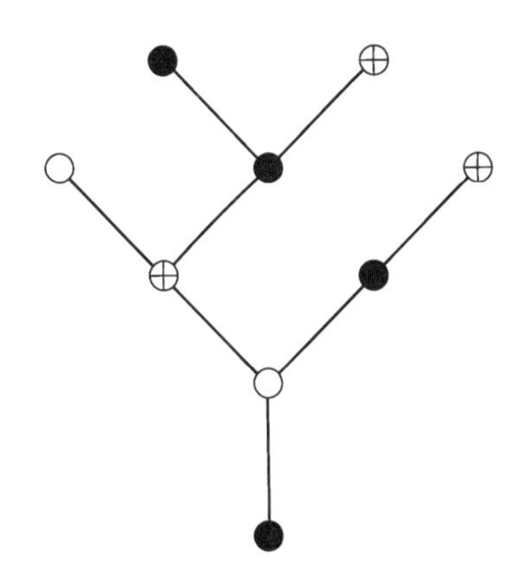

見て分かるとおり、丸印を線でつないだだけだ。丸印が種、線が枝に相当する。この例では種が、黒、白、十字の３種類ある。ルールは以下のとおり。１本目の木には種が最大でも１個、２本目の木には最大でも２個……、となるようにして森を作っていく。しかし、自身より古い木をどれか１本含む木を作ってしまったら、森は死ぬ。「古い木をどれか１本含む」というのは数学的に正確に定義できるが、おそらくリンゴの木を思い浮かべれば十分だろう。リンゴの木は地面から自力で生えていることもあるし、ほかの木の幹から生えていることもある。森のどこかに何か特別なリンゴの木が生えていて、さらに深く森に分け入っていくと、大きなマツの幹からその古いリンゴの木とまったく同じものが生えているかもしれない。木ゲームではそれは許されないのだ。

もっと正確に理解するために、何本かの木を比較して、どれかの木が別のどれかの木を「含んでいる」かどうか調べてみよう。たとえば次のような３本の木を考える。すべて違うものである。

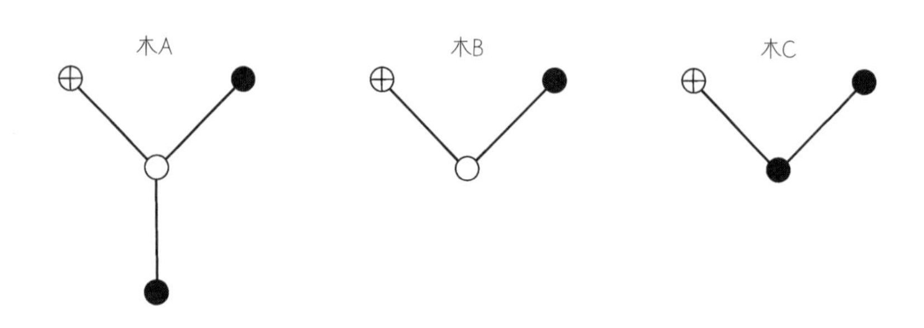

木Ａは木Ｂを含んでいるだろうか？　答えは明らか。もちろん木Ａは木Ｂを含んでいる。一番上の２本の枝がそうだ。では木Ａは木Ｃを含んでいるだろうか？　一見しただけでは含んでいないと答えてしまうかもしれないが、木Ａの中央にある白い種を指で隠したらどうなるか考えてほしい。残るのはつまるところ木Ｃと同じだ。このような意味であれば、木Ａは木Ｃを含んでいると言っていいかもしれない。

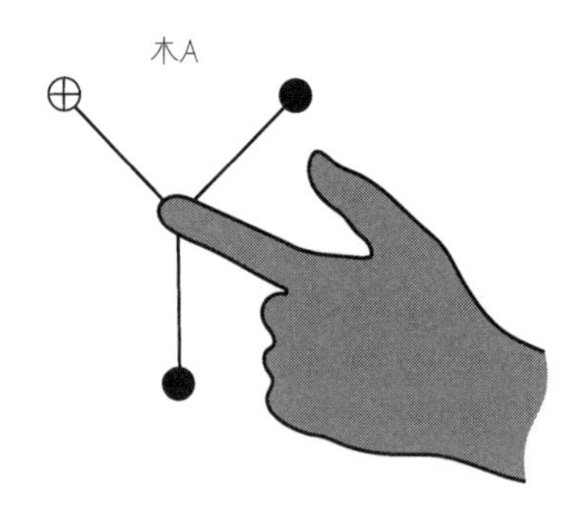

だが白黒付けるには、ルールブックをもっと読み込む必要がある。ある木が別の木を含んでいるためには、木Ａの白い種を隠したいまの例のように、対応する種どうしが同じ種類でなければならない。しかしそれだけで

は十分でない。対応するそれらの種の「最近共通祖先」も一致していなければならない。木の上部の枝に含まれるどれか２個の種から、それぞれ根に向かって系統をたどっていって、その２本の線が合流する位置にある種、それが最近共通祖先である。あなたとあなたのいとこを種だとしてみよう。それぞれ祖先の系統をたどっていったら、祖父母のところで合流するはずだ。

木Ａと木Ｃの両方において、上部の枝に含まれる黒い種と十字の種に注目しよう。それぞれ系統をたどっていくと分かるとおり、木Ａではそれらの最近共通祖先は白い種で、木Ｃでは黒い種である。したがって合致しない。このようなもっと微妙な意味でなら、木Ａは木Ｃを含んでいないと言える。

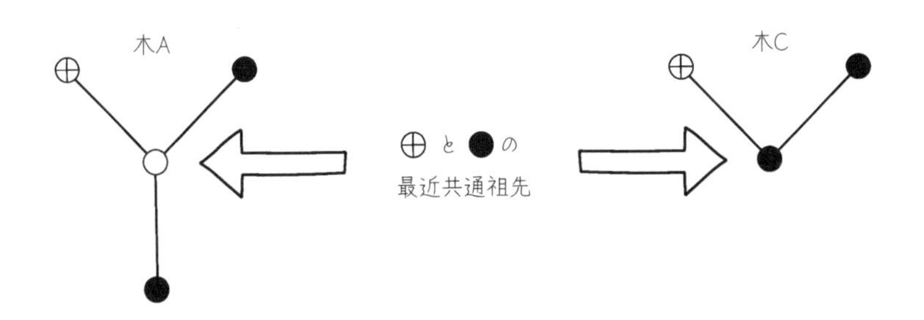

もう少し具体的に示すために、最後もう一つ例を挙げよう。下のような２本の木を加える。

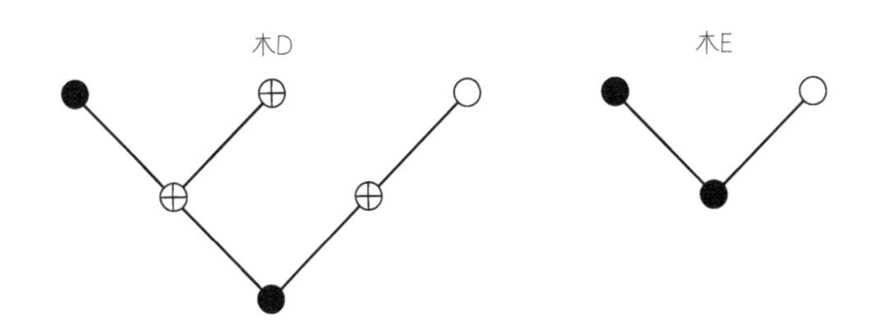

木Ｄは木Ｅを含んでいるだろうか？　最初にチェックするのは、対応する種どうしが同じ種類かどうかだ。木Ｄの十字の種をすべて隠せば、同じ種類であることが分かる。そこで次に祖先について考えなければならない。両方の木において、上部の枝に含まれる白い種と黒い種に注目する。それらの系統をたどっていくと、どちらの木でも最近共通祖先は、根元にある黒い種だと分かる。これですべての条件が満たされた。木Ｄは間違いなく木Ｅを含んでいる。

以上のルールを理解したところで、プレーを始めよう。いまからプレーするゲームでは、黒い種しか使えない。先手は私。１本目の木は種を最大１個含むことができるのだった。そこで私は黒い種を１個描く。

次はあなたの番。しかしもう困ってしまう。森の中の２本目の木は種を最大２個含むことができるが、それではどうにもならない。描ける木は２通りしかない。同じく種が１個の木か、または種が２個の木である。

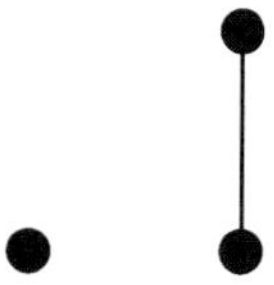

あなたにとっては困ったことに、このどちらの木も明らかに私の木を含んでいる。どちらか一方を植えたら森は死んでしまう。それを避ける術はなく、このゲームは１手で終了。種が１種類だけだと、１本の孤独な木よりも森が広がっていくことはけっしてない。

では次に、白と黒、２種類の種を使ってプレーしてみよう。このゲームは必ず最大３手で終了する。

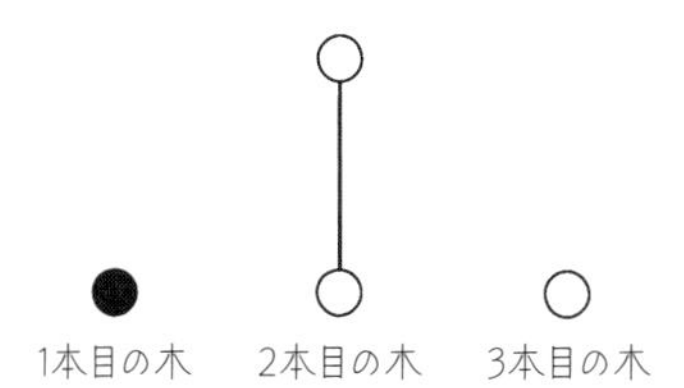

この次にどのような木を植えても森は死んでしまう。別にどうとも思わなかっただろう。たった3手で必ず終わってしまうゲームなんて誰がやりたいだろうか？

いや、ちょっと待った。

今度は3種類の種でプレーしてみよう。黒と白、そして十字の種だ。何手か進めてみよう。

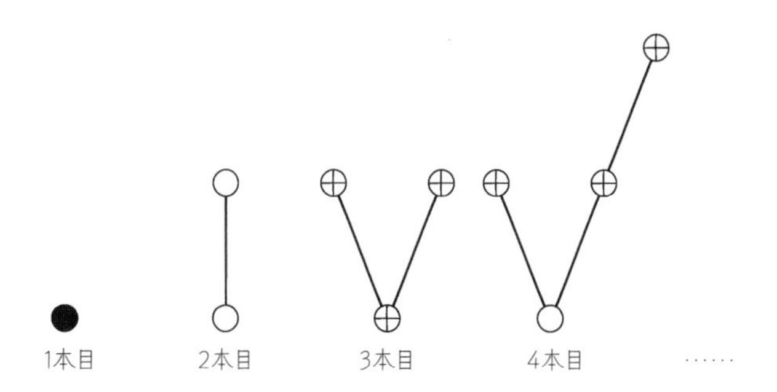

なかなかいい。森はまだ生きている。ではどこまで進められるだろうか？　このゲームがどこかの時点で終了することはクラスカルが教えてくれたが、はたしていつ終わるのだろう？　100手目？　1グーゴルプレックス手目？　グラハム数手目？

それでもとうていたどり着かないのだ。

ここまで本書では、計り知れない大きさの巨大な数に関する話をいくつかしてきた。しかしそれらの巨大数も、次に登場するリバイアサンに比べたら無に等しい。その数は、種が3種類の木ゲームにおける手数の上限値、TREE(3)と呼ばれている。TREE数列という奇怪な数列の一部である。n種類の種を使った木ゲームをプレーすると、TREE(n)手目で終了する。この数列は最初こそ控えめだ。

TREE(1)＝1（種が1種類のゲームは最大1手で終わるから）
TREE(2)＝3（種が2種類のゲームは最大3手で終わるから）

ところがここからとてつもないことになる。

TREE(3)＝グーゴルプレックスやグラハム数でさえ呑み込んでしまう巨大な数

あなたの知っているどんなものも、この数に比べたら無に等しい。さらに大きな数を考えることもできる。4種類の種でプレーしたときのTREE(4)、5種類の種でプレーしたときのTREE(5)、などと続けられる。しかしTREE(3)ですでに十分だ。息を呑むような、想像もつかない、とんでもない数である。

ヴァーズニの予想とクラスカルによるその証明によって、有限種類の種を使う限り、木ゲームは必ず終了することが分かっている。しかしアメリカ人数学者・哲学者のハーヴィー・フリードマンは、それでもすさまじく巨大な数が解き放たれてしまうことに気づいた。フリードマンはかなり幼いうちから論理学の才能を見せつけた。わずか4歳か5歳のとき、辞書を見つけて、それが何であるか母親に質問した。母親は「単語の意味を調べるものよ」と答えた。すると数日後、フリードマンは母親に食ってかかった。堂々巡りになってしまうから辞書なんて役に立たないというのだ。'large' という単語を引くと 'big'と書いてあり、'big'を引くと 'great'と書いてあり、'great' を引くと 'large'に戻ってきてしまう。いったいどうやって本当の意味を調べたらいいというのか？　それから10年ほど月日は流れ、フリードマンはこの早熟な才能によって『ギネスブック』に掲載された。最年少の大学教授としてである。わずか18歳でスタンフォード大学哲学科の教員になったのだ。

そんなフリードマンは、TREE(3)がすさまじく大きいことに気づいた。正確な値は特定できなかったが、本書に載っているほかのどんな数よりもはるかに大きいことは証明できた。そしてアッカーマン数と呼ばれるいくつかの巨大な数を使って、その推定値、下限値を導き出した。アッカーマン数の大きさを感じ取るには、再びグレアムの梯子を考える必要がある。覚えておられるかもしれないが、その１段目である$g_1 = 3\uparrow\uparrow\uparrow\uparrow 3$からしてすでに巨大で、そこから先はあっという間に手に負えなくなっていく。２段目はg_1個の矢印を使って、$g_2 = 3\uparrow^{g_1}3$、３段目はg_2個の矢印を使って、$g_3 = 3\uparrow^{g_2}3$などとなり、最終的に64段目でグラハム数にたどり着く。しかしそこからさらに、グラハム数個の矢印を使った65段目、66段目、67段目、そしてグーゴル段目へと登っていく。そうして、次の数で表される個数の段を登りきるまで休まなかったとしよう。

$$2\uparrow^{187195}187196$$

クヌースの矢印が187195個使われている。すさまじく大きな数だが、これでもグレアムの梯子の段を数えただけだ！　グレアムの梯子を64段登っただけでグラハム数にたどり着いたのだった。$2\uparrow^{187195}187196$段登るとどこまで行くか、これで分かってきただろうか？　このとてつもない巨大数はフリードマンによるTREE(3)の推定値に近いが、落ち着いてほしい。これでも非常に低く見積もりすぎた値だ。実際にはTREE(3)はもっとずっと上のほうにあり、リバイアサンの中のリバイアサンとして、ここまでの旅路で出会ってきたほかのどんな大きな数をも見下ろしている。

なぜTREE(3)がここまで巨大な数になるのかを、本当に直観的に感じ取る方法はない。しかし先ほどプレーしたゲームに注目すれば、雰囲気はつかむことができる。２種類の種を使うゲームの場合、１手目で黒い種を使ったら、２手目以降は白い種しか使えない。残った色が１種類しかないので、ある木が別の木を含んでしまう恐れが大幅に高まって、ゲームはあっという間に終わってしまう。しかし３種類の種を使うゲームの場合は、２手目を過ぎてもまだ２種類の種を使える。これは大きな違いだ。いろいろ組み合わせることができて、風変わりな新しいパターンの木を作れる道がどんどん広がっていく。いずれは力尽きてしまうが、それはものすごく先のことである。

木とはそういうものだ。コンピューターサイエンスにおける意思決定アルゴリズムから、進化生物学における生命樹まで、分岐が起こる場面では必ず木が姿を現す。疫学者がウイルスと抗体の進化を解析する際には、いわゆる系統樹が使われる。がん遺伝子などほかの進化系にも当てはめられる。しかしフリードマンが木に対して抱いた興味は、そのいずれよりも深かった。真でありながら、少なくともそれ自体の数学的枠組みの中ではけっして証明できない、「証明不可能な真理」を探していたのだ。数学者にスキルや才能が欠けているかどうかとはいっさい関係ない。根本的真理でありながら、どんなに有能な弁護士を連れてきても永遠に証明できないことが保証されている。これから見ていくとおり、木ゲームはこの数学の法廷で繰り広げられるゲーム、証明不可能な真理のゲームである。

証明不可能な真理は、数学の土台そのものを壊そうとする。数学は一連の基本的な法則や原理から築かれてきた。たとえば、どんな数に対してもそれより１大きい数が存在するという、「後者」の概念から、足し算の概念を構築できる。後者を繰り返し作っていって、１ずつ増やしていけばいい。そこから掛け算や指数関数、素数の概念、そして素数に関するあらゆる定理を導き出せる。数学とは、人間によって作られた、自らで自らを支配する体系である。自らの土台、基本的な構成部品を組み立てて、そこから数学の宇宙の町や都市を作っていく。それらの構成部品は公理と呼ばれる。出発点となる公理が多ければ多いほど、作られる数学の宇宙は豊かで複雑になる。直観的に考えてもそのとおりだ。黄色いレンガしかなかったら、大都市の建物はすべて黄色になってしまう。しかし黄色と赤色のレンガがあれば、もっと刺激的なパターンを作れる。もちろん黄色の建物もあるだろうが、黄色と赤色の複雑なモザイク模様があしらわれた建物も建てられる。「無限」の章ではもう一つの例として、有限数と超限数の境界線を探っていく。レンガが有限個しかなければ、有限個の建物しか建てられない。無限を超えた数学を構築するには、無限公理と呼ばれる新たなタイプのレンガが必要だ。

数学の公理に対する関心が初めて広がったのは、20世紀初頭のこと。世界を代表する数学者の多くが、数学全体の原理というものが存在すると信じはじめた。完全な公理系を見つけさえすれば、そこからあらゆる事柄を導き出せる。それらの公理を使えば、真であるすべての事柄を、少なくとも原理的には証明できる。数学は完全で、かつ矛盾をいっさい含まないことを示せるはずだ。数学に対するこのような信念が湧き上がってきたのは、もちろん数学のパワーと美しさが認識されたことによる。数学はこの宇宙を征服しようとしていた。数学は壊れていて不完全であるなどと声を上げるのは、一人の異端者くらいだった。

その異端者とは、アリストテレスの後継者とも言われる聡明なチェコ人哲学者・論理学者、クルト・ゲーデル。世界中が大恐慌に見舞われる1931年12月にゲーデルは、証明不可能な真理が存在していて、数学はけっして完全になりえないことを証明した。どのような公理系を選ぼうが、どのような数学の枠組みを選ぼうが、真であるのにけっして証明できない命題が必ず存在する。もちろんもっと大きな枠組みを考えて、証明に使える新たな公理を追加することは必ずできる。しかしそうすると、また新たな数学的命題が問題を引き起こす。公理と証明をもってして真理に追いつくことはけっしてできないのだ。

先ほどの大都市のたとえに戻ろう。その都市には黄色と赤色のレンガしか使えないので、その２色からなるシンプルな建物に都市が支配されていたとしても別に驚くことはない。それらの建物は数学における証明可能な定理のようなものである。その都市の技術者たちが十分な時間と労力を費やせば、どうやって建てられたのかを明らかにできる。しかしこの都市のどこか片隅には、奇妙で神秘的な建物が必ず建っている。証明不可能な真理である。少なくともその都市で使える原材料から、その建物がどうやって建てられたのかは、どの技術者にも分からない。それでもその建物は見紛いようもなく誇らしげに立っていて、ゲーデルの天才ぶりを不気味に知らしめている。

ゲーデルによる証明を説明するための準備段階として、すべての数はおもしろいのだということをあなたに納得させたい。まず仮に、そうではなく、おもしろくない数が実際に存在すると仮定しよう。本当におもしろくない数が存在していれば、その数について書くことは何もないので、ウィキペディアにも掲載されることはないだろう。しかしそうしたおもしろくない数の中には、最小のものが必ずある。説明のために、その数は49732であったとしよう。すると私はこの49732に関するウィキペディアのページを書きたくなって、世界中がこのおもしろい事実、つまりこれが最小のおもしろくない数であるという事実を知ることとなる。矛盾に陥ってしまった。だからすべての数はおもしろいに違いない。

ゲーデルによる数学の不完全性の証明も同様の道筋で進められるが、ただしもっとずっと厳密である。そこで鍵となるのは、体系的なコード。それが、数学が自らについて言及して、自らに問題を問うための方法となる。すべての公理、真偽を問わずすべての数学的命題には、独自のコード番号が付けられる。ASCIIコードのように、特定の数が特定の命題に対応していると考えればいい。たとえばある数は、「２の平方根は無理数である」という命題に対応し、別のある数は、「1＋1＝3」という命題に対応する。すると、数学的命題の真偽を、その命題に対応する数の何らかの性質と結びつけることができる。たとえば偶数が真の命題に、奇数が偽の命題に対応していると言えるかもしれない。もちろん実際にはもっとずっと複雑だが、基本的な考え方としては間違っていない。この新しい厳密なコード体系を武器として備えた上で、ゲーデルは次のような命題を考えた。

「この命題を公理系から証明することはできない」

いったん数学体系の外側に踏み出して、数学は矛盾をいっさい含まないと仮定してみよう。すると、ゲーデルのこの命題は真か偽のどちらかであるはずだ。両方ということはありえない。仮に偽であるとしよう。すると、この命題は公理系から証明できるということになって、矛盾してしまう。しかし矛盾はありえないと仮定したのだから、この命題は真であるはずだ。どうやら、数学的に真であるのに、公理系から証明できない命題を見つけてしまったらしい。証明不可能な真理、数学の大都市に潜む神秘的な建物を見つけ出してしまったのだ。

数学はけっして完全にはなりえないのである。

この定理によってゲーデルは広く名を轟かせた。数学ではけっして宇宙を十分に説明できないという、超自然的思想にも訴えかけるような定理だった。この成功の裏でゲーデルは鬱に悩まされ、月日とともに誇大妄想を膨らませていった。誰かに毒を盛られると思い込んで、妻のアデーレが調理して毒見した料理しか食べなくなった。1977年にその妻が病気にかかって入院すると、ゲーデルはものをいっさい口にしなくなった。そして1978年１月14日、栄養失調でこの世を去った。

数学者たちは、ゲーデルが見つけたような技巧的な例でなく、もっと興味深い証明不可能な真理の例を見つけたいと思った。自分たちの身に降りかかってくることだからだ。あなたはある有名な数学定理を証明（または反証）しようとしているとしよう。リーマン予想かもしれないし、ゴールドバッハ予想かもしれないし、あるいは数多い未解決の数学問題の一つかもしれない。若ければその証明によってフィールズ賞をものにできるだろうから、昼夜を問わず猛烈に研究に取り組む。証明不可能な真理がゲーデルの技巧的な命題だけであれば、あなたの研究は成功するチャンスがある。しかしもし、もっと興味深い証明不可能な真理が存在したとしたら？　あなたが証明に取り組んでいる定理が、真ではありながらも、私たちの構築した数学の枠組みでは証明不可能だったとしたら？　そうだとしたらあなたに成功のチャンスはない。失敗する定めにある。

1977年、イギリス人数学者のジェフ・パリスとアメリカ人の共同研究者レオ・ハリントンが、数学者のもっとも恐れていた事態が現実になりうることを明らかにした。ペアノ算術と呼ばれる無駄を削ぎ落としたタイプの数学の枠組みにおいて、真でありながらその枠組みの中では証明できない、ラムゼー理論に関する命題を立てることに成功したのだ。言い換えると、ペアノ算術の枠組みでは、この定理を考え出して明確に表現することは許されるものの、それを証明することはけっして許されない。証明するには外に出て、もっとたくさんの公理を持つもっとずっと大きい数学の枠組みに足を踏み入れなければならない。パリスとハリントンの示した証明不可能な真理は、あらゆる数学者に警鐘を鳴らしたのだった。

ハーヴィー・フリードマンも証明不可能な真理を探していた。目指すは数学の定理を解きほぐしていくこと。数学研究の進め方を逆転させて、どの定理にはどのような公理系が必要なのかを明らかにしたかったのだ。例の都市を歩いていたら黄色い家を目にしたとしよう。その家を建てるには実際何が必要だろうか？　もちろん黄色いレンガだけ。黄色と赤色では多すぎる。フリードマンはこのロジックを数学に当てはめようとしたのである。

その探究を通じてフリードマンは、木ゲームとその中に潜むいくつかの証明不可能な真理にたどり着いた。それらを理解するにはまず、有限数学の世界、有限個のレンガだけで組み立てられた数学の枠組みの中で、木ゲームをプレーしなければならない。もちろんその特定の世界には、**証明可能**な真理が数多く存在する。たとえばTREE(1)とTREE(2)が有限であることは簡単に証明できる。起こりうるゲームをすべてプレーして、何手で終了するかを確かめればいい。TREE(3)が有限であることも、少なくとも原理的にはまったく同じ方法で証明できる。前に言ったとおり、３種類の種を使ったゲームだと宇宙の終わりを過ぎてしまうが、いまは数学をやっているだけで、物理学ではない（失敬な！）。未来が十分に長く続いて、必要な限りいくらでもプレーしつづけられるとイメージするのだ。非常に多いが有限の種類しかない、非常に大きいが有限の規模にすぎないゲームをプレーすれば、TREE(4)やTREE(5)、TREE(6)などが有限であることも証明できる。

　では、この有限の世界に留まりつづけたままで、すべての n に対してTREE(n)が有限であることを証明できるだろうか？　ここまで言ったことを踏まえて単純に考えれば、できると思えるかもしれない。しかしこの命題は、３や４、あるいは１グーゴルなど、何か特定の値の n に対してTREE(n)が有限であるという命題よりももっと厳しい。それでもクラスカルのおかげで、このもっと厳しい命題もやはり真であることが分かっている。そこで改めて問うてみよう。TREE(3)やTREE(4)が有限であることを証明できるのと同じように、この命題もまた有限の世界の中で証明できるのだろうか？　その答えはノーである。クラスカルの証明は有限の世界を超越してしまっているし、フリードマンが気づいたとおりそれに代わる方法は存在しない。あなたの手にはこんな命題が残された。

「すべての n に対してTREE(n)は有限である」

　これは有限の世界では証明不可能な真理なのだ。

宇宙のリセット

　ここで再び木ゲームを、今度は物理世界の中でプレーしてもらいたい。今度は物理法則が、あなたとあなたのゲーム、そしてあなたを取り囲む予想外の宇宙に影響をおよぼす。TREE(3)が巨大であるせいで、そのゲームは不吉なほど未来へと続き、この特異な宇宙とそのホログラフィック原理の気まぐれ、いわば宇宙のリセットにあなたは見舞われかねない。しかし少々先回りしすぎだ。宇宙のリセットに達するよりもずっと前に、ほかにも興味深いことがたくさん起こりうる。

美しい秋の日の公園、黄葉が日の光で金色に輝き、時折現れるクロウタドリのさえずりが静寂を破る中、あなたはゲームの準備を整える。そしてゲームスタート。あなたのプレーのペースによってのどかさは掻き消される。物理学で許される限りのスピードで無我夢中にプレーを進め、5×10^{-44}秒ごとに新たな木を描いていく。プランク時間、想像できるもっとも短い時間である。これよりもさらに短い時間を想像しようとすると、私たちのまだ理解できていないような形で空間と時間の構造が崩れ、重力が量子力学の餌食になってしまう。24時間経ったところであなたは１兆の１兆倍の１兆倍の１兆倍本の木を描き終えているが、ゲームはまだ終わらない。前にも言ったとおり、最大でTREE(3)手目まで続く可能性があるが、あなたはその限界にはまだとうてい届いていない。

あなたは１年にわたってプレーするが、まだまだ続く。100年でもまだ続く。あなたはピーター・パンのように永遠に若くて年を取らず、生物学を無視して物理学のみに従うとしよう。数百年が数千年に、数千年が数百万年にと伸びていくが、まだまだゲームは続く。１億1000万年経ったところであなたは、太陽が最初よりも約１パーセント明るくなっていて、地球が暖かくなりはじめていることに気づく。大陸が集まっていって、およそ３億年後に一つの超大陸へとまとまる。６億年後には太陽がかなり明るくなって、地球の炭素循環が崩れる。もはや木々や森は生きられないが、それでもあなたはプレーを続ける。酸素レベルが低下して、有害な紫外線放射が大気を貫きはじめる。あなたは念のため屋内でゲームを続ける。８億年後、太陽は地球上の複雑な生命を残らず破壊するが、もちろんあなたは例外で、逆境をはねのけて生きつづける。３億年後、太陽が現在より10パーセント明るくなると、海が蒸発しはじめる。

あなたはプレーを続ける。地球はどんどん住みにくくなっていくが、火星はちょっとした楽園だ。約15億年後、火星の環境は氷期の頃の地球に似ている。あなたはゲームの場所を変えることにする。賢い選択だ。45億年後、暴走的な温室効果に見舞われた地球は、現在の金星と同じく生命に適さない場所となっている。同じ頃、アンドロメダ銀河と私たちの暮らす天の川銀河（ミルキーウェイ）とが衝突して、新たなキメラ銀河、ミルコメダが誕生する。それに続く星々の混沌状態の中で、太陽系の運命は先が知れない。いくつかのモデルによると、銀河中心のブラックホールに向かって軌道を変え、銀河の喉元から痰（たん）のように吐き出されるという。とはいえあなたはたいして気に掛けない。新たな住処である火星の上で、明るくなっていく太陽の熱に温められながら、あなたはプレーを続ける。

さらに10億年経つと、太陽の中心核の水素が燃え尽きる。すると大変貌が起こって太陽が膨張しはじめ、赤色巨星となる。それから20億年にわたって太陽は膨張を続け、水星と金星、そしておそらくは地球をも呑み込んでしまう。火星は高温になりすぎるので、あなたは土星の衛星に移動してゲームを続ける。しかし暖かさも永遠には続かない。約80億年にわたってゲームをプレーしつづけたところで、赤色巨星の外層が静かに漂っていき、太陽は白色矮星になる。質量は現在の半分、地球よりわずかに大きい程度の弱々しい天体で、いまだ生き残っている惑星を温めることはできない。もちろん、このような劇的な変化と悠久の歳月をあなたが本当に生き延びられるなどというのはただの妄想だが、もしも生き延びられたとしても、必ずしもゲームを終えられるわけではない。TREE(3)という上限はあまりにも大きすぎるのだ。

1000兆年経つと太陽は輝きを失う。惑星を引き連れて空っぽの宇宙空間を孤独にさまようのかもしれない。ブラックホールと出合うのかもしれない。本当のところは分からない。宇宙の晩年に実際何が起こるのかは、現在の宇宙の進化を支配する謎めいた存在、ダークエネルギーにかかっている。まさにいま、ダークエネルギーは空間をどんどん速いスピードで膨張させていることが分かっている。

前の章で言ったとおり多くの物理学者は、ダークエネルギーは真空と深い関係にあると考えている。量子宇宙では、この真空はせわしなく、仮想粒子の泡立つスープのエネルギーが恒星や銀河のあいだの茫漠な空間に一様に広がっていると予想される。もしもそれが本当にダークエネルギーの由来だとしたら、未来の宇宙は、少なくともしばらくのあいだは冷たくて穏やかである。加速度的なスピードで膨張を続けるだろう。そしておよそ10^{40}年後には、現在見られる物質の大部分が、宇宙をさまよう超重ブラックホールの群れによって食い尽くされているだろう。それらのブラックホールは華々しい宇宙支配の時代を謳歌し、現在から１グーゴル年後まで生き長らえて、その後そのまま死んでいく。まさにホーキングが予想したとおり、何もない空っぽの宇宙にホーキング放射を発して朽ちていく。

　放射された光子や素粒子は、宇宙の膨張とともにどんどん遠くまで散らばっていく。最後に残るのは空っぽの空間だけだが、先ほど言ったとおり真空はダークエネルギーの泡立つスープで満たされている。あなたはいま、絶対零度すれすれで凍りついたド・ジッター宇宙の中にいる。ときどき熱ゆらぎが感じられる以外は何も起こらず、宇宙は眠ったまま死んでいく。しかしもし誰かがまだプレーできたとすると、それでも木ゲームは続いていく。

　ではもしも、ダークエネルギーが真空の泡立つスープでなかったとしたら？　もしも私たちの行き着く先がド・ジッター空間でなかったとしたら？　そうすると宇宙はもっとずっと壮絶な死を迎える。たとえばいつかダークエネルギーが消えたら、10億年かそれ以上で宇宙は膨張を止めるかもしれない。それどころか収縮しはじめて潰れていき、エネルギーがどんどん圧縮されて、ビッグクランチと呼ばれる大惨事で終わることもありうる。ビッグクランチのもっとも恐ろしい点は、その収縮の速さである。全般的にものすごいスピードに達し、膨張のときよりもはるかに速い。まるでジェットコースターのように、宇宙はゆっくりと頂点に登っていってから、猛スピードで転がり落ちていくのだ。

　もう一つの可能性として、ダークエネルギーが増えていくこともありうる。ダークエネルギーが増えると、宇宙の膨張が加速するだけでなく、その加速自体が加速する。宇宙がばらばらに引き裂かれるビッグリップである。空間の膨張があまりにも激しく、惑星はまるで母親から奪い取られた子供のように主星から引き裂かれる。しかしまだまだ止まらない。宇宙の膨張によって、いずれは原子、原子核と、あらゆるものがばらばらになってしまう。

どのようなシナリオにせよ、この宇宙が死期に入ってしまったら、いったい木ゲームはどうなるのだろうか？　ビッグクランチやビッグリップの場合には死があまりにも壮絶で、ゲームは途中で終わってしまう。しかしいまのところ、ほとんどの科学者はもっと穏やかな未来を予想しているようだ。超新星の観測結果から宇宙マイクロ波背景放射の測定結果まで、あらゆる証拠が、この宇宙は泡立つ量子真空に支配された、凍りついたド・ジッター空間であることを指し示している。もしもそれが私たちの運命だとしたら、木ゲームをもう少し長く、1グーゴル年を超えてこの宇宙の穏やかな死のときまで続けられるかもしれない。悠久の時にわたってプレイヤーは次々と入れ替わっていくだろう。熱や量子の不安定性の犠牲にならずにそこまで長く存在できるものなどないのだから。しかし木ゲームそのものはどうだろうか？　必要な限り長く続けることはできるのだろうか？　TREE(3)という上限にたどり着けるのだろうか？

それは不可能である。

穏やかな死も永遠ではない。$10^{10^{122}}$年後、1グーゴルプレックス年をちょうど超えた頃に、この宇宙は再生する。そう、この宇宙は再生するのだ。

これを「ポアンカレの回帰時間」という。私たちの暮らすこの宇宙の一角が、現在の状態にいくらでも近い状態に戻るまでにかかる時間である。私たちが現在見ているのと同じ恒星や惑星、人間やカエル、宇宙微生物を記述した、現在と同じ量子状態に戻る。このような回帰が起こるのは、あなたがただものではない巨大球体に取り囲まれていて、その球体の中では宇宙の取りうる状態の個数が限られているためである。いわば衣装の数は有限なのだ。その理由はこのあとすぐ説明するが、その前に、この宇宙がそれらの衣装を次々に試着していくものとイメージしてほしい。時間が経つにつれて、ユカタン半島に小惑星が衝突したときの過去の姿から、現在の姿、ジャスティン・ビーバーが大統領に選ばれた未来の姿へと、さまざまな姿を取っていく。すべての衣装を２度目、３度目、４度目と試着していって、過去の栄光や失敗を永遠に繰り返す。この宇宙の一角が回帰する、つまりひととおり試着するのにかかる時間は、想像もできないほど長いが、木ゲームはそれよりもずっと長く続く。どんなに穏やかな未来であっても、この宇宙はTREE(3)に達しない。木ゲームがこの上限に達するはるか前に、何度も何度もリセットしてしまうのだ。

フランス人数学者アンリ・ポアンカレにちなんで名付けられたポアンカレ回帰は、この宇宙であれ、窒素ガスを満たした箱であれ、さらには一揃えのトランプであれ、あらゆる有限系の持つ特徴である。その系の中を移動しながらすべての可能性を探索していくと、いずれは出発点に戻ってくる。その後も何度も繰り返し戻ってくる。一揃え52枚のトランプを並べる方法はおよそ10^{68}通り。最初にパッケージを開けたときには、スーツごとに数字の順にきれいに並べられている。それをシャッフルすると美しい並び方は崩れ、別の新しい並び方になる。再びシャッフルすると、また並び方が変わる。１グーゴル年にわたってシャッフルを繰り返せば、何通りかの並び方が繰り返し現れるのは間違いない。しかしポアンカレはもっと強い主張を証明した。シャッフルが本当にランダムであれば、どこかの時点でトランプは最初に買ったときの順番どおりの並び方に戻るというのだ。それがポアンカレ回帰である。

窒素ガスの箱についてはどうだろうか？　最初は右上の隅にすべての分子が押し込められていたとしよう。時間が経つにつれてそれらの分子は散らばっていく。飛び回ったり衝突したりしながら膨大な個数の状態を渡り歩いていくが、いつかは元に戻って、最初と同じように右上の隅に集まる。この宇宙も同じである。配置のしかたが有限通りしかなければ、ポアンカレの法則ゆえ、必ず現在の状態に戻ってくる。そして同じ状態が何度も繰り返される。

先ほど、あなたは巨大な球体に取り囲まれていると言った。実はそれは架空の存在であって、真空のスープに蓄えられたエネルギー、それに支配されたド・ジッター空間の冷たくて空っぽの未来が生み出したものにすぎない。私たちは一人ひとりそれぞれ、ド・ジッター地平面と呼ばれる巨大な覆い幕に取り囲まれている。前の章でも少し説明したが、再び説明しておこう。あなたはあなた自身のド・ジッター地平面を、私は私自身のド・ジッター地平面を持っている。あなたのド・ジッター地平面は、あなたを中心とした半径およそ170億光年の巨大な球体。いつかはあなたに見えてくる範囲の境界を定めている。たとえばどこか信じられないほど遠くの銀河に暮らす宇宙人が、その世界のブレグジットをめぐって論争しているかもしれないが、あなたはたとえ永遠に生きたとしてもその論争を見ることはけっしてない。あなたと宇宙人のあいだの空間が、ダークエネルギーによってどんどん速いスピードで押し広げられているからだ。もちろん論争しているその宇宙人の身体で光が反射して、その光の一部があなたに向かって進んできているかもしれないが、けっしてあなたのもとに届くことはない。あいだの空間があまりにも速く広がっているため、宇宙人から発せられた光がそれに追いつくことはできないのだ。

同じく前に言ったとおり、ド・ジッター地平面はブラックホールの事象の地平面とは別物である。後戻りできない境界でもなければ、危険極まりない特異点を覆い隠すマントでもない。しかしそのように重要な違いがある一方で、非常に似ている点もいくつかある。スティーヴン・ホーキングとその元学生ゲイリー・ギボンズの説である。２人は、ブラックホールの事象の地平面と同じように、あなたのド・ジッター地平面からも量子放射が発せられていることを証明した。私たちの暮らすこの宇宙の一角では、そのド・ジッター放射は温度がおよそ2×10^{-30}ケルビンと非常に冷たいため、現実的にそれを検知できる望みはいっさいないが、それでも確かに存在する。空間が容赦なく膨張してこの宇宙が希薄になっていくと、凍りついた空っぽの空間にはその温度しか残らない。北欧神話に描かれた極寒の地獄ニヴルヘイムのようだが、ごくわずかな暖かさがあって、温度は絶対零度からほんの少しだけ高い。そして前に言ったとおり、温度があれば必ずエントロピーが存在する。

ブラックホールのエントロピーがその事象の地平面の面積に比例するのと同じように、ド・ジッター空間のエントロピーもそのド・ジッター地平面の面積に比例する。あなたを取り囲むド・ジッター地平面は巨大で、その面積は1兆の1兆倍の1兆倍の1兆倍平方キロメートルに近い。地平面の面積とエントロピーを関係づけるホーキングの有名な公式を使うと、そのエントロピーの量は1兆グーゴルの300億倍を超える。この値を使うと、あなたの宇宙が取りうるミクロ状態の個数、いわば洋服だんすにしまっている衣装の数をはじき出せる。これだけ大量のエントロピーに対応するのは、$10^{10^{122}}$種類もの衣装がしまわれた宇宙規模の洋服だんす。モデルのキム・カーダシアンのクローゼットよりも大きいが、それでも有限である。この宇宙がプランク時間ごとに、あるいは1秒ごとに、あるいは1年ごとに新たな衣装を着ていったとしても、約$10^{10^{122}}$回着替えると、今日着ていたのと同じ衣装を着ることになってしまう。これが宇宙のポアンカレ回帰。巨大な覆い幕と凍りついた未来のせいで、宇宙がファッションのエチケット違反を犯してしまうのだ。

ダークエネルギーに関して分かっていることを踏まえると、私たちの暮らすこの宇宙の一角が回帰するのはおそらく間違いないが、その回帰のタイムスケールがあまりにも長くて、何ものであってもそれを目にすることはできないだろう。そのような精確な測定をおこなって、それほど長いあいだ生き延びられるような生き物も機械も存在しない。問題は量子不安定性にある。宇宙の状態を驚くほどの高精度で測定できる究極のキットがあったとしよう。それを使って現在の宇宙を測定し、その結果を記録する。その後も一瞬ごとに測定しては比較をおこなっていくが、回帰を見出すにはすさまじく長い時間にわたって存在しつづける必要がある。しかしそれは不可能である。どうしても量子不安定性に圧倒されて、記録がすべて失われてしまう。この宇宙のポアンカレ回帰は間違いなく起こるが、実験でそれをとらえることは誰にもできない。ある意味でゲーデルの不完全性定理と同じだが、ただし数学ではなく物理学、物理的世界における証明不可能な真理である。TREE(3)と木ゲームについても同じことが言えるだろう。原理的には存在するが、あまりにも大きいため、この宇宙の法則のもとではけっして起こらないのだ。

ホログラフィック原理

巨大な数の大地をめぐる旅も終わりに近づいた。ここまでミクロな世界とマクロな世界に足を踏み入れてきた。万物に潜む量子力学のあいまいな現実を見たり、時間が止まってしまうブラックホールの縁に近づいたり、いまだ境界の分からない宇宙を渡り歩いたりしてきた。あなたも数というものを、この宇宙でもっとも驚くべき物理への入口としてみなせるようになってきたと思う。グーゴルやグーゴルプレックスからはドッペルゲンガーが、グラハム数からは頭がブラックホールになって死んでしまう危険性が、TREE(3)と木ゲームからは宇宙のリセットが。これらの巨大な数によって、物理に関する私たちの理解が、現在知られている範囲のまさに限界にまで押し広げられた。

ある共通点に気づかれたと思う。いずれにおいてもエントロピーに悩まされるのだ。あなたやあなたの頭、あなたがいずれ見ることのできる宇宙全体を記述できる、ミクロ状態の個数の上限である。観てきたドラマはさまざまだが、ここまでで分かったどの事柄も、たった一つのある物理的原理に支えられている。それはさらに物理学の最先端に近く、これまでの話よりもはるかにドラマチックである。覚悟はできたと思う。ある恐ろしい物語から始めることにしよう。

けたたましいアラーム音であなたは眠りから覚める。まぶたを開けずに手を伸ばし、目覚まし時計をつかんでアラームを止める。本能的にベッドから起き上がってシャワー室に転がり込む。頭の上から温水が流れ落ち、あなたは徐々に意識を取り戻す。

すると恐怖が訪れる。

あなたは壁の中に閉じ込められ、2次元の牢屋に囚われてしまっているではないか。あなただけではない。シャワーや洗面台、あなたが寝ていたベッドなど、あらゆるものが閉じ込められている。腹の底から恐怖が湧き上がってくる。あなたは慌てて部屋に戻り、急いで服を着て階段を駆け下りる。奇妙な感覚がする。いままで知っていた世界、3次元の世界の中を移動しているように感じられるが、実はそれはまやかしであることを知ってしまった。悪夢を見ているに違いない。逃げ出さなければ。あなたは玄関を開ける。

ところが恐怖は増すばかり。

世界全体があなたと同じように閉じ込められているが、誰も気づいていない様子だ。身なりの良い女性が自転車で通り過ぎる。だらしのない恰好の男性が遅刻しそうで慌てている。バスは大騒ぎする小学生でいっぱいだ。みんなぺちゃんこになっているのに誰一人気づいていない。あなたは自転車の女性に駆け寄るが、相手はぎょっとした目つきで振り返りながら走り去っていく。あなたは膝から崩れ落ちる。真実を知ってしまった恐怖に圧倒され、本能的に叫び出す。これだ。これが現実だ。あなたはホログラムにすぎないのだ。

これがあなたの物語。目覚めた物理学者が、この宇宙は実はホログラムであると悟った物語である。本書はこんなところまでたどり着いた。重力と3次元空間は幻影のようなものである。私たちがふつう認識している空間の境界面、いわばホログラムの世界に自分が閉じ込められていると考えても、十分に通用してしまうのだ。

説明が必要だろう。

この宇宙はホログラムであるという説は、ベッケンシュタインとホーキングから始まった。2人は、あなたや私、卵やトリケラトプスと同じように、ブラックホールもエントロピーを持っていることを明らかにした。ほかの物体と同様にそのエントロピーは、同じブラックホールを記述できるミクロ状態の総数に等しい。また、隠された情報量の尺度でもある。「グーゴル」の章で取り上げた、庭の奥でブラックホールを見つけたという話を覚えておられるだろうか。そのブラックホールは質量がゾウ1頭分増えたが、はたしてゾウを呑み込んだのか、それともゾウと同じ重さの百科事典を呑み込んだのかは分からないのだった。つまり、同じマクロな物体を記述する何通りものミクロ状態を想像することができる。言い換えれば、そのブラックホールはエントロピーを持っているはずである。

しかしベッケンシュタインとホーキングはさらに考察を進めた。そして、ブラックホールのエントロピーはその事象の地平面の面積に比例して大きくなることに気づいた。ブラックホールの境界面の面積をエントロピーとして考えることができるのだ。ブラックホールの面積法則と呼ばれるこの結論は、それまで予想だにされていなかった。もちろんあなたや私、卵や恐竜は面積法則には従わない。人間や卵のような通常の物体のエントロピーは、表面積でなく体積に比例して大きくなる。それで直観的に筋が通るし、あなたの頭を例にして考えれば納得がいく。頭のデータ容量を増やしたければ、あるいはもっと正確に言うと、同じ温度でより多くのエントロピーを蓄えられるようにしたければ、ニューロンの数を増やす必要がある。そのためには脳の体積を増やさなければならない。頭蓋骨を大きくするだけではだめだ。

ではなぜブラックホールだけが、私たちと違う振る舞いをするのだろうか？　なぜブラックホールのエントロピーは、体積でなく表面積に比例して大きくなるのだろうか？　あなたや卵とブラックホールとを分け隔てているのは、重力の圧倒的な抱擁をどの程度まで感じるかである。ブラックホールは重力に深く依存した存在だ。ブラックホールを一つにまとめているのは重力であって、重力がなかったら存在しない。それほどまでに重力が幅を利かせると、エントロピーを蓄える上でのルールが、通常私たちが慣れ親しんでいるものとは違ってくる。そしてその根底にある理由は、あなたの思う現実という概念を覆すこととなる。

1990年代初め、ノーベル賞を受賞したオランダ人のヘーラルト・トホーフトと、前の章でも登場したスタンフォード大学の物理学者レナード・サスキンドが、ベッケンシュタインとホーキングの研究結果が実際にどういう意味を持つのかを考えはじめた。そして前にも言ったとおり、ブラックホールがエントロピーの食物連鎖の頂点に立っていて、ある体積の空間に押し込められる情報量の上限を定めていることに気づいた。その上限に達するのは、その空間ができるだけ最大のブラックホールに占められたときであって、面積法則によるとその上限のエントロピーは、内部の体積でなく境界面の表面積によって与えられる。ここで２人は大きなひらめきを得た。その最大のエントロピーが境界面の表面積によって与えられるのであれば、すべての情報がその境界面の上に保存されていると考えるべきではないか。要するに、ある体積を占める３次元空間の内部の物理を記述したかったら、その空間の境界面に、つまりその空間を取り囲む２次元面上にすべての事柄がコード化されていると考えても同じではないかということである。

どういうことかしばし考えてみよう。トホーフトとサスキンドが言っているのは、必要となる情報はすべて、その空間を取り囲む表面上で見つけられるということだ。それはまるで、どんな小包でも、その本当の中身は必ず包装紙の上にあると言っているようなものである。そんな小包が、おそらくトホーフト本人からあなたの玄関先に届けられたとしよう。包装紙を破くと、『宇宙を解き明かす９つの数』が出てきた。目次をざっと見ると、「グラハム数」とか「TREE(3)」といった項目が並んでいる。あなたは本を置き、包装紙をかき集めてリサイクルボックスに投げ込む。するとそこであることに気づいた。その包装紙は無地ではなく、小さな文字がびっしりと書かれている。そしてもしも見間違いでなければ、本の中に書いてある単語とまったく同じ。トホーフトが送ってきた小包では、すべての情報がその包装紙、つまり小包の占める空間の境界面に記録されているのだ。

別のたとえを使ってもう少し正確に説明しよう。あなたはクリスマスプレゼントにレゴボックスをもらった。ただのレゴではなく、プランクレゴである。黒と白のブロックが膨大な個数入っていて、その一個一個が信じられないほど小さく、一辺がプランク長さ（約1.6×10^{-35}メートル）しかない。このレゴボックスには、レゴ宇宙を組み立てるための説明書が入っている。そこで組み立てはじめると、あっという間に次の図のような宇宙ができあがる。

レゴ宇宙。

ちっぽけな宇宙で、黒と白のブロックがランダムに並んでおり、各辺ブロック８個分の長さの立方体を作っている。トホーフトとサスキンドの説によると、この宇宙に関して知る必要のある事柄はすべて、その境界面上にコード化できるはずである。その境界面は６つの面からできていて、各面に64個の正方形が含まれており、合計で正方形は384個ある。取りうる色は２色なので、最大で2^{384}通りのパターンをコード化できるはずだ。だがここで困ったことになる。立方体の内部も考慮すると、合計で$8\times8\times8=512$個のブロックがあって、最大で2^{512}通りの並び方を考えることができる。いったいどうやったら、2^{384}通りのパターンで2^{512}通りの並び方をコード化できるというのだろう。実際そんなことはできない。もしもトホーフトとサスキンドが正しいとしたら、立方体内部のパターンのうち、生じることが許されないパターン、たとえ原理的にもけっして存在できないパターンがなければならない。では、そうしたパターンが生じるのを防いでいるのはいったい何なのか？　誰が食い止めているのか？　それは重力しかありえない。

先ほど言ったとおり、重力はエントロピーをめぐる従来の考え方を覆した。重力とブラックホール、および予想外の面積法則に基づいて、トホーフトとサスキンドは、すべての情報を境界面に保存できるという考えに至ったのだった。もしそうだとすると、一個一個のプランクブロックすべてにそれぞれ1ビットずつの情報を収めようとしても、それは重力によって禁じられているに違いない。そして結果として、このレゴ宇宙は互いに同等な2通りの方法で記述できる。一つは、重力によって一部の並び方が禁じられている内部として。もう一つは、いっさいの制限がなく、それゆえ重力も存在しない、すべてのパターンが許される境界面としてである。同じ事柄を2通りの方法で記述したにすぎないということだ。ミートボールを見たイギリス人はそれをミートボールと呼ぶが、スペイン人はアルボンディガスと呼ぶ。どちらも同じものを指しているが、言語が違う。私たちの物理宇宙もそのようなものである。3次元空間と重力の理論で記述することもできるし、それとは別の理論、2次元境界面に限定されていて重力の存在しない理論を使うこともできる。境界面に基づくイメージを受け入れれば、3つめの次元は幻影であると考えてかまわない。境界面の理論ですべて理解できるのだから、実は3つめの次元は必要ない。ある意味、境界面がすべてである。

動揺されたかもしれない。実際にはたった2つの次元で完璧に物理を記述できるのに、どうしてあなたは3次元空間を経験できるのだろう？　それはとりもなおさず、あなたがその情報をどのように解読するかによる。そしてそれは、ホログラムを読み取る方法と密接に関係している。ではホログラムはどういうしくみなのだろうか？　テディベアの単純なホログラムを作りたいとしよう。まず必要なのはレーザー光線、単色の純粋な光である。その光線を２本に分け、一方をテディベアに当てて散乱させ、もう一方を鏡に反射させる。そしてその２本の光線を高分解能の写真乾板上で合流させる。一方の光線はテディベアによって乱されていて、もう一方の光線は乱されていないので、その２つの波の山と谷は必ずしも完全には歩調が合わない。そこでその食い違いを、明暗の帯からなる「干渉パターン」として写真乾板上に記録する。

「グーゴルプレックス」の章でヤングの二重スリット実験について説明したときにも、これと同じような話が出てきた。細かい点は違うが、鍵となる原理は同じである。２つの山が歩調を合わせてやって来たら、建設的な干渉が起こって明るい帯が現れる。逆に山と谷が同時にやって来たら、相殺的干渉が起こって暗い帯が現れる。さまざまな強度を持つこの明暗の帯からなる像は、３次元物体を２次元上にコード化したものと考えることができるが、それを解読するにはまだ少々やるべきことがある。写真乾板上の干渉パターンをじっとにらんだだけでは、何もおもしろいものは見えてこない。それに命を吹き込むには、別の光線を当てて、２次元の情報をもとのテディベアの３次元像に戻さなければならない。

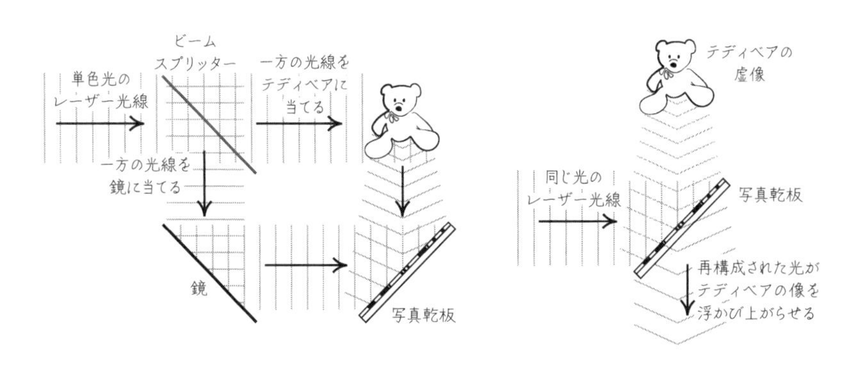

ホログラムの作り方と読み取り方。

ホログラムの見事な点は、2次元乾板上に3次元の像をコード化できることである。おおざっぱに言えば、明暗の帯の濃淡が、失われた次元方向の深さを表していると考えることができる。言い換えれば、濃い帯は垂直距離が乾板に近いことを、淡い帯はもっと遠いことをコード化している。トホーフトとサスキンドの言うホログラムも、失われた次元をそれと非常に似た方法で記録している。あなたが2次元でなく3次元を感じるのは、あなたの脳が明暗の帯をそのように解読しようと決めたからだ。3つめの空間次元とちょっとした重力によって表現することを選んだからだ。

トホーフトとサスキンドによるこの説は、「ホログラフィック原理」と呼ばれている。本当なら、それを相対論と量子力学の言語で説明しなければならない。そのため実際には、4次元時空における量子重力理論と、その3次元境界面（2つの空間次元と1つの時間次元）の上での量子ホログラムについて語る必要がある。またこのホログラフィック原理は、私たちの宇宙とまったく違って見えるものを含め、多種多様な宇宙にも当てはまると考えることができる。不思議な形で潰れたりゆがんだりした純粋に仮想的な世界や、私たちが通常考えている3つの次元を超えた追加の次元を持った宇宙もあるかもしれない。しかしどんな時空であっても、ホログラフィック原理を当てはめてみることができる。そうして得られるのは、同じ物理に対する互いに同等な2通りの記述。重力を伴う高次元の世界と、重力を伴わない低次元の世界である。たとえば6つの空間次元と1つの時間次元を持つ世界では、7次元時空における重力理論について論じることもできるし、その6次元の境界面上に広がるホログラムについて論じることもできる。肝心なのは、重力について考える場合には必ず、その代わりにホログラフィック原理について考えてもかまわないということである。

疑わしい点は何もない。トホーフトとサスキンドによるこの研究成果は、量子重力の解明に革命を起こすものとして歓迎すべきだ。古い問題を、より優れた新しいホログラムの言語でとらえなおせるようになった。その一例が情報のパラドックスである。「グラハム数」の章で説明したのを覚えておられるかもしれない。ホーキングは、ブラックホールは情報を失って量子力学の基本原理を破ると確信した。しかしホログラムを考え合わせると、そうではありえないことが分かる。なぜなら、ブラックホールの形成と蒸発の様子を、空間の境界面上にコード化する方法が必ず存在するからだ。代わりとなるその低次元の記述には重力がいっさい含まれていないため、もっとずっと単純な量子理論として考えることができる。その様子は、分子の相互作用や原子核物理学と同じように、通常の単純な力で押し合いへし合いする荷電粒子の量子的なダンスに対応する。ホログラムが意味を持つためには、その境界面上での量子理論が数学的に矛盾を含んでおらず、物理的に行儀が良くなければならない。その代替言語で出来事を記述したときに欠陥や破綻が起こってはならず、そのためには情報が失われてはならないのだ。ただし、以上の主張が通用するのは、もちろんホログラムが現実の存在である場合に限られる。

ではホログラムは現実に存在するのだろうか？

この問題には100万ドルの価値がある。この世界がホログラムであることを示す実験的証拠は存在しない。たとえホログラムだったとしても、それがどのようなものなのかは分からない。もちろんトホーフトとサスキンドが明らかにしたとおり、ブラックホールに注目すれば、ホログラムは実在するとどうしても考えたくなってくる。とはいえ、私たちの暮らすこの世界にホログラムが実在するという説は、いまだに予想の範疇を出ていない。ただし、ホログラムの存在がほぼ間違いなく証明されている別世界がいくつか存在する。

それらの別世界を暴き出したのはフアン・マルダセナ。物理学の世界に君臨する現代の巨人で、名門プリンストン高等研究所の教授、数々の賞を受賞している。ここ30年にわたる重力と宇宙の理論的解明に対して、彼以上の貢献を果たした人は誰もいない。公平に比較するに、マルダセナは現代最高の物理学者と言えるだろう。サスキンドは彼のことを「ザ・マスター」と呼んでいる。

1990年代半ば、ブエノスアイレス出身のマルダセナはまだ新参者に近かった。プリンストン大学の博士課程の学生として、弦理論とブラックホールの物理に関する研究をおこない、評価を高めていた。そんなマルダセナが、プリンストンを離れた1年後、アムステルダムで開催された国際学会でロシア人物理学者サシャ・ポリヤコフの講演を聴き、一躍奮起した。ポリヤコフは、4次元における原子核物理学のいくつかの側面を、弦理論において5次元時空内を運動する弦と関連づけることができるのではないかと提唱した。するとマルダセナはその見事な関連性を次々に見つけ、数カ月もせずに衝撃的な論文を発表する。

「大きいNの極限における超共形場理論と超重力」

けっしてキャッチーなタイトルとは言えないが、その中身は学界に衝撃を与えた。新星マルダセナが超新星になった瞬間である。1つの空間次元が幻影にすぎないホログラムの世界を発見したのだ。その世界は私たちの世界と大きく違っているが、それは問題ではない。重要なのは、その世界が数学的に非常に単純で、その幻影がどのようにして現れるのかを正確に示せたことである。こうしてホログラムの概念は真剣に受け止めざるをえなくなった。奇妙で純粋に仮想的なこの世界の発見が、空間と時間に対する私たちの理解を根本から変える一歩となった。

マルダセナの発見した世界は、あなたが実際に想像できるどんな世界とも似ていない。10次元時空の中で弦と量子重力が振る舞う異様な宇宙で、その10次元のうち5つは非常に特徴的な形にゆがみ、5つは球のように丸まっている。この時空の境界面上にマルダセナは、もう一つの理論を構築した。内部で起こる出来事をすべて記述できる、重力を含まない理論である。この理論の非常に重要な点としてマルダセナは、この2通りの記述が実際に等価である理由を示した。その上、内部と境界面というこの両方の言語を流暢に話す方法を見つけ出し、侮りがたきアメリカ人物理学者エドワード・ウィッテンの力を借りてこの2つの言語間の辞書を編みはじめた。

もちろんすでにトホーフトとサスキンドが、このようなホログラム的な記述が存在するはずだと推測していたが、そこから先へは進めていなかった。何か実例を挙げて、「これが重力を持った宇宙、これがホログラム、そしてこれがその２つを渡り歩くための辞書である」と宣言するまでには至らなかった。しかしマルダセナはまさにそれをやってのけた。トホーフトとサスキンドの以前の説を知ってはいたものの、それが念頭にあったわけではない。マルダセナの理論とホログラムを結びつけたのはエドワード・ウィッテンである。

同じく天才であるエドワード・ウィッテンは、フィールズ賞を受賞し、2004年には雑誌『タイム』で、世界でもっとも影響力のある100人に選ばれた。父ルイスは理論物理学者で、早熟の幼い息子と自分の研究についてよく議論していた。いつもまるで相手が大人であるかのように息子に話しかけていた。エドワードは父親の研究を驚くほど理解できたにもかかわらず、やがて物理学から離れることとなる。マサチューセッツ州のブランダイス大学では歴史学を専攻し、ジャーナリストを目指して雑誌 'The Nation' や 'The New Republic' に寄稿した。しかし物理学の魅力が頭から離れることはなかった。プリンストン大学の修士課程に入学し、博士研究を終えると、そこから弦理論の創始者の一人となる。同じく物理学者である妻キアラ・ナッピは次のように明かしている。「彼は頭の中以外ではけっして計算をしません。私は何ページも計算してようやく、自分が何をやっているのか理解できます。でもエドワードはただ座って、マイナス符号とか２の因数なんかを計算するだけなんです」

マルダセナが導き出したホログラムの例は、「AdS／CFT対応」と呼ばれている。それが意味するのは、まったく同じ物理現象が互いに等価な２通りの方法で記述される、「双対性」というものである。この双対性の一方の側に位置するのはAdS、'Anti de Sitter'（反ド・ジッター空間）の略で、重力が基本的な力として存在するゆがんだ高次元世界のこと。双対性のもう一方の側に位置するのはCFT、'Conformal Field Theory'（共形場理論）の略で、低次元のホログラムが持つ特別な数学的性質を教えてくれる。双対性のそちらの側には重力は存在しないが、それでも驚くことにまったく同じ物理を記述できる。そこでは、原子核を一つにまとめる基本的な力の担い手、グルーオンと非常に似た、質量0の荷電粒子のワルツが役割を果たす。そのダンスの舞台はまさにホログラム的で、反ド・ジッター空間の外壁、時空の境界面にそれらのグルーオンが存在すると考えることができる。

マルダセナはこの独創的な論文の中で、このAdS／CFT対応を裏づける非常に説得力のある主張を展開したが、それを数学的に厳密に証明することはできなかった。しかし年月が経つにつれ、マルダセナの主張は何度も繰り返し検証されていった。この対応関係の両側で正確に計算できた物理量もいくつかある。一方の側では重力と時空を使って、もう一方の側ではホログラムを使ってである。2つの結果は決まって一致し、いまではもっともな疑念を抱く余地はいっさいない。AdS／CFT対応はまさに、ホログラフィック原理が作用している具体的な例といえる。いまや、ゆがんだ反ド・ジッター宇宙ではあるものの、ホログラムのトリックを使って重力と1つの空間次元を消せるような世界を思い浮かべることができるのだ。

では私たちの暮らす世界についてはどうなのか？　私たちは本当にホログラムの中に存在しているのだろうか？　それはもっとずっと難しい問題である。私たちが暮らしているのは5次元反ド・ジッター空間ではないので、マルダセナの魔法に頼ることはできない。しかしこの宇宙では、ブラックホールがおもしろい振る舞いをしてくれる。ブラックホールのエントロピーは体積でなく境界面の面積に比例して増える。情報はブラックホールの内部でなく、あたかも事象の地平面の上に記録されるかのように見える。まるでこの世界もホログラムなのだと教えてくれているかのようだが、少なくともしばらくのあいだは、そのホログラムは秘密のままであるらしい。もしもそのホログラムが実在するとしたら、あなたが重力やいくつかの空間次元を経験しているのは、そのホログラムをあなたが一風変わった方法で解読しているからにほかならない。あたりを見回してみよう。左右、前後、上下に目を向けてみよう。もしもホログラムの予想が正しければ、それらの次元のうち１つは何かまったく違うものの中に詰め込むことができる。重力のしがらみから解放された瞬間、３つの空間次元について語る必要はもはやなくなる。２つだけで十分なのだ。

プラトンの洞窟の寓話を思い出してしまう。その洞窟の中に永遠に閉じ込められて鎖につながれた囚人たちは、背後で燃える炎が壁に落とす影を見つめている。囚人たちにとってはそれがすべてで、彼らはあらゆるものをぺちゃんこな形で認識している。しかしプラトンは、哲学と思想によって囚人たちは鎖をほどくことができると唱えた。影を超えた存在、その影を落としている人形を見ることができるのだという。だがプラトンはその影を見くびっていたと思う。ホログラムの世界では、影は人形と同じくリアルなのだ。

ホログラフィック原理は、ここ30年のあいだに物理学で登場した学説の中でももっとも重要なものである。重力に関する私たちの理解を一変させ、中でもブラックホールの情報のパラドックスを解決して、量子重力の本質に関する深い洞察をもたらしてくれている。原子より小さな世界でクォークやグルーオンの織りなすミクロな抱擁、それをより深く理解するのに役立っている。しかしそれだけでなく、現実に対する私たちの認識、私たちを取り囲む空間という概念に疑問符を投げかけている。空間は本当に存在するのか、それともただの幻影なのかと考えざるをえないのだ。

私たちにとってその幻影は、本書で取り上げてきた突拍子もない数たち、非常に大きくて非常に荘厳なリバイアサンたちの遺産である。ここまで、グーゴルプリシアンのドッペルゲンガーやブラックホール頭の死、TREE(3)や、木ゲームの到達不可能な結末を通じて、エントロピーと量子力学、重力とブラックホールの謎めいた物理、宇宙の地下牢の話を語ってきた。ホログラフィック原理に根拠を与えているのも、それらと同じ考え方や概念である。余分な次元、空間の境界面に閉じ込められた代わりの現実という、恐ろしい存在をさらけ出している。私たちは壁に落ちた影なのである。

ここでようやく大から小へ、大きな数から小さな数へと話を移していくので、予想外の展開を覚悟しておいてほしい。小さな数は対称性や美しさを暗示させるが、最終的には失望を与えることとなる。存在するはずのない宇宙、生まれた瞬間に潰れて消えてしまったはずの宇宙の話に身構えておいてほしい。それは私たちの宇宙。私たちの暮らす予想外の宇宙のことである。あなたはどうだか分からないが、私にとっては影よりも気がかりだ。自分、家族、親友、私の知るあらゆるものは、けっして存在するはずがなかったなどと考えると、恐ろしくなってくる。本書もけっして存在するはずがなかったのだが、それでもなぜかあなたはいま、けっしてたどり着かなかったかもしれない瞬間に本書を読んでいるのだ。

第2部

小さな数

⑥ 0

美しい数

ついに興奮のときがやって来た。リヴァプールFCがプレミアリーグのシーズン開幕から27試合で26勝したのだ。カリスマ的なドイツ人コーチのユルゲン・クロップがチームを「精神的なモンスター」と表現したとおり、たとえ歩が悪くても次々に勝ちつづける能力を発揮した。それを何よりも物語っていたのが、うっとうしい11月の午後、アストン・ヴィラとのアウェイでの試合、ホーム側の熱狂的な観衆に囲まれてのことだった。試合時間残り３分まで、リヴァプールは１－０で負けていた。ところがセネガル代表選手のサディオ・マネが最後の最後でボールを蹴り込み、決勝ゴールを決めた。連勝は続き、専門家たちは確信した。2019‐20年のプレミアリーグはリヴァプールFCの優勝で幕を閉じるだろうと。

この街の郊外で育った私は、小さい頃からリヴァプールFCを応援している。十代の頃には、世界一有名な立ち見スタンドの一つ、ザ・コップから、優勝カップが掲げられるのを２度も目に焼き付けた。しかしどちらも30年以上昔のことだった。それ以降の歳月は不調で、最大のライバルである隣の街マンチェスターを上回ることもほぼできず、リーグ内で絶えず低迷していて、ひどく失望していたものだ。それだけに、シーズンが佳境に入った時点で圧倒的な首位をキープしていたとはいうものの、早合点は禁物だった。何かしら計算せずにはいられなかった。

私の友人ダンは天文学者である。彼もリヴァプールFCを応援していて、私の都合が合わないときには代わりに私のシーズンチケットをときどき使っていた。しかし私と違って融通の利くスキルをいくつも持っていて、サッカーの試合結果を予測するための巧妙なモデルを構築している。どうにかして安心したいと思った私はダンに、シーズン残り数カ月間のシミュレーションを100万回やってくれないかと頼んだ。戻ってきたその結果に私は胸をなで下ろした。ダンのモデルの予測によると、プレミアリーグでリヴァプールが優勝するケースは99万9980通り、マンチェスター・シティは19通り、レスター・シティはたったの１通りだった。

ダンが構築したのは一種の多宇宙、プレミアリーグの100万通りの成績表を含んだ100万通りの並行世界である。その多宇宙のほぼすべての区画でリヴァプールが最終的にチャンピオンの座につくのだから、不毛の30年ももうすぐ終わるはずだと私は固く信じた。しかし確信はできなかった。その多宇宙の片隅には、リヴァプールが降参してタイトルがマンチェスターかレスターに行ってしまうような区画もいくつかあった。もちろんそのような、（私にとって）不幸な結果は、かなり可能性が低いに違いない。ダンの多宇宙によると、そのような結果となる確率はわずか0.00002、つまり５万回に１回と予想された。

最終的にリヴァプールはプレミアリーグで優勝したが、重大な脅威がなかったわけではない。2020年３月、優勝まで残りわずか２試合というときに、イギリス全土でコロナウイルスが大流行してシーズンが中断されてしまったのだ。その春、全土での厳しいロックダウンの最中には、いつになったら正常に戻るのか誰にも見通せなかった。サッカーなど二の次になってしまい、リヴァプールファンの私は、ダンの多宇宙の中でもほぼありえない予想外の片隅に私たちは暮らしているのだろうかと勘ぐりはじめた。

確実に言えることが一つある。サッカーから離れて物理学の世界に足を踏み入れると、とてつもなく予想外の場に身を置くことになる。物理的世界からなる多宇宙では、私たちの宇宙はもっともありえそうもない一角にある。CERNでのヒッグスボソンの発見とともに始まったその驚きは、真空の泡立ったスープに深く根ざしている。実は私たちの宇宙は、説明できないほど小さな数、とてつもなくありえそうもない結果にさいなまれている。それらの小さな数やありえそうもない結果には、どうしても説明が必要だ。もしもリヴァプールがわずか0.00002の確率でリーグ優勝を逃したら、何がいけなかったのか知りたいと思うだろう。致死性のウイルスのせいだろうか？　物理学でも同じで、微小な数や、この宇宙の予想外の特徴を目の当たりにすると、さまざまな疑問が浮かんでくる。どうしてヒッグスボソンはここまで途方もなく軽いのだろう？　なぜ真空の泡立つスープは、このように説明できないほど穏やかなのだろう？　それは予想外の物語、物理学最小の数を理解して、けっして存在しなかったはずのありえそうもない宇宙を理屈づけるための探究の旅である。

出発点は0。絶対値で言うとこれ以上小さくなることはない。

0は対称的である。

対称性と0の関係性をうかがい知るには、ある大きな組織の会計簿をイメージすればいいだろう。その会計簿には、数百万ドルの収入や支出が何度も記載されている。個々の取り引きを何の気なしに眺めている限り、収入と支出の額は、規模が大きいことを除けばある程度ランダムに見える。しかし奇妙な点もある。各四半期の終わりには、損益はちょうど0であるという報告が上がる。つまりこの組織はつねに収支が合っているのだ。一般的にそんなことは起こらない。ふつうなら数百万ドル単位の収益または損失があるだろう。まるでアフリカゾウの群れとインドゾウの群れを天秤の互いに反対側に載せるようなもので、決まってどちらかに傾いてしまう。この組織の損益が0であるということは、収入と支出のあいだに完璧な対称性が成り立っているということであって、それには何かしらの説明が必要である。この場合、もしかしたらこの組織は慈善基金団体で、健全な経営にこだわっており、収益をすべて慈善活動に還元することを旨としているのかもしれない。重要な点として、会計であれ物理学であれ、あるいはゾウの群れであれ、0という値が偶然に生じることはない。必ずれっきとした理由があって、ふつうそこには対称性が関わっているのだ。

対称性はいわば自然界のイデオロギーである。目に見える万物の構成部品である素粒子の相互作用は、素粒子物理学の標準モデルの対称性に支配されている。20世紀に明らかになったとおり、物理現象を理解するための手掛かりはしばしば自然界最小の数にある。0や、何か予想外に小さい数を見たら、その原因となったであろう対称性について考えてみるものだ。

では対称性とは何だろうか？

対称性は興奮を掻き立てる。物理学者が浮かれ狂うというだけではない。私たち人間は、対称性を物理的に魅力的なものととらえる。研究によると、左右のバランスが取れた顔は美しいとみなされることが多いという。それはたいてい「進化上の利点の理論」で説明される。人間の遺伝子は対称的な顔を発達させるようにできているが、加齢や病気、感染などはそれを妨げる。いずれも健康が悪い証拠である。そのため進化的観点からすると、私たちが対称的な顔に惹きつけられるのは、健康な相手と結ばれたいからにほかならない。

対称性は時代を通じて数々の芸術家も掻き立ててきた。未開部族の絵に見られる左右対称性や回転対称性、あるいは、スペインのグラナダに立つ14世紀の荘厳なイスラムの宮殿、アルハンブラ宮殿を飾る壮麗な模様にもそれが見られる。アルハンブラ宮殿の床や壁に施す装飾を考え出したイスラムの芸術家たちは、さまざまな図形や模様を使ってさまざまなタイプの対称性を表現した。それらの図形や模様をうまくまとめて、鏡映や回転といった馴染み深い対称性、あるいは並進（へいしん）や映進（えいしん）といったもっと馴染みの薄い対称性をいくつも組み合わせた[(1)]。

アルハンブラ宮殿に用いられている模様を対称性に従って分類するとどうなるか、それを知るために、アラヤネスの中庭に見られる次頁図のようなタイリングについて考えてみよう。

アルハンブラ宮殿のアラヤネスの中庭に見られる、踊るコウモリの模様。

私はこの模様を見ると、星空を背景にして3匹のコウモリが踊っている映像が浮かんでくる。しかし真の美しさはその対称性にある。左から右へ、あるいは対角線に沿って進んで見ていけば、並進対称性を持っていることが分かる。またこの図は3回回転対称性であふれている。たとえばいずれかの星形の真ん中を中心に円の3分の1（120°）回転させても、この図は変化しない。白い六角形の真ん中や、3匹のコウモリの翼が互いに接している点についても、同じことが当てはまる。つまりこの図は、3組の3回回転対称性と、2組の並進対称性を持っている。これらの対称性の組み合わせを、数学者は $p3$ 群と呼んでいる。本書ではアルハンブラ宮殿のコウモリに敬意を表して、「3匹のワルツ」と呼ぶことにしよう。

これと同じ3匹のワルツの対称性を含んだ模様はほかにもあるし、それとは異なる対称性を含んでいて、数学的に異なる模様もあるだろう。回転や鏡映、並進や映進をさまざまな形で組み合わせることで、数学的に相異なるさまざまなパターンで彩られた無限に広いアルハンブラ宮殿、おあつらえの対称群で飾られた無数の中庭も、容易にイメージすることができる。それらのパターンを特徴づける各対称群は、当然ながら、ひとまとめに壁紙群と呼ばれている。ところがここである予想外の事実を知ることとなる。イスラム初期の芸術家たちは、壁紙群を17種類しか考えついていないのである。さほど多いようには思えない。それどころか、世界中の文化を見渡しても、その17種類以外のパターンを生み出した人は誰もいないらしい。一見したところ奇妙な話である。そもそも回転や鏡映、並進や映進の膨大な組み合わせ方をイメージできるのだから、壁紙群の種類は非常に多くて、おそらくは無限種類あると予想できそうなものだ。ではなぜ歴史上の偉大な芸術家たちは、そのうちの17種類しか取り上げなかったのだろうか？もちろん想像力が欠けていたからではない。実は数学的な美には限界が存在する。うまくつながり合ってパターンが繰り返されるような組み合わせは、17通りしか存在しないのだ。それは「数学の魔法の定理」と呼ばれるものを使って証明できる(2)。どうやらイスラムの芸術家たちの創造性は、存在しうるパターンを残らず把握できるほどに高かったようだ。

以上の話から分かるとおり、対称性というのはまさに特別な代物である。何か古い模様だけでなく、アルハンブラ宮殿の芸術作品にも、この予想外の宇宙という芸術作品にも、同じことが当てはまる。何か特別なもの、あるいは予想外のものが見つかったら、それを生み出したのは対称性であることが多い。対称性は宇宙の謎を解く鍵なのだから、実際のところそれが何なのかを押さえておくべきだろう。私の上の娘に、「対称性」という言葉を聞いて何を思い浮かべるか尋ねてみたところ、正方形という答えが返ってきた。かなり良い答えだと思う。そもそも正方形は、非常に明確に定義された数学的美しさを持っている。真ん中を中心にして90°回転させてもまったく同じに見える。また対角線や、対辺のそれぞれ中心どうしを結んだ線を軸にしてひっくり返しても、同じままである。突き詰めて言えば、これが対称性の本当の意味である。何かに自明でない操作を施しても、その操作によってその何かは変化しないということだ。たとえば人間の顔の場合、鏡映という操作を施しても、真に美しい顔であれば変化しない。アルハンブラ宮殿にある踊るコウモリのタイルの場合は、並進と3回回転がそのような操作となる。

では0についてはどうだろうか？　0を変化させないような操作はあるだろうか？　0を実数として考えたいのであれば、一つの操作として符号の反転がありえる。つまり、5を−5に、−TREE(3)をTREE(3)に変える操作である。一般的な数は符号を反転させると数直線上の違う場所に移ってしまうが、一つだけ例外がある。0だ。0の符号を反転させても0のままである。つまり0は、符号の反転のもとで対称的な唯一の実数といえる。この考え方は複素数にも拡張できる。そうすると0は、偏角を変えても変化しない唯一の複素数であるといえる。もちろん0と対称性の結びつきは、ちょっとした数学的トリックよりもはるかに奥が深い。いまから見ていくとおり、予想外の0は、この物理世界の織物に何かしらの対称性が潜んでいることを教えてくれる、自然なりの方法である。そして対称性には美しさがあるのだから、0にも美しさが存在するはずだ。

確かにそのとおりである。

だが私たちの祖先は、必ずしもそのような形で0を見てはいなかった。0にはもう一つの側面、歴史的に疑念と不信の物語が付きまとっていて、それについてもお話しする必要がある。問題は、古代の学者たちが0に空虚の深淵を見て取ったことである。無、神の不在、悪の真髄を見たのだ。哲学者のボエティウスは524年、処刑を待つ間に次のように書き遺した。

「ならば神は悪の所業を働くことができるか？」
「いいや」
「ならば悪は無である。なぜなら、悪は神の力を凌駕するが、神の力を凌駕するものは何もないからである」

ボエティウスの古めかしい考え方では、0は私の見るような美の対象ではなかった。悪魔そのものだったのだ。

無の歴史

ここからは悪魔の時間である。

ある美しい数の物語をそのまさに冒頭から綴っていって、人類の歴史に付きまとう猜疑心をかいくぐってきたその困難な旅路の真相を暴き出す時間である。ある古代文明から次の古代文明へ、メソポタミアからギリシアへ、インドからアラブへと一歩ずつたどっていって、最終的に西欧の悪魔や会計士へとたどり着く。いずれも独自の物語を持っている。中には0を讃(たた)えた文明もあるが、多くは激しく忌み嫌った。無の歴史は、現在のイラク、肥沃な三日月地帯から始まる。数の誕生とともに始まる。

6000年以上前に世界最古の文明が誕生したのは、古代メソポタミア、シュメールにおいてである。古代シュメールの都市国家ウルク、ラガシュ、ウル、エリドゥは、ティグリス川とユーフラテス川に挟まれた肥沃な農耕地帯に寄り集まっていた。ここではエジプトと同じく、散文よりも先に数学が必要となったようで、最古の記録は単語ではなく、数字を使った物品明細に相当する。別の言い方をすれば、最初に会計士が現れたということだ。0の物語では、会計士は最後にも登場する。

紀元前3000年頃からシュメールの会計士たちは、粘土板に物品明細を記録していた。パン5個と魚5匹を記録したければ、パンの絵を5つと魚の絵を5つ刻み込んだ。彼らが最初に大きな知的飛躍を遂げたのは、数える物体から数を切り離したことによる。つまりパン5個を表すのに、パンの記号と並べて、5という数を表す数字を記したということである。何か別のものを5つ表したければ、同じ数字を使って、物体の記号を魚や油壺、あるいは何でも別のものに置き換えればいいと彼らは気づいた。物体から解放された数という概念、つまり、数える対象とは独立していて、それ自体で存在する数の概念を編み出したのだ。現代の考え方にはそのような数は深く染み込んでいて、当たり前のものと受け取られがちだが、最古の文明にとっては新しくて非常に強力な知的概念だった。

このブレークスルーとともにシュメール人は、60という数を中心として、1、10、60、600、3600、36000に対応する特別な記号を使った数体系を構築しはじめた。おもに60を中心とした数体系を選んだ理由ははっきりとは分かっていない。アレクサンドリアのテオン（335-405）にまでさかのぼるもっとも有力な説によれば、60は約数をたくさん持っているからだという。理由はどうであれ、この六十進法的な考え方は現代でも残っていて、私たちは60秒を1分、60分を1時間と数えている。

この初期の数体系に面倒な決まり事は何一つなかった。目的の数になるまで記号を単純に積み重ねるだけだった。たとえば1278という数を表現したければ、600の記号を2個、60の記号を1個、10の記号を1個、1の記号を8個積み重ねる。あまり効率的ではなかった。それが一変したのは紀元前2000年頃、メソポタミアの数学者たちが次なる大きな知的飛躍を遂げたことによる。位（くらい）の重要性に気づきはじめたのだ。シュメール人とそれに続くバビロニア人は、わずか2種類の数字を用いた新たな数体系を編み出しはじめた。くさび形𒁹は本来1を表し、かぎ形𒌋は本来10を表す。しかし肝心な点として、それ自体の意味は相対的な位置によって変わってくる。例として56という数を考えよう。これはかぎ形（10）を5個とくさび形（1）を6個使って次のように表す。

$$(5\times 10)+(6\times 1)=56$$

ここまではさほど巧妙とはいえない。ではくさび形を2個、左端に移動させたらどうだろうか。

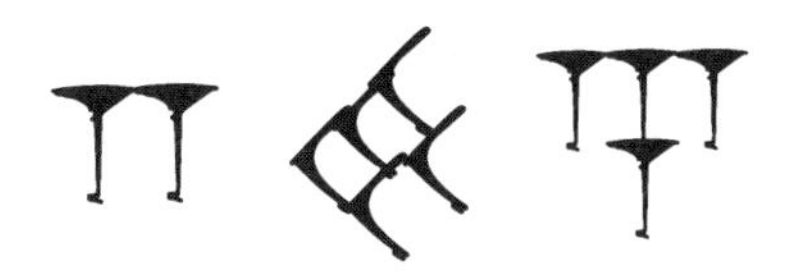

$$(2\times60)+(5\times10)+(4\times1)=174$$

バビロニア人数学者たちはそれを、1が2つでなく、60が2つであると解釈し、この数は174となる。彼らの編み出した六十進法では、数字の相対的な位置によって、60の何乗として数えるべきかが決まるのだ。もう一つ例を挙げておこう。

$$(1\times60^2)+(3\times60)+(4\times10)+(2\times1)=3822$$

それまでの歴史上もっとも巧妙な数体系である。非常に効率が良く、数を表現するのに必要な記号の個数が、位取りのおかげで大幅に少なくて済む。しかし何かが欠けていた。もっと正確に言うと、無が欠けていた。いまからその話をしよう。

古代バビロニアのある数学者が神官に呼ばれ、神殿に捧げられた供物の個数を書き留めるよう言われた。穀物が1袋。木彫が1体。象牙、絹、貴金属。それらをすべて数え上げたところ、合計で62個あった。$62=(1\times60)+(2\times1)$ なので、数学者は粘土板に次のように記号を刻み込み、神官に手渡した。

何週間か経って供物が増え、最初よりもはるかに多くなった。宝石、金、ワイン、食べ物。再び同じ数学者が呼ばれ、それらを数えて別の粘土板に記録するよう言われた。

数え終えると、尖筆を持ってきて次のように刻み込んだ。

すると神官が怒り出した。この数学者はぺてん師だという。今週の供物のほうがはるかに多いのに、記録した数はまったく同じではないか。自分をだますことなど許せない神官は、数学者の処刑を命じた。処刑台へと引きずられていく数学者は、無実を訴える。今週の供物は3602個で、確かに先週の62個よりもずっと多かった。しかし六十進法では$3602=(1\times60^2)+(2\times1)$なので、上図のとおりにしか書き表せない。神官はバビロニア社会のほとんどの人と同じく、この新たな位取り数体系の微妙な点にさほど通じていなかった。神官が見る限り、この数学者は同じ数を２回書いただけだった。神官をだまそうとしたのだ。最終的にこの数学者を救えたはずだったのは、無だけである。無とは０ということ。０が彼を救えたはずなのだ。

六十進法では$3602=(1\times60^2)+(0\times60)+(2\times1)$となるので、本当なら、１を表すに続いて$\dot{0}$を書き、最後に２を表すを書くべきである。こうすれば、$62=(1\times60)+(2\times1)$と区別できる。62は、１を表すに続いて２を表すで書かれる。しかし古代バビロニア人は単なる空白によって０を表していたし、必ずしも大きな空白を取ったわけでもない。計算の際には、あいまいな点は文脈から判断するしかなかった。神殿の数学者の悲劇から見えてきたとおり、そのような数体系は間違いを犯しやすい。2枚の粘土板を見比べた神官は、最初の記号に続くのが意味のない空白なのか、それとも意味のある0なのかを見分けられなかったのである。

古代バビロニアの位取り数体系は確かに優れた数学の一要素ではあったが、0を表す記号がなかったため、根本的に欠陥を抱えていた。そのため紀元前1600年頃までには使われなくなり、1000年以上にわたって表舞台から姿を消す。復活したのは紀元前3世紀、アレクサンドロス大王がマケドニア軍を引き連れてメソポタミアを征服してからのことである。アレクサンドロス大王は権力の絶頂期、わずか32歳のときに、バビロンのネブカドネザル宮殿で急死した。その後、血にまみれた年月のうちに帝国は分裂し、アジアの大部分を含む広大な土地は将軍セレウコスの手に落ちた。紀元前321年から、ローマに征服される紀元前63年まで続くこのセレウコス期に、メソポタミアの数学者たちは第3の大きな知的飛躍を遂げる。位取り数体系の素晴らしさを再発見して、新たに下のような重要な記号を追加したのである。

数の中にこの記号が出てきたら、その位置に応じて、60または3600の欄が空っぽであるとみなす。まさに0である。ただし独立した0ではなく、位(くらい)を明記するためのプレースホルダーにすぎない。先ほどの古代の数学者がもしこの記号を知っていたら、神官の怒りを買うことはなかっただろう。3602を次のようにもっと明確に書けたはずだ。

(1×3600)+(0×60)+(2×1)=3602

0を表すこの新たな記号によって、位取り数体系に付きまとっていたあいまいさがある程度解消された。幅広い人々には受け入れられなかったかもしれないが、古代バビロンの数学者や天文学者にはかつてない計算能力をもたらした。ただし、不思議なことに彼らは0の記号を数の冒頭または途中にしか置かず、末尾にはけっして置かなかったため、まだある程度のあいまいさが残っていた。また0が独自の地位を得ることはなく、独立した存在にはけっしてなれなかった。もともとこの記号は数でなく文の区切りとして使われていたため、実際にはおそらく、れっきとした数でなく単なる空白を表していたのかもしれない。とはいえバビロニア人は、少なくとも原始的なプレースホルダーとしての0を発明したと主張できる立場にはある。

0の発明者をめぐっては、メソアメリカのマヤ人と、そしてもちろん古代エジプト人も名乗りを上げる。マヤ人は0を貝殻の形、あるいはときには、顎に手を置いて物思いにふける神の頭部によって表現した。登場したのはおそらくバビロニアの0よりも前だったが、独立した数でもなければ、プレースホルダーですらなかった。時間の管理に関連したものであって、マヤの第0日、現代の暦で紀元前3114年8月11日からの日数、月数、年数を表すのに用いられていた。エジプト人も数の中に0を使うことはなかったが、会計の収支が釣り合っていることや、ピラミッド建設現場の地盤の高さを表すために、‘nfr’という単語を使い、𓄤という記号で表していた。古代エジプトの言語でこれは、「良い」や「完全」、さらには「美しい」という意味だった。本書でテーマにしている、対称性と美の化身としての0を強く思い起こさせる意味である。

マヤの0もエジプトの0も、おのおのの文明地域から遠くまで広がることはなかった。しかしバビロニアの0は違って、アレクサンドロスによる征服ののちに、金(きん)や、奴隷としての女性および子供とともにギリシアへもたらされた。ギリシア人は数をアルファベットで書いていた。1や2、100といったいくつかの数に対応する文字があり、それらを組み合わせて101や102といったほかの数を表していた*。しかし位(くらい)をうまく活用することはなかった。とはいえギリシアの数学者がバビロニアの数体系を発見すると、数少ない聡明なエリートはその長所に気づいたものの、誰にも教えようとはしなかった。輸入した数体系を使ってもっと複雑な計算をおこない、その結果だけをギリシアの古い形式に書き換えるようになった。バビロニアの0について言うと、ギリシア人ももちろんそれを知って、やがて$\bar{o}$という独自の記号を考え出した。現代の私たちが使っているのとおもしろいほど似ているが、おそらく単なる偶然で、この記号が西洋の古い数体系に取り入れられることはなかった。ギリシア人は数の末尾にも0を置いてバビロニアの数体系を強化したが、0を解放することはなかった。れっきとした数とみなすことはけっしてなかった。ギリシア人数学者の名声を考えると、当然その理由を知りたくなってくる。それは一つには、単に関心がなかったからである。ギリシアの数学は、目で見て認識できる長さや図形、いわゆる幾何学に支配されていたため、0の役割をなかなか見出せなかったのだ。しかしもっと深い理由がある。ギリシア人は0を蔑視して不信感を抱き、西洋もただただその態度に従ったのである。

それは哲学の問題だった。

問題の発端はエレアのゼノン[(3)]、この都市の哲学学派の中でも傑出していた。師のパルメニデスは変化の概念を否定し、私たちが目にする運動は単なる幻影であると唱えた。ゼノンはこの考え方を、競走する2輪戦車や、空中を飛ぶ矢、滝の奔流などあらゆるものに当てはめた。いずれの運動も現実ではないというのだ。もちろんばかげた話に聞こえる。多様で変化する周囲の様子を、私たちは自分の目で見ることができるではないか。しかしゼノンは一連のパラドックスを考え出し、真理を明らかにする上で私たちの感覚を信頼すべきではないことを示そうとした。そして一見しただけでは気づかないものの、中でもとりわけ一つのパラドックスに対する理解と誤解が、0と密接に結びついていた。

＊　1、2、100はそれぞれ、$\overline{\alpha}$、$\overline{\beta}$、$\overline{\rho}$と表され、101は$\overline{\rho\alpha}$、102は$\overline{\rho\beta}$と書かれた。文字の上に線を引いたのは、数を単語と区別するためである。

ここではその話に独自の手を加えて説明しよう。ギリシア神話最強の戦士アキレスが、カメと徒競走をすることになった。勝つ自信はある。アキレスはトップスピードが秒速10メートルだが、のろい競走相手がその10分の１のスピードよりも速く歩いているのを見た人なんて誰もいない。そこでアキレスはカメにハンディを与えて、10メートル後方からスタートすることにした。走り出すとすぐにトップスピードに達し、わずか１秒でカメのスタート地点にたどり着く。しかしカメはもうそこにはいない。もちろんそう遠くまでは行っておらず、１メートル進んだだけだが、実際にアキレスはまだカメに追いついていない。そこから10分の１秒でアキレスは残りの１メートルを進むが、カメは再び前に進んでいて、今度は10センチメートル先にいる。アキレスがその10センチメートルを走りきる頃には、カメはさらに１センチメートル進んでいる。これと同じことがいつまでも繰り返される。進むたびにアキレスはカメに近づいていくが、追いつくには無限回のステップが必要となる。つまりアキレスはけっしてカメに追いつけないのである。

ゼノンのこの主張に当時の人々は頭を抱えた。どう考えてもアキレスは困難を克服して、ものの数秒でカメを追い抜いてしまうはずだ。しかしどうすればゼノンの主張を反駁できるのか？　人々はステップが無限回であることに問題が潜んでいると考えた。確かにそのとおりである。しかし、無限の問題を克服するには０の数学が必要だが、彼らはそれを持ち合わせていなかった。ゼノンにとっては好都合。彼らが問題を克服できないことこそ、私たちの感覚は信頼できないことの証（あか）しである。パルメニデスの勝利だ。

ゼノンは壮絶な死を迎えた。彼の暮らしていた古代ギリシアの都市エレアは、ネアルコスという残忍な暴君に支配されていた。その暴君の打倒を画策していたゼノンは、その陰謀がばれて捕らえられ、ネアルコスと配下たちに引き渡された。ネアルコスらは共謀者の名前を吐かせようとするも、いくら拷問しようがゼノンは屈しない。ある秘密を教えてやると小声で言うので、ネアルコスは話を聞こうと、近寄って身をかがめた。するとゼノンは暴君に嚙みつき、けっして離そうとしない。そうしてそのまま刺し殺された。耳に嚙みついたという人もいれば、鼻に嚙みついたという人もいる。

それから100年後、西洋哲学の祖アリストテレスが、このゼノンのパラドックスについて考えはじめた。そして法則に基づいてこの問題に取り組み、自然界では無限という数はけっして存在しえないと断言した。ゼノンはあの競走を無限個の部分に分割しようとした。しかしアリストテレスの法則では、そのような部分はそもそも実在しようがなく、ゼノンの想像の産物にすぎない。結局のところ、実在するのは連続的な競走、カメを追い抜くアキレスの一つの連続的な運動だけである。

アリストテレスは無限という数の存在可能性こそ認めたものの、その可能性が現実になることはけっしてないと論じた。彼が何を言おうとしたのかを理解するために、あなたはチョコレートケーキを切ろうとしているとしよう。何回でも切ることができて、原理的には永遠に、無限回切るさまを想像できる。しかし現実の世界ではけっしてそこまでたどり着けない。無限に到達する可能性は受け入れられるが、無限に小さい無限個の切れ端に切ることはけっしてできないのも分かっている。別の言い方をすれば、頭の中に無限を思い浮かべることはできるが、手で無限をつかむことはけっしてできない。アリストテレスによれば、ゼノンはこの点で行き詰まってしまったのである。

0に対する現代の理解を踏まえれば、ゼノンの想像の産物とアリストテレスの言う連続性との隔たりを橋渡しすることができる。ポイントは、ステップが無限回だからといって自動的に無限の時間が経過するわけではないことである。ステップがどんどん短くなっていって、ステップの番号が無限大に近づくにつれて長さが0に近づいていけば、有限の時間で済むこともある。ゼノンのパラドックスをもっと詳しく見てみると、アキレスは１番目のステップを１秒後に終え、２番目のステップを1.1秒後に終え、３番目のステップを1.11秒後に終え……というように、増加分がどんどん小さくなっている。この結果を無限番目のステップまで延長すれば、全体でかかる秒数は、1.111...と1が永遠に繰り返される数になる。数学的にはこれは1+1/9に等しい[4]。パラドックスは解消された。アキレスは単にカメを追い抜くだけでなく、たった2秒以内に追い抜いてしまうのだ。

アリストテレスを始めギリシアの哲学者たちは、0を適切に理解していなかったため、この解決法にはいつまで経っても手が届かなかった。それどころか、ゼノンのパラドックスが完全に理解されるまでには2000年以上の歳月を要した。それに関してはアリストテレスに一部責任を取ってもらわなければならない。無限の否定を始めとした3つの観念を彼が示したことで、西洋思想には0に対する根深い不信感が生まれたのである。無限を否定したアリストテレスは、アキレスの競走における極限である、0にきわめて近い短いステップ、無限小をも否定したことになる。しかし3つの観念の2つめではさらに踏み込む。空虚、空っぽの空間、無の本質を否定したのだ。中世の思想家にとって、アリストテレスの著作を学ぶことは0を否定することに等しかったのである。

このような事態に至ったのは、物質を際限なく分割することはできないと考えるライバルの哲学者たち、いわゆる原子論者と、アリストテレスがいがみ合っていたからにほかならない。原子論者の主張によれば、物質は分割不可能な微小な部品、「原子」からできていて、無限の空虚の中でその原子が戯れているのだという。そこからゼノンのパラドックスに対する彼らなりの解決法が導き出される。物質を永遠に分割できないのであれば、ゼノンが競走を、どんどん小さくなっていくステップに分割することもできないではないか、というのだ。原子論者のこの見方は、アリストテレスの見方とまったく噛み合わない。アリストテレスの考えによれば、物質は連続的な単一の流体であって、それが収縮したり膨張したり、あるいは土、水、気、火という四元素のあいだで変化したりする。また彼の宇宙モデルは、共通の中心を持ついくつもの球体に分割されている。中心に位置する地球に人間が暮らしていて、その外側にある天球では月や太陽、惑星や恒星といった天体が輝いている。地球は変化して堕落しがちな領域で、さらに4つの層に分けられる。中心から土、水、気、そして最後に火の層である。物質はある形態から別の形態に変化することができる。冷たくなって乾くと土に変わり、冷たくなって湿ると水、熱くなって湿ると気、熱くなって乾くと火に変わる。物質は形態を変えながら４つの層のあいだを行き来し、最終的に自然な場所に落ち着く。土は中心に落ち、火は外側へ昇っていく。

アリストテレスの宇宙に空虚は必要ない。しかし原子論者の宇宙には、原子が動き回るための空虚が必要だった。そこでアリストテレスは空虚の概念を排除しようとした。手始めに、塊状の物体がどうやって落ちていくかを考えてみた。そうして、水のような密度の高い媒質の中では、密度の低い媒質の中でよりもゆっくり落ちることに気づいた。また、空気中を落ちる石と羽根について考察し、重い物体は軽い物体よりも速く落ちると主張した。その上で、物体の落下スピードは次のような単純な比に比例すると結論づけた。

$$\frac{\text{物体の重さ}}{\text{媒質の密度}}$$

すると空虚はあからさまな問題を引き起こす。空虚は密度が０なのだから、あらゆる物体が空虚の中を無限のスピードで突進して、原子のあいだの空間が無限に短い時間で埋め尽くされてしまうことになる。だがそのようなことが起こるはずはないのだから、空虚は存在しえない。もちろん石が羽根よりも速く落ちるのは、重さのせいではなく空気抵抗のせいである。そこがアリストテレスの論法の弱点だったが、それはたいした問題ではなく、原子論にダメージを与えることはできた。アリストテレスとその信奉者にとって、空虚は存在しない。無限もけっして存在しないし、０もけっして存在しないのだ。

なぜこのような考え方がこれほどまでに生き長らえたのか？　中世ヨーロッパの学者たちの心には、アリストテレスの主張の何がそこまで響いたのだろうか？　それはアリストテレスの３つの観念の３つめ、神の存在証明である。その前提となるのは天球で、これはエーテルと呼ばれる第5の元素からできている。エーテルは地上の四元素と違って、形態が変化せず不滅である。地上の層から外側に向かってエーテル層が何層にも広がっていて、それぞれ互いに異なる速さで回転している。月の層、太陽の層、そしてさまよう星々、各惑星の層がある。これらをすべて取り囲む一番外側の層では、永遠の暗黒の中にまたたく光がちりばめられている。それらの恒星は、物質世界の端のところを一体となって運動している。ではその運動はどうやって生じているのか？　天界の交響曲を指揮しているのはいったい何なのか？　アリストテレスの主張によれば、何かが運動するためには、別の何かがその運動を引き起こさなければならない。たとえばそれぞれの球体が、そのすぐ外側の球体によって動かされているとしよう。月の球体が水星の球体によって動かされ、水星の球体が金星の球体によって動かされ、という具合である。しかしもしそうだとしたら、恒星からなる一番外側の層はどうなるのだろう？　誰がそれを動かしているのか？　アリストテレスは、その運動は物質世界の外からもたらされると主張した。「第一原動者」、要するに神からもたらされるというのだ。

西洋世界に浸透しつつあるキリスト教がこの哲学に惹きつけられたのも当然である。アリストテレスが証明したのは非宗教的な神の存在だったが、聖トマス・アクィナスなどのキリスト教徒はここぞとばかりにそれを自分なりの証明として取り入れた。アリストテレスの宇宙モデルを受け入れて、原子論者を支持することは神の存在を否定することに等しいと考えるようになった。空虚を否定し、0を否定したのである。

だが0の物語は終わらなかった。太陽と同じように、0も東から顔を出す。本当なら「シューニャ（空(くう)）」の登場と言うべきだろう。サンスクリット語で0を表す単語だが、空虚も意味する。異端を恐れるキリスト教徒と違って仏教徒は、自らの精神性の中核をなすものとして空虚を受け入れた。空虚の中の空虚は「シューニャーター」という。仏教徒は瞑想の力を通じて、空虚の中に自らを解放しようとする。同様の考え方は、ヒンドゥー教やジャイナ教など、東洋のほかの宗教にも見られる。

一説によると、0はアレクサンドロスの征服以後にバビロニアからインドに伝わったという。また別の説によると、シューニャーターを種(たね)として独自に芽生えたという。真相は分からない。分かっているのは、インドが現代の0の原型をもたらしたということである。インドで姿を現した記号が何世代にもわたって受け継がれ、私たちが現在見ている円形の文字にたどり着いたのだ。しかしもっと重要な点として、ここインドで0はようやく自由の身になった。

第1千年紀の中頃、インド人は現代の私たちのものと非常に似た数体系に切り替えた。バビロニア人と同じように位(くらい)をうまく活用したが、ただし六十進法でなく十進法だった。数体系が切り替えられたのは詐欺を防ぐためだったが、それがいつ起こったのかは定かでない。初期の文書の多くは法律文書で、特定の個人に土地を与えたことを証明するものだった。のちに昔ながらの土地の所有権に関する証拠として用いられたため、日付が改竄(かいざん)されることもしばしばだった。

後世になってから、それを都合良く受け止めて、インド数字の概念が誕生したのは9世紀になってからだったと唱える人たちが現れた。それよりも古い日付が記された文書は、改竄されたものとして無視したのだ。勘違いも甚(はなは)だしいこの見方は、20世紀初めの著名なイギリス人東洋学者ジョージ・R・ケイに端を発する。ケイには邪悪な狙いがあった。インドを忌み嫌っていて、数学の世界におけるヨーロッパの優位性を証明しようと心に決めていたのだ。そこで初期のインドの文書を無視することで、現代の数体系はインドで発明されたのではなく、ギリシアかアラビアからインドに持ち込まれたのだと主張した。残念ながらケイのこの説はイギリス人学者のあいだで支持を集め、多くの人は東洋に対する偏見で学術的判断を曇らせたのだった。

いまではケイの見方は広く否定されている。一部の文書に疑問を抱くのはかまわないが、すべての文書に誤った日付が記されているなどというのは考えにくく、いまではほとんどの学者が、現代の数体系は5世紀にインドで生まれたという意見で一致している。そこには0も含まれる。0の祖先をたどっていくと、1881年に現在のパキスタンにあるバクシャーリーという村で小作人が発見した、何枚かのカバの樹皮の切れ端にさかのぼる。そこには、平方根や負の数を計算する方法といった数学の文章に加え、一連の数字が記されており、そのうちのいくつかはいまでも何の数字かがほぼ分かる。

バクシャーリー文書に記されている数字のリスト。

0は点で表されていて、これが私たちの目にする円形の数字の直接的な祖先である。バクシャーリー文書がいつ書かれたかについては、大きな混乱が見られる。ケイは偏見に基づいて、12世紀より前のはずはないと唱えたが、それよりもはるかに古いのは明らかだ。文章解析によると、さらに古い文章、おそらくは3世紀の文章の写しかもしれないという。バクシャーリー文書はオックスフォード大学のボドレー記念図書館に収められていて、論争に決着をつけるべくそこから3つのサンプルが炭素年代測定に掛けられた。結果は出たものの、各サンプルの年代がそれぞれ、紀元224年〜383年、680年〜779年、885年〜993年と、相異なる時代を指している[5]。

最終的に0を自由の身にしたのは、偉大なインド人数学者・天文学者のブラフマグプタである。628年に彼は著作『ブラーマスプタシッダーンタ(正しく確立されたブラフマーの教義)』を著した。その中で負の数を扱い、その上限をシューニャととらえた。そして足し算と引き算、掛け算と割り算の意味について考えはじめた。3－4が数だとしたら、3－3が数でないはずはない。ブラフマグプタは0を真の数、単なるプレースホルダーでなく、数学というゲームにおける真っ当なプレイヤーとみなしたのである。演算の規則は単純。何らかの数に0を足したり、そこから0を引いたりしても、同じ数のまま。0を掛けると0になる。そして0で割ると……。何から何まですっきりとはいかなかったようだ。

ブラフマグプタはこの新たな数で割り算をしようとしたことで、さまざまな問題を引き起こしていった。たとえば0÷0は0であると定めたが、それは必ずしも正しくない。それがなぜかを理解するために、一卵性双生児のきょうだいがいたとしよう。2人とも身体が小さくなる薬を飲んで、突然背が縮みはじめた。一瞬にして背が半分に、さらに半分に、さらに半分にと永遠に縮んでいって、最後には身長が0になってしまう。2人ともまったく同じ割合で縮んでいくので、2人の身長の比はつねに1である。この値はけっして変化しないのだから、無限の未来に達して2人とも0に縮んでも、この比はやはり1のはずだ。ということは、0÷0は1でいいのだろうか？　これもまた必ずしも正しくない。もしも同じ薬を巨人とこびとが飲んだらどうなるだろう？　最初、巨人の身長はこびとの10倍であって、またどちらも同じ割合で縮んでいくので、2人の身長の比はつねに変わらない。10のままである。先ほどと同じ論法に従えば、0÷0は10と結論づけられるかもしれない。しかし先ほど、その値は1であると証明したばかりではないか。実はどんな値にもなりえる。0にも1にも、10にもTREE(3)にも、さらには無限大にもなりえる。0と0の比はそもそも明確に定義できないのだ。非常に小さい2つの数の比を取って、それらの数をどんどん小さくしていったときの極限を調べることはできる。それは数学的に完全に理にかなっているが、いま見たとおりその最終的な答えは、どのようにして極限に近づいていくかによって変わってくる。0÷0は、それらの0がどこからやって来たかを示さない限り意味を持たない。除数に対して被除数をどのくらいの速さで0に近づけていったかによる。

1÷0となったら、ブラフマグプタもあきらめてしまった。無理もない。12世紀に同じく天才インド人バースカラーチャーリヤが、このような割り算からは「カハラ」（無限）が出てきて、それは全能の神ヴィシュヌと同じく不変であると記している。それから800年後、0での割り算はアメリカ軍の戦力を削ぐこととなる。1997年9月21日、ヴァージニア州のチャールズ岬の沖合に停泊する1万トン級のミサイル巡洋艦、ヨークタウン号のコンピューターシステムの奥深くに0が潜んでいた。そしてたった一度の割り算によってネットワーク全体をダウンさせ、船は推進力を失って無力となった。実名で告発した大西洋艦隊所属の技術者トニー・ディジョルジオによると、ヨークタウン号はノーフォーク海軍基地に曳航され、2日間にわたって活動を停止したという。大西洋艦隊上層部はそれを否定したが、0での割り算によって同艦が海上で3時間近くにわたって航行不能となったことは認めた。ブラフマグプタが気づいたとおり、0は単なる数かもしれないが、何をするにしても、とくに敵が迫ってきているときには、0で割り算をしてはならないのだ。

自由の身となった0は、世界中に手を広げることとなる。5世紀初め、ブラフマグプタが代表作を完成させようとしていたちょうどその頃、預言者ムハンマドが信者たちに、メッカ巡礼の準備をするよう命じた。そうしてイスラム教が中東一帯に広がりはじめた。それから何百年かにわたって拡大を続け、西はスペインから東は中国にまで達する強大な帝国が築かれた。その繁栄を支えたのは、血管のように張りめぐらされた交易路。そこを通って商品だけでなく思想も伝わった。宗教はもちろんだが、数学もである。

その学問の世界の中心地が、バグダッドにあった知恵の館である。イスラムの代々のハリーファ（首長）は、知識の重要性を認識していた。そこで学者たちを遠征させて、帝国の隅々から文書を集めさせた。とくに力を注いだのが、9世紀初め、アッバース朝のハリーファの中でももっとも学識のあったアル＝マアムーンである。彼の治世の間に知恵の館は発展し、それまでで世界最大の学問の拠点となった。そこに属する学者の一人に、ムハンマド・イブン・ムーサー・アル＝フワーリズミーという名前の聡明なペルシア人数学者がいた。方程式の数学的解法をまとめた著作『アル＝ジャブル』で有名で、このタイトルから‘algebra’（代数学）という単語が生まれた。数学史上もっとも重要な学術書の一つである。古代ギリシア人のこだわった幾何学に代わって、手の込んだ数式の変形が用いられている。問題が方程式に置き換えられ、答えがその方程式の根となり、代数学という魔法がそれらをすべて結びつけたのである。

アル＝フワーリズミーの著作が登場した頃、インドではすでに0を点でなく円で表すようになっていた。アラブ人が0を始めとしたインド数字を知ったのは、その50年ほど前の773年、インドのシンドー州の使節団がバグダッドにやって来て、ハリーファ、アル＝マンスールの宮廷を訪れたときのことである。その際に、ハリーファへの贈り物としてブラフマグプタの著作を携えてきていた。それから数十年後にこの本を読んだアル＝フワーリズミーは、すぐさまその重要性に気づいた。そして0を含めインド算術の法則を取り入れはじめ、加減乗除の筆算の方法を開発した。実は「アルゴリズム」という単語は、アル＝フワーリズミーをラテン語に転訛した'algorismus'から来ている。現在使われている数字はインドが起源だが、

デリーの南およそ400キロメートル、グワーリオルにあるチャタールプル寺院に9世紀に刻まれた碑銘には、270という数が容易に読み取れる。

アル＝フワーリズミーの功績があまりにも大きかったために、いまでは一般的にアラビア数字と呼ばれている。彼はインドの珠玉の原石を拾い上げて磨き上げ、高く掲げたその宝石のまばゆい輝きが、イスラム世界一帯に、そしてさらに広く行き渡ったのだった。

アル＝フワーリズミーは0を表すのに「シフル」という単語を使った。これが今日使われている「ゼロ」の語源である。シフルはサンスクリット語のシューニャの直訳で、アリストテレスの教義と大きく矛盾した概念、空虚を意味する。イスラム教徒も間違いなく、アリストテレスと、彼による神の存在証明のことを知っていた。ではなぜシフルを拒絶しなかったのだろうか？　西洋と違って0を咎（とが）め立てなかったのはなぜだろうか？　実はアリストテレスに疑念を抱きはじめた人たちがいたのだ。10世紀に入った頃、イスラム神学の新たな学派が発展を始めた。その始祖でスンニー派教徒のアル＝アシュアリーは、アリストテレスを否定して、その宿敵だった原子論者を支持した。自然界のあらゆる事柄に神の全能性を当てはめようとする、自身の過激な思想、偶因論に合致していたからである。偶因論では、ボールが跳ねることから人間の思考まで、すべての出来事は神によって引き起こされると考える。時間は一連の出来事へと分割され、それらの出来事の一つ一つが神の意志である。物質は原子へと分割され、それらの原子はこれらの出来事に翻弄される。飛び飛びのどの瞬間にも、神は意志を持って新たな出来事を引き起こし、原子はそれに従った配置を取る。ある意味、量子力学にも通じる思想である。原子の運動は決定論的ではない。アシュアリー派神学では原子の運動は神の意志によって定まり、量子力学ではそれは測定によって定まる。

アシュアリー派神学者の中でももっとも有名なのがアブー・ハーミド・アル＝ガザーリー、100年に一度現れてイスラム教徒の信仰を取り戻す革新者、ムジャディドの一人と広くみなされた人物である。アル＝ガザーリーは教えの中で、アリストテレスの思想を始め、神の全能性を否定する同様の思想を厳しく批判し、そのような思想を信じる者はみな処刑すべきであると言い切った。彼の影響力はあまりにも強く、中世イスラムの自然哲学を終焉へと導いて、宗教上の強硬路線を敷いた。それでもアル＝ガザーリーは、原子論者と、原子のあいだに広がる空虚の概念は受け入れて、シフルの発展する余地を与えた。どうやら0はアッラーに認められたようだ。

８世紀に入ってからわずか７年後、ウマイヤ朝がイベリア半島を容赦なく侵略した。そしてアル＝アンダルスと呼ばれる支配地域を打ち立て、イスラムの知識が西欧に流れ込む道筋を開いた。とはいえ、事はけっして容易ではなかった。キリスト教世界とイスラム教世界のあいだでは、778年にカール大帝がスペイン北部を侵略したり、11世紀と12世紀、13世紀に東方十字軍が侵攻したりと、たびたび争いが繰り広げられた。その大部分の期間にわたってキリスト教徒はローマ数字を使いつづけ、異端的な０にはほとんど関心を示さなかった。アリストテレスと、彼による空虚の否定、そして彼による神の存在証明を信じ切っていた。そこに０が切り込んでいった。彼らの信仰に挑んだのである。

潮目が変わりはじめたのは12世紀末に近づいた頃、ピサ出身の税関吏グリエルモ・ボナッチオが、地中海沿いのアルジェリアの町ベジャイアに派遣されたときだった。グリエルモは息子レオナルドも一緒に連れていくことにした。アラブ世界はさまざまな学問が混ざり合って活気づいており、息子には少なくとも算盤の使い方くらいは身につけさせるつもりだった。しかしレオナルドはもっとずっと多くのことを吸収する。アラブの数学とインド数字に心を奪われ、その熱意こそが彼の名を永遠に残すこととなる。あなたも別の名前であれば聞き覚えがあるかもしれない。

フィボナッチである。

そう呼ばれるようになったのは手違いによる。自著に‘filius Bonacci’（ボナッチオの息子）と署名したのだが、のちの学者がそれを姓と勘違いしてFibonacciと決めつけてしまったのだ。生前にフィボナッチと呼ばれることはけっしてなかった。ビゴッロと呼ばれていて、これはおそらく旅人という意味である。まさにふさわしいあだ名で、フィボナッチはシチリアやギリシア、シリアやエジプトとあちこちを放浪しては、行く先々で知識を集めた。13世紀に入って30歳になった頃、身を落ち着けようとピサに戻って、代表作の執筆に取りかかる。そして２年後の1202年、『算盤の書』を世に出す。代数学や算術、商業数学、そして彼が非常に高く評価した驚きのインド数字など、アラブ世界で学んできた数学について記した書物である。最初の章の冒頭には次のように書かれている。

> インドの数字には次の９種類がある。
> ９，８，７，６，５，４，３，２，１
> この９種類の数字と、アラビア語でシフルと呼ばれる記号０を使えば、どんな数でも書くことができる。

呼び分けていることに注目してほしい。フィボナッチは０を「記号」と呼んで、ほかの９種類の「数字」とは区別している。０を解放したあのブラフマグプタの著作はもちろん知っていたはずだが、その０を残りのインド数字と同列に扱う気にはなれなかったのだ。あまりにもほかと違っていたからである。十分に理解はできたものの、この数に対してはいまだに神経を尖らせていたに違いない。しかし結局のところ、それはたいした問題ではなかった。この瞬間、０と残りのインド数字は防御ラインを突破した。キリスト教世界に足を踏み入れたのである。

フィボナッチのこの著作の大部分は商業数学に割かれていて、東洋のアルゴリズムを使って収益や利子を計算したり、通貨を換算したりするという内容である。明らかに役に立つものだったが、ヨーロッパの商人はなかなか取り入れようとしなかった。多くの人はいまだにローマ数字を好んで用い、計算には算盤または、ビーズや小石を並べたカウンティングボードを使っていた。そうして、昔ながらの簿記の方法にこだわる「アバシスト」（算盤を用いる人）と、東洋の数学の計算力を受け入れた「アルゴリスト」のあいだで争いが始まった。

世間の人も支配層も、東洋から持ち込まれたこの神秘的な方法を信用しなかった。1299年にフィレンツェでは、詐欺を防止するという理由からインド数字の使用が禁じられた。確かに0は簡単に6や9に書き換えることができてしまう。しかし禁止されたからといって、アルゴリストが思い留まることはなかった。ひそかにインド数字を使いつづけ、アル＝フワーリズミーの精神を呼び出しては計算をおこなった。当初彼らは、礼拝よりもアルゴリズムに時間を割く、キリスト教徒にあるまじき連中として見下されていた。しかし世の常として、商業的な必要性がものをいいはじめ、支配層も大目に見るようになる。0、そして残りのインド数字は、あまりにも強力で無視できなかった。繁栄するのは必然だった。

教会でさえ変わろうとしていたようだ。13世紀にパリの司教たちが一連の宣言書の中で、破門に相当する異端的な教義を列挙した。そのリストには、神の存在証明によって聖トマス・アクィナスを始めとした人たちを鼓舞したあの人物、アリストテレスの言葉も含まれていた。数百年前にイスラム教徒が感じたのと同じように、司教たちはアリストテレスの思想を、神の全能性に異議を唱えるものととらえはじめたのである。1277年の宣言書で司教エティエンヌ・タンピエは、天空の各層は運動しているのかどうかという疑問を取り上げた。アリストテレスによれば、直線的に運動することはけっしてありえないという。もしも直線的に運動したら、その跡には空虚で満ちた真空が残ってしまうが、空虚は絶対に存在しえないからだ。タンピエにとってこの思想は明らかに異端だった。神は自ら望んだことを何でもできる。天空の各層も思いのままに運動させられるはずだ。真空を生み出すことさえできるはずだ。そうでないと言い切るアリストテレスはいったい何様なのか？

キリスト教哲学におけるアリストテレスの影響力はさまざまな点でいまだに強かったが、その影響力も衰えはじめようとしていた。キリスト教徒が空虚を受け入れられるのであれば、0も受け入れられるはずだ。しかし後戻りできない変化を引き起こして、0を受け入れさせたのは、パリの司教たちではなかった。会計士たちである。

彼らは複式簿記を発明した。

ある意味、0の歴史の結末としては少々物足りないが、それでもこうして0は勝利を収めた。複式簿記は、複雑さを増す商取引に対処するために導入された。複式簿記を使用した最古の記録は、1340年、ジェノア共和国の大蔵省のものである。複式簿記のシステムは単純だが良くできている。ある列で貸方を、別の列で借方を集計すると、すべて辻褄が合っていれば両者の差は0になる。アルゴリストの強みが発揮されるシステムで、正の数と負の数が、解放された0を中心として釣り合う。1494年、会計学の祖であるフランシスコ会修道士のルカ・パチョーリが、実用数学に関する名高い教科書の中でその方法をまとめ上げた。そして借方や貸方、さらには勘定の釣り合いと、あらゆる事柄に数を紐付けた。もはや理にかなった異論を差し挟む余地はなくなった。0の勝利は明らかだった。衝撃を与えたり、宗教的理想を力で転覆させたりしたのではなく、勘定を合わせなければならないという商人の必要性とともに、ひそかに勝利を収めたのだ。

0は対称的である

0とは何か？　昔の人たちは空虚、空っぽと言った。西洋では神の不在として呪われ、東洋ではその静謐(せいひつ)な完全性ゆえ尊ばれた。あなたならきっと、1や2、あるいはグラハム数と同じただの数だと言うだろう。ならばこう問いただすほかない。数とは何か？　古代シュメール人が数を解放する以前には、パン5個や魚5匹、油壺5個といったように、数は何か別のものと合わせて考えられるだけだった。それが一変したのは、シュメール人がこれらのものの集まりどうしに共通点を見出して、5という数を解放したことによる。数と、その数で数えられるものとの結びつきは、容易には断ち切れない。パンの数を表す5と魚の数を表す5は、本当に同じものなのだろうか？

この疑問が本格的に浮上してきたのは19世紀末、心を病んだドイツ人ゲオルク・カントルを始めとする数学者が、ものの集まり、集合について考えはじめたときだった。「無限」の章で話すとおり、集合論は、カントルが信仰心ゆえ無限に足を踏み入れ、無限に折り重なる天国へと昇っていこうとしたことから発展した。しかし最初に集合論を使って、0、1、2、3などのふつうの数、私たちがふだん「自然数」と呼んでいる数について考えはじめたのは、同じくドイツ人のゴットロープ・フレーゲである。

パン5個の集合と魚5匹の集合について言うと、明らかにこの2つの集合は非常に単純な形で結びついている。一個一個のパンをどれも1匹の魚とペアにすることができ、一匹一匹の魚をどれも1個のパンとペアにすることができる。このすっきりした関係性を数学では、1対1写像、または「全単射」という。1対1写像は、パン5個と、油壷5個やアメリカ大統領5人、あるいはボーイズバンドの5人のポップスターとのあいだにも見出せる。5つの要素を持つ集合はすべて結びついている。では、集合論によって5という数を表すには、そのうちどの集合を使うべきなのか？　フレーゲは、その中に特別な集合は一つもないと感じて、次のように唱えた。5という数を選び出す場合、5人のアメリカ大統領を、パン5個など、5つの要素を持つほかのどの集合よりも優先して選ぶ理由はどこにもない。外交問題に発展しないよう、5という数はこれらの集合をすべてひとまとめにしたものであると定めたのだ。要するに5という数は、5つの要素を持つすべての集合からなる集合なのだ！

この形式で0を見つけることもできる。要素を一つも持たないすべての集合からなる集合である。要素を一つも持たない集合とは何か？　そのような集合は一つしかない。空(くう)集合だ！　これは完璧に理にかなった概念である。たとえば、素数である平方数の集合とか、ネコであるイヌの集合として、空集合を定義すればいい。

フレーゲはこの新たな集合論の言語に基づいて算術の基礎の構築を始めたが、著作の第2巻が印刷に回されたところで、衝撃的な出来事に見舞われる。博学のイギリス人哲学者バートランド・ラッセルから一通の手紙が届いたのである。ラッセル本人と同じくその手紙も強烈な輝きを放ち、フレーゲの研究全体をたった一撃で破壊してしまった。フレーゲの理論は、ある特性を持ったすべての集合からなる集合というものを、どんなときでも考えることができるという仮定に基づいていた。その仮定のおかげで何も気にせずに、５つの要素を持ったすべての集合からなる集合を使って５という数を表し、10個の要素を持ったすべての集合からなる集合を使って10という数を表すことができた。しかし、そのように無頓着な方法で大きい集合を定義することには、危険がはらんでいる。ラッセルは問いただした。「自分自身を含まないすべての集合からなる集合ではどうなるのか？」

ラッセルが何を言おうとしていたのかを説明するために、私の知っているジュゼッペという理髪師の話をさせてほしい。ジュゼッペは、自分でひげを剃らないすべての人のひげを剃ることで生計を立てている。初めてそれを知ったとき、私は不思議に思った。ジュゼッペのひげは誰が剃るのだろう？　自分で剃るのだろうか。いや、そんなはずはない。ジュゼッペは自分でひげを剃らない人のひげしか剃らないのだから。ということは、ジュゼッペは自分でひげを剃らないことになる。しかしそれもおかしい。自分でひげを剃らないのであれば、ジュゼッペにひげを剃ってもらっているはずだ。

でも自分がジュゼッペじゃないか！

ラッセルがフレーゲに投げかけた疑問も、これと非常に似た爆弾を抱えていた。ラッセルはフレーゲの理論にダメージを与えながらも、その一部を復活させてこのパラドックスを回避しようとした。フレーゲとほぼ同じように、ある大きさの集合をすべて集めたものとして、数を考えつづけた。しかしそうした集まりを、れっきとした集合としてみなすことはできなかった。実は、集合を使って自然数を考える、もっとずっと単純で簡潔な方法があって、その方法はある特定の数に基づいている。０である。

ではどんな集合を０とみなすべきだろうか？　すでに明らかにしたとおり。それはもちろん空集合、要素を一つも持たない集合である。それを空っぽの箱にたとえて考えてみると都合がいい。ほかの数を作りたかったら、空っぽでない箱が必要となる。１という数であれば、箱に１個の物体を入れる。ではどんな物体を入れるべきか？　この段階で目の前にある物体は、0に相当する空っぽの箱だけだ。そこで、その空っぽの箱を新たな箱に入れて、それ全体を「1」と呼んだらどうだろう。集合論の言語で言えば、1は空集合を含む集合ということになる。次に2はどうなるのか？　2という数を表す箱を作るには、その中に2つの相異なる物体を入れなければならない。すると都合良く、目の前には2個の物体がある。0とみなした箱と、1とみなした箱だ。そこでこの両方の箱を新たな箱に入れて、それ全体を「2」と呼べばいい。つまり2は、0を表す集合と1を表す集合からなる集合である（次の図）。

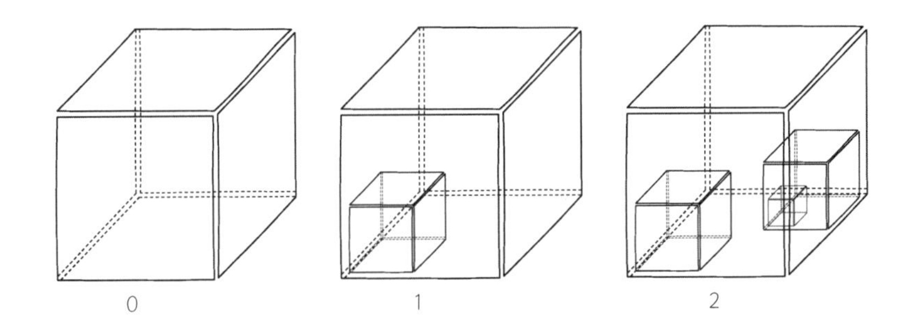

自然数を構築する。0は空集合、この図では空っぽの箱で表している。1は空っぽの箱を入れた箱。2は0と1を入れた箱。以下同様。

この先も同様に進めていくことができる。3は0と1と2からなる集合、4は0と1と2と3からなる集合、と続いていき、TREE(3)やTREE(TREE(3))をはるかに超えて、すべての自然数がそれぞれ固有の集合と対応づけられる。ジョン・フォン・ノイマンやエルンスト・ツェルメロといった数学者は、このような集合のダイナミクスの奥深くに数と算術の基礎を見て取った。こうして0は、空集合、何も含まない集合へと姿を変えた。そしてその種（たね）から、すべての自然数の木が育ったのである。

この見事な抽象的からくりの中に0を見つけられるわけだが、では0は本当に実在するのだろうか？　それについては意見が一致していない。プラトン主義者は0もほかの数と並んで実在すると主張するが、ただし空間と時間の外側、抽象的な意味にすぎないという。唯名論者はもっと現実的な見方を取る。数は、パンや魚、油壺など、現実世界に見られる物体を数えるためのものとして存在するにすぎないと考えていて、物体から独立した数の存在は否定する。そして虚構主義者は、数の存在をいっさい否定する！　私はどうかというと、数の存在を信じている。空集合という抽象的概念に0を見て取り、空集合に対称性を見て取っている。

それはなぜか？　無について説明させてほしい。

無（nothing）と空（Nothing）は区別する必要がある。空は絶対的な概念であって、こちらのほうがはるかに理解しづらい。リンゴやオレンジ、空気の分子、さらには物理法則など、何かを取り去ることで作り出せるものと考えてはならない。真空を作ることはできるが、空を作り出すことはけっしてできない。真の空を何かから得ることはできないし、何かになる可能性も秘めてはいない。空に何かをすることはけっしてできない。もしも空が存在して、それを認識する方法が分からないのであれば、私たちは空から断絶していると考えるほかない。

しかし、いま本当に知りたいのはそういうことではない。私たちが知りたいのは、もっと弱い意味の無（nothing）である。それは私たちから断絶してはいない。ものを取り去っていけばたどり着くことができ、それを通じて無は0の対称性とつながってくる。たとえば山と積まれたリンゴがあったとして、そのリンゴを取り去っていったら、最終的にリンゴは0個になる。オレンジや空気の分子、さらには恐竜の骨でも同じことができる。この弱い意味での無は、絶対的でなく相対的な概念である。しかし私たちにとって重要な点は、0個のリンゴと0個のオレンジを区別できないことである。どちらも空集合と、つまり無と同じものである。0、すなわち無とは、ある意味、単位を変えても変わらないものであると言うことができるだろう。0個のリンゴ、0個のオレンジ、0本の恐竜の骨、これらの違いを見分けることはできない。0のもとではすべてのものは等しい。要するに、0は対称性、無の対称性である。

0と対称性のあいだのこの結びつきは、単に数学や哲学だけの話ではない。この宇宙の織物に編み込まれていて、宇宙の物理法則を根底から支え、素粒子の押し合いへし合いを司（つかさど）っている。このあと見ていくとおり、エネルギーが生成したり消滅したりしないのも、光が光速で伝わるのも、この結びつきが原因である。20世紀でおそらく最大の発見は、この宇宙が大量の対称性に満ちた宇宙であるということだ。0に満ちた宇宙である。

0を探す

2020年春、コロナウイルスの蔓延を防ぐためにイギリス政府が全国規模のロックダウンを宣言すると、私と妻は2人の娘を自宅で代わるがわる教えることになった。たいていは学校の学習計画を無視して自由に進めた。妻は娘たちが生態系について学べるよう、ミニ生物圏の作り方を教え、私はプログラミング言語Scratchでちょっとしたコンピューターゲームを作る手助けをした。もちろんあまりにもカリキュラムから逸脱することはできなかったため、ときには先生から送られてくる教材を片付けさせた。そんなあるとき、下の娘が私と一緒に対称性について学びはじめた。

娘にさまざまな図形を渡して、鏡映面がどこにあるかを答えさせた。たとえば正方形であれば、対角線と、対辺のそれぞれ中心どうしを結ぶ線を答えなければならない。ここで私は、ほかに何か対称性を見つけられるだろうかと質問してみた。学校では鏡映対称性しか教わっていなかったため、娘はしばらく戸惑っていた。だがいくつかヒントを与えてやると、正方形を回転させはじめ、4分の1回転（90°回転）させても最初とまったく同じに見えることに気づいた。さらに同じことを、正五角形を5分の1回転（72°回転）させたり、正六角形を6分の1回転（60°回転）させたりしておこなった。この時点で私の器用さが追いつかなくなったが、娘はすでに理解していた。これらの図形はいずれも、それぞれ回転角の異なる特別な回転対称性を持っている。このような回転対称性と鏡映対称性は、自明でない形で何かを大きく動かしても変化しない、「離散対称性」の例である。

自然界そのものも、その何かになりうる。自然界の離散対称性を見つけ出すには、ミクロの世界を深く覗き込んで、それに対応する0を探す必要がある。一つ考えられるのが、すべての粒子をそれらの反粒子に置き換え、すべての反粒子をそれらの粒子に置き換えた場合の対称性である。ではその対称性は自然界に存在するのか？　もしも存在するのであれば、0が存在しているはず。つまり、この宇宙における粒子の個数と反粒子の個数の差は0であるはずだ。しかしその差は0ではない。粒子はおよそ10^{80}個見られるのに、反粒子は数えるほどしかない。それはとてつもなく幸運なことである。もしも粒子と反粒子の個数が等しかったら、ビッグバン直後に対(つい)消滅して姿を消し、跡には放射の海と死んだ宇宙が残されていたはずだ。この宇宙がなぜどのようにしてこの思いがけない幸運をもたらしたのか、自滅を招く物質と反物質の対称性をなぜ破ったのか、それはいまだに分かっていない。

ロックダウンに乗じた対称性の授業で正方形や正六角形の離散対称性について話をし終えたところで、私は円を一つ描いて娘にこう質問した。この円の形が最初と同じになるようにするには、何度回転させたらいいだろうか？　答えはもちろん、何度でもかまわない。ここまで扱ってきた図形と違って、もはや90°や72°、60°の倍数には限定されない。円は連続的に何度回転させても、つねにまったく同じに見える。離散対称性に対して、これを「連続対称性」という。自然界では連続対称性は、物理学でもっとも重要ないくつかの原理をもたらしている。

たとえば、400年近く前にニュートンがひねり出した物理法則は、今日でもまだ通用する。さらに400年後も、1000年後も、コンピューターが生成した未来の科学者しか思考する者がいなくなっても、同じく通用する。自然は時間の経過とともに気ままに変化していくが、物理の基本法則は変わらないと考えられている。これも連続対称性の一つである。それに対応する0は、ユリウス・フォン・マイヤーが瀉血を通じて得たひらめきに見て取ることができる。

フォン・マイヤーについては、「グーゴル」の章で登場したのを覚えておられるかもしれない。船医を務めた彼は、熱帯の暑い日差しのもとで船員の血液の色を調べ、エネルギーは生成も消滅もせずにつねに保存されるという事実に行き当たったのだった。ではなぜエネルギーは保存されるのだろうか？　偶然でもなければ、神の力でもない。タイムトラベルをしても物理法則は変わらないという事実から導き出される。エネルギー保存則は時間の連続対称性から導き出されるのだ。

その理由を直観的に感じ取るために、もしも物理法則が時間とともに変化するとしたらどうなるか考えてみよう。たとえば重力が一夜にして強くなったらどうなるだろうか？　そうすると、無から簡単にエネルギーを生み出すことができる。本書を床から拾い上げて棚の上にきちんと置き、一晩そのままにしておけばいい。本書を持ち上げるときにあなたは仕事をして、いくらかのエネルギーを与え、そのエネルギーは重力ポテンシャルエネルギーとして本に蓄えられる。翌朝、体重が少し重くなったと感じたのであれば、重力が強くなっているのだから、その本に蓄えられているポテンシャルエネルギーは増えている。それを床に落として解放されるエネルギーは、前日にあなたが与えたエネルギーよりも多くなる。このとおり、物理法則が時間とともに変化したおかげで、無からエネルギーを生み出すことができた。それに対して私たちの暮らすこの宇宙では、物理法則はつねに変化しないようなので、エネルギーは生成も消滅もしない。つねに保存される。

連続対称性が一つ存在すると、それに対応する保存則が必ず一つ存在する。もう一つ例を。基本的な物理法則は空間内を移動しても変わらないと考えられている。あなたの家の中でも、隣人の家の中でも、さらにはいて座の果てに棲む宇宙人の家の中でも同じである。この対称性からは、運動量保存則が直接導き出される。同様に、宇宙全体を回転させても物理法則が変わらないという事実からは、角運動量保存則が導き出される。これらを含むさまざまな連続対称性の一つひとつについて、それに対応した0が見つかる。エネルギーや運動量、角運動量など、何らかの保存量の合計変化量が0になるのだ。

対称性と保存則、0とのあいだに成り立つこの深遠な関係は、対称性の大家エミー・ネーターによって発見された。アインシュタインはネーターのことを「数学の天才」と評しているし、学者としてキュリー夫人に匹敵する評価を与える人もいる。かなりの才能の持ち主でありながら、生涯を通して周囲の人々の偏見と闘った。第一に、女性であることが問題視され、のちにはユダヤ人であることが徒（あだ）となった。ネーターは19世紀末、ドイツの学者一家に育った。彼女のように立派な中流家庭出身の女性は、教養学校に通って、芸術に対する興味を追求するものとされていた。しかしネーターはそれを拒み、父親が教授を務めるエルランゲン大学で数学と各国語の講義に出席しはじめる。女性ゆえ、学生として正式に入学することは認められなかった。講義に出席できるかどうかは教官の裁量次第だったし、聴講生としての出席しか許されなかった。当時、エルランゲン大学で学ぶ女性はネーターを含め２人しかいなかった。それに対して男子学生は1000人近くいた。

ネーターは博士号を取得して数学研究所で教えはじめるものの、地位が低く、肩書きも給料も与えられなかった。しかしその優れた才能が注目を集めはじめる。ダーヴィト・ヒルベルトやフェリックス・クラインは、ネーターをゲッティンゲン大学に招き入れようと懸命な努力を重ねるも、抵抗に見舞われる。同僚の多くは、「大学に戻ってきた我が国の兵士たちが、女性のもとで学ばされると知ったら、はたしてどう思うだろうか」などと突っかかってきた。しかしヒルベルトとクラインのほうが一枚上手で、1915年にネーターはゲッティンゲン大学に移ってきた。もちろん無給だったし、講義もヒルベルト名義でしかおこなえなかった。そんなゲッティンゲン大学でネーターは、対称性と自然界の保存則との関わり合いに気づきはじめる。しかし地位の低さゆえ、王立科学協会で自らの研究結果を発表することは許されず、代わりにフェリックス・クラインに発表してもらった。

第一次世界大戦が終わるとドイツ社会は、とくに女性にとって徐々に良い方向に変わりはじめ、1920年代初めにネーターは大学での仕事に対してわずかな給料を受け取るようになった。ゲッティンゲン大学の外では評価が高まっていったものの、科学アカデミーの会員に選ばれることも、正教授に昇進することもけっしてなかった。そして最初の給料をもらってから10年後、ナチスがドイツの支配権を握ると、ほかのユダヤ人や「政治的に疑わしい」教官たちとともに解雇されてしまう。そこでアメリカに亡命して、ペンシルヴェニア州のブリンマー・カレッジとプリンストン高等研究所でポストを得た。だがそれもつかの間、アメリカにやって来てから２年後にがんで世を去った。ネーター家に降りかかった不幸はそれだけではなかった。エミーの弟フリッツも同じくナチスから逃れ、ソ連のトムスク州立大学で数学教授となった。しかしその数年後に投獄され、反ソ連活動の罪に問われて処刑されたのだった。

エミー・ネーターの考え方は20世紀の基礎物理学を支配し、自然界を理解する取り組みはその対称性と保存則を理解する取り組みとなった。その非常に重要な具体例を体感するには、ポリエステルのセーターにガラスの破片をこすりつけてみればいい。ガラスから電子が剝ぎ取られてセーターに溜まることで、もちろん静電気が発生する。ガラスは正の電荷を帯び、セーターは負の電荷を帯びる。しかし両者は完璧にバランスが取れていて、電荷の合計は０のまま。それは、電荷が生成も消滅もしないからである。ネーターによれば、この保存則も何らかの連続対称性に由来するに違いない。ではその対称性とは何だろうか？　実は電子や陽電子などの荷電粒子の理論では、いわば内部ダイヤルが用いられる。そのダイヤルとは、荷電粒子が何をしているかを語るのに必要な言語、それを表示した単なるラベルにすぎない。その言語は英語でもスペイン語でもなく、複素スピノルと呼ばれる数学の言語だが、それが何であるかはどうでもいい。詳細に立ち入るのはやめておこう。ここで知っておくべきは、このダイヤルを回すとスピノルも回転するが、ただしスピノルが回転しても荷電粒子の物理的性質は変化しないということだけである。詰まるところ、この内部ダイヤルの連続対称性によって、電荷保存則が保証されているのだ。

実際には電磁気の対称性は、いま説明したよりもはるかに強力である。その理由を理解するには、この宇宙を箱の中に入れて、どのようにすれば電荷が保存されるのかを考えてみる必要がある。たとえば、あなたの鼻先から1個の荷電粒子が姿を消して、瞬時に道の反対側に現れることはありえるだろうか？　奇妙な話に聞こえるが、電荷の保存しか気にしないのであれば、何も問題はないはずだ。その荷電粒子は瞬時に飛び移っただけで、けっして宇宙から飛び出していったわけではないのだから。だがここでアインシュタインを召喚して、「1.00000000000000858」の章で説明したことを思い出せば分かるとおり、荷電粒子が光速よりも速く、無限のスピードで空間内を移動することはできない。相対論と辻褄を合わせるには、実は電荷は局所的に、つまり空間と時間の中の一つひとつすべての点で保存されなければならない。別の言い方をすれば、あなたの鼻先における電荷の合計、あるいは空間内の各点における電荷の合計が、瞬時に変化することは不可能である。そのためこの保存則に対応する対称性は、「局所対称性」となる。もはや宇宙全体にダイヤルが一つだけしかないと言うことはできない。空間と時間の中のすべての点に無限個のダイヤルがちりばめられていて、好き勝手ではないもののあらゆる方向を指していると言うべきなのだ。

このようにパワーアップさせた局所対称性のことを、「ゲージ対称性」という。その意味を理解するために、私の暮らす街を宇宙だと思って、一軒一軒の家が空間内の各点に対応すると考えてほしい。私の家には私と妻、そして2人の娘が住んでいる。左隣の家にはゲイリーとリン、右隣にはピートとステフ、もう少し先にはリュプチョとリリア、道を挟んでイアンとスーが住んでいる。みんなとても愛想が良くて、フェンス越しによくおしゃべりをする。

ここで、それぞれの家に言語のダイヤルが付いているとしよう。いまはすべての家のダイヤルが「イギリス英語」に設定されていて、全員がイギリス英語を話している。そのため容易にコミュニケーションが取れる。パーティーを開こうと決めた私の妻は、ステフにイギリス英語で声を掛け、ステフがリリアにやはりイギリス英語でそれを伝える。あっという間にパーティーのお知らせが行き渡る。だがもしも各家庭のダイヤルが連続的に回りはじめて、イギリス英語からアメリカ英語へ、さらにさまざまな言語へと切り替わり、最終的にすべてのダイヤルがフランス語で止まったとしたらどうなるだろうか？　全員がフランス語で話をしはじめるが、それが何か問題だろうか？　もちろんそんなことはない。再びパーティーを開きたいと思った私の妻は、ステフにフランス語で声を掛け、ステフがリリアにフランス語で話を伝える。やはりお知らせは行き渡る。もっと言うなら、このダイヤルの対称性のおかげで、パーティーのお知らせは保存されるのだと表現できるだろう。

しかし先ほど言ったとおり、ゲージ対称性はこれよりもっと強力である。パワーアップされていて局所的。つまり、それぞれのダイヤルが同期して回転する必要はない。我が家のダイヤルがフランス語に、ゲイリーとリンの家のダイヤルがドイツ語に切り替わって、ピートとステフがスワヒリ語を話しはじめるということもありえる。最終的に街の全員が別々の言語で話すこともありえるが、ではそのせいで、私の妻がまたもやパーティーを開くのに苦労するだろうか？　そんなことはない。自然が巧みな対処法を見つけてくれる。それが**ゲージ対称性**である。各家庭に辞書が備えられていて、お隣さんとの意思疎通にそれを使う。我が家に仏独辞書があれば、ゲイリーとリンに話を伝えることができるし、フランス語からスワヒリ語への辞書があれば、ピートとステフに話を伝えることができる。パーティーのお知らせはやはり行き渡る。自然がすべての人に適切な辞書を与えてくれているおかげで、この街という宇宙のどこに住むどの人も、好きな言語にダイヤルを合わせることができる。物理学でその辞書に相当するものを、「接続」とか「ゲージ場」という。そのおかげでメッセージがあちこちに伝わるため、ゲージ場は自然界の力として考えることができる。電磁気の場合、そのゲージ場は電磁場で、それに対応する量子が光子である。この光子が、荷電粒子のあいだで電磁気のメッセージを伝える。

パワーアップして手の込んだこの新たな対称性については分かったが、では0はいったいどこにあるのだろう？　実は例の辞書の中に潜んでいる。ここで、ゲージ場、つまり例の辞書を振り動かしたり、何らかの形で変化させたりするのに、どれだけのエネルギーが必要であるかという問題を考えてみよう。振り動かすのに苦労すればするほど、その辞書は重いはずだ。ねずみの尻尾とゾウ1頭を同じ力で揺することを考えてみてほしい。ゾウがほんの少ししか動かないのは、かなり重いからである。ある意味それと同じことがゲージ場にも当てはまる。エネルギーをほんの少し使うだけで変化させることができれば、ゲージ場は非常に軽いと分かるし、そうでなければ重いと分かる。では実際にはどちらだろうか？　その答えはゲージ対称性に潜んでいる。もしもお隣さんがダイヤルをリセットして、また別の言語に切り替えたらどうなるだろうか？　やはり困りはしない。ゲージ対称性のおかげで、そんなことをしても物理的影響はいっさいなく、エネルギーはいっさい使われないはずだ。何が起こるかというともちろん、自然がその変化に対応して我が家の辞書を取り替えてくれる。要するに、いっさいエネルギーを使わずにゲージ場を変化させる方法が存在するはずだということである。そのためそのゲージ場は最大限に軽く、質量がない。ゲージ場とそれに対応する量子の質量は0である。電磁気のゲージ対称性のおかげで光子は質量を持たず、そのため光速で運動するほかないのだ。

どうやら自然は、対称性、とりわけゲージ対称性が大のお気に入りらしい。ゲージ対称性は力をもたらす。重力、強い核力と弱い核力、そしてもちろん電磁気力を理解する上で中心的な役割を果たす。物理学は100年近くにわたってこの考え方に支配されている。どんどん強力な粒子加速器を使って、素粒子のミクロなダンスを深く深く調べていくにつれ、次から次へと対称性が見えてくる。細かく見れば見るほど、自然はより美しく、より対称的になっていく。そして新たな対称性の一つひとつに対応して、0が存在する。

初めて0を書いた古代バビロニア人は、会計のため、食物や家畜、人間や商品の記録を正しく付けるために0を使った。しかし0という数は個性が強すぎて、つねに危険に見舞われたり興奮を巻き起こしたりする定めにあった。やがて悪魔とともにダンスを踊り、空虚や神の不在と一つになる。これほど長いあいだ異端とのそしりを受けてきた数が、真の自然界の中核に位置するというのは、考えてみれば奇妙な話である。数学では０は空集合であって、物理世界にも見られる対称性の化身である。この宇宙に満ちあふれる０は、光子の質量が０であることから、電荷やエネルギーの変化が０であることまで、物理の基本的なからくりに存在する対称性の証しだ。

続く２つの章で見ていくとおり、自然界にはほかにも小さな数がいくつか存在する。１よりもずっと小さいが０ではない数だ。その一例が電子の質量。０ではないが、クォークやヒッグスボソンなど、ほかのどんな重い素粒子よりもはるかに小さい。これもまたある対称性を物語っているが、ただしその対称性には、完璧な美しさの顔にできた吹き出物のように、わずかな欠陥がある。しかし小さな数の中には、いまだに理解できておらず、どんな対称性を物語っているのかが分かっていないものもある。予想外の世界、隠されたままだったはずの素粒子、あなたや私が生まれるはずのなかった宇宙、それらにまつわる謎の数々である。

⑦ 0.0000000000000001

予想外のヒッグスボソン

2012年7月4日。アメリカでは各家庭で独立記念日を祝っていたが、真に興奮が渦巻いていたのは、モンブランの麓、スイスとフランスの国境近くにある講堂。史上もっとも大規模で、技術的にもっとも高度な実験を進める、ヨーロッパ原子核研究機構CERNの一番大きな講堂である。CERNの科学者たちは、素粒子を光速近くまで加速して衝突させる円形加速器、いわばビッグバンマシンを建設した。目的は、膨大なエネルギーを微小な空間領域に押し込んで、適切に制御しながら何が起こるかを記録し、物理の基本的なからくりを探ること。2012年夏に彼らは、そうした衝突の残骸の中に重要なものを見つけ、それを世界中に知らしめることにした。

その日に集まった聴衆の中には、物理学の巨人が5人含まれていた。トム・キブル、ジェラルド・グラルニク、カール・ヘイゲン、フランソワ・アングレール、そしてもちろんピーター・ヒッグスである。この5人と、その友人で同業者である、前年に世を去ったロベール・ブルーの「六人組」は、対称性に支配された世界における質量の起源を解明する上で欠かせない役割を果たした。彼らの理論はこのときにはすでに広く受け入れられていたものの、ノーベル賞の前提条件で、あらゆる理論家にとっての宿願だった、実験的な裏付けはいまだに得られていなかった。そんな状況がアメリカ独立記念日に一変し、CERNのチームがこの5人の賢者と、インターネットを介して見守る50万の人に向けて実験結果を発表した。彼らは質量およそ125ギガ電子ボルトの新粒子を発見した。疑いようもなくヒッグスボソンである。

お祭り騒ぎになるのも当然で、理論と実験の両面にとって大勝利だった。粒子衝突の力を借りて、クォークやグルーオンなど宇宙の原材料がぶつかり合う、赤ちゃん宇宙の原初の溶鉱炉を再現したのである。しかし2012年7月4日朝のそのお祭り騒ぎの裏には、ある後ろめたい秘密、心搔き乱す事実、その場に集まったすべての理論家を不安にさせる真実があった。それは次の一文に隠されている。

彼らは質量およそ125ギガ電子ボルトの新粒子を発見した。

125ギガ電子ボルト。単位を換算して平たい言葉で言えば、約2.2×10^{-25}キログラム[(1)]。世界最小の昆虫フェアリーフライの体重の10億分の1のさらに1000万分の1ほどである。もちろん、10億の10億倍個を超す原子からできたフェアリーフライと、たった1個のヒッグスボソンとを比べるのもおかしいが、それにしてもヒッグスボソンは予想よりもはるかに軽い。どの説に基づいたとしても、電子や陽子よりはるかに重いヘビー級の素粒子のはずだった。重さは数マイクログラムのはずだった。偶然にもフェアリーフライと同じぐらいである。

あなたはこう思ったはずだ。フェアリーフライがヒッグスボソンと何の関係があるというのか？　答えは「何の関係もない」。少なくとも直接的にはいっさい関係ない。実はフェアリーフライの体重は、重力によって生じうるもっとも小さくてもっともコンパクトな物体、量子ブラックホールとほぼ同じである。質量はおおよそ同じではあるものの、ブラックホールはそのすべての質量を、1兆分の1の1兆分の1のさらに100万分の1よりも小さい空間に詰め込んでいる。正確に言うと、11マイクログラムの質量が、プランク長さ、約1.6×10^{-35}メートルの半径の球の中に詰め込まれている。このスケールでは、空間と時間の織物が重力によって壊れはじめる。想像できないほど短い長さだが、ヒッグスボソンにとっては非常に重要な長さに違いない。物理に対する私たちの理解をこの小さな限界に向かって突き詰めていくと、ヒッグスボソンが量子力学の泡立つ世界に踏み込んで、最終的には量子重力と肩を並べるはずだ。詳しいことはこの章のあとのほうで説明する。とりあえずここでは、ヒッグスボソンはフェアリーフライと同じくらい、量子ブラックホールと同じくらいの重さだったはずなのに、実際にはそうではなかったということを受け入れてほしい。0.0000000000000001倍の重さで、その理由は誰にも分からないのだ。

前の章で納得してもらえたとおり、小さい数には説明が必要である。０に出くわすと、自然はその美しさ、その対称性であなたをあざ笑ってくる。そもそも０には完璧さがある。だが、小さくてなおかつ０ではない数、0.0000000000000001のような数ではどうだろうか？　完璧に近いものの、等しくはない。完全に左右対称な顔の左頬にごくごく小さな吹き出物があるように、その対称性にはわずかなほころびがある。物理世界では、対称性の魔法にかかっていない限り、巨大な数や微小な数を目にすることはそうそうない。目にする比もありふれた値で、だいたい１とか１桁の数くらいのはずだ。何か驚くべき数を目にしたら、たいていは何か驚くべきことが起こっているものである。

ちょっとした実験をすれば納得してもらえるだろう。友人10人に、－１から１のあいだの無理数を適当に選んでもらう。無理数とは分数で書けない数のこと。友人たちは次のような数を選ぶかもしれない。

$$\frac{1}{\sqrt{2}},\quad \frac{\pi^2}{18},\quad -\frac{1}{\sqrt{13}}$$

10人全員に答えてもらったら、それらの数をすべて足し合わせてから符号を消す。どんな数が得られるだろうか？　0.0000000000000001より小さくなったらかなり驚きだ。友人たちがどうにかして口裏を合わせて、ほぼありえないような形で数どうしが打ち消し合うようにしたのだ。共謀していなければこんなことは起こらないだろう。得られる答えが０に近くなることはない。ただの数である。大きくも小さくもないし、特別珍しい数でもない。

この考え方に基づけば、数々の科学的モデルの中から最良のものを選び出すこともできる。その方法を理解するには、地球が宇宙全体の中心であるとほとんどの人が信じていた、16世紀前半にさかのぼらなければならない。当時の天文観測結果はこの宇宙観と矛盾しておらず、アレクサンドリアのプトレマイオスによる古代からのモデルで説明できた。エカントや周転円を用いたモデルで、円周上を別の円が公転し、その円周上を惑星が公転する。その詳細はさほど重要ではないが、ただし、地球は静止していて、ほかのすべての惑星が互いに似たようなスピードで運動しているという点は押さえておいてほしい。1543年、この宇宙観にニコラウス・コペルニクスが異議を唱えた。ポーランド王国で生まれてカトリック教会の律修司祭となったコペルニクスは、数学と天文学に強い関心を持っていた。そしてキケロやプルタルコスの著作に触発されて、地球は不動ではなく、ほかの惑星と同じように自由に運動しているはずだと論じた。その上で、太陽が宇宙の中心であって、地球はうやうやしく軌道上を運動しているとする、太陽中心モデルを提唱した。当時の天文観測データの精度ではこの過激な学説を証明も否定もできなかったため、ほとんどの哲学者は直観を頼りにした。コペルニクスの宇宙モデルは常識にも、さらに困ったことに聖書にも反していると受け止められた。コペルニクス本人もそのような反応は織り込み済みだった。蔑まれることを恐れて何十年ものあいだ自著を世に出さず、人生の最期の瞬間まで出版を先延ばしにしたのだった。

　同時代のほかの人たちは、ありふれた数値に基づいたもっと賢明な別の宇宙観に従っていたらしい。太陽中心モデルでは、すべての惑星は太陽のまわりを似たような速度で公転する。水星がもっとも速く、時速およそ17万キロメートル。次が金星の時速13万キロメートル、さらに地球の時速11万キロメートル、火星の時速８万7000キロメートルと続く。太陽から遠い惑星ほど明らかに速度は遅いが、互いの速度の比はありふれた値で、大きすぎも小さすぎもしなければ、特別すぎもしない。だがプトレマイオスの地球中心モデルではそうはいかない。地球が不動でほかのすべての惑星が運動していると仮定されているため、ほかの惑星に対する地球の速度は０である。このように地球中心モデルには、０という驚くほど小さな数が含まれているのだが、自然はれっきとした理由もなしに驚くべき数を持ち出そうとはしない。プトレマイオスを支持する人たちは、この0に疑問を抱くべきだった。地球はなぜ不動でなければならないのかと。太陽中心モデルの場合、太陽が不動であることは、惑星よりもはるかに重くて慣性がはるかに大きいことで説明がつく。しかし地球の慣性は金星や火星とだいたい同じである。地球は静止していると決めつけるさしたる理由はなく、プトレマイオスの0に説明を与えることもできない。天文観測データではプトレマイオスとコペルニクスのどちらが正しいかを判断できなくても、コペルニクス支持を表明できたはずだ。そもそもコペルニクスのモデルは、観測データと良く合致する上に、説明のつかない何か驚くべき数に頼ってもいなかったのだから。

理論を選別する上でのこの基準のことを、「自然性」という。説明のつかない微調整された入力をいっさい含まない理論が、自然な理論である。小さな数や切りの良い数がいくつか含まれているのはかまわないが、ただしそれらの根拠となる物理を理解できていなければならない。そうでなければ、何か欠けている点があるか、または地球中心モデルのように、その理論が根本的に間違っている可能性が高い。もちろん自然性は多かれ少なかれ美的基準にすぎず、けっして実験データよりも優先すべきではない。しかしデータから容易に方向性が定まらない場合には、代わりに自然性が役に立つようだ。説明できず理屈づけられない小さな数が出てきたら、なぜそのような数が現れたのかを必死で考える。そこに成り立っている対称性は何か？　どんな新たな物理がまだ見つかっていないのか？

自然性に説得力があるのは、数学的理由からだけでなく、自然界でかなり頻繁に成り立っているからでもある。たとえば前の章の終わりで、光子の質量が0である理由を知った。適当に0が選ばれたわけではなく、電磁気のゲージ対称性のため、つまり空間内の各点で内部ダイヤルを自由に設定できるからだった。原子核物理でも、陽子や中性子の内部構造の中に0がくるまれて潜んでいる。陽子や中性子を構成する素粒子であるクォークは、グルーオンによって互いに結びついている。グルーオンも質量が0で、それはまた別のゲージ対称性のおかげだが、この場合は電磁気力でなく強い核力に関係している。

だが自然性は0だけに関する話ではない。驚くほど小さい値についても当てはまる。電子は光子やグルーオンと違って質量が0ではないが、単純な予想と比べると少なくとも100万倍は軽い。100万分1以下というこの小さな数には説明が必要だ。そして一つの説明が見つかっている。電子が軽いのはある対称性による。それは完全な対称性ではなく、そのため電子の質量は0にはならない。近似的な対称性である。その対称性がどんなものかについてあまり深入りするつもりはないが、その対称性がどのような効果をもたらすかは重要である。電子が重くなりすぎるのを防いでくれるのだ。これは非常に都合が良い。もしも電子が実際のわずか3倍の質量だったとしても、水素原子は不安定化してしまう。そうなったら、化学や生物のようなものは成り立たず、あなたも私も存在していなかっただろう。

自然性がおそらく最大の勝利を収めたのは、1974年のいわば十一月革命において、スタンフォード線形加速器センターとブルックヘヴン国立研究所の研究チームが、チャームと呼ばれる新たな種類のクォークの証拠を探しはじめたことによる。そのわずか数カ月前、シカゴ近郊にあるフェルミ国立加速器研究所の若き理論家、メアリー・ガリアードとベンジャミン・リーが、ケイオンと呼ばれる高エネルギー粒子の2つのバージョンの質量差について研究していた。すると、何か新たな物理がすぐそこに潜んでいない限り自然性が成り立たないことに気づいた。そしてその新たな物理は新種のクォークという形を取っているのではないかと推測し、その予想どおり、まさに自然性が教えてくれたとおりにチャームが姿を現したのである。

時間を40年近く早送りして、2012年のアメリカ独立記念日にCERNで開かれた会合に話を戻そう。ヒッグスボソンが姿を現し、素粒子物理学の点と点が結ばれて、一つの宇宙がどのようにしてこれほどたくさんの基本的な対称性を隠し持っていたのかが明らかとなった。しかし先ほど言ったとおり、その振る舞いには何か不自然な点があった。ヒッグスボソンが10億の1000万倍も軽かったのだ。あれほど熱狂的に歓迎されたこの理論には一つ微小な数が含まれていて、それはおそらく0.0000000000000001という小ささだった。自然はさしたる理由もなしに小さな数を持ち出すことはない。ではなぜこのような数が存在するのか？　この苦境から救い出してくれる新たな物理とはどんなものだろうか？　その新たな対称性とはどんなものだろうか？

1974年夏のガリアードとリーの場合には、新たな物理はすぐそこに待っていて自然性を救ってくれた。しかし2012年のCERNでの会合から10年以上経った現在でも、ヒッグスボソンがあれほど微小な数で私たちをからかっている理由は説明できていない。自然性によって約束される新たな物理はまだ姿を現していない。ついに自然性は成り立たなくなったのだろうか？　私たちはありえそうもない予想外の宇宙で暮らすことを運命づけられていて、その理由は永遠に解明できないのだろうか？　この厄介な新粒子をもっと詳しく見ていく必要がある。というよりも、すべての素粒子をもっと詳しく見る必要がある。

この章で登場するすべての素粒子の一覧表

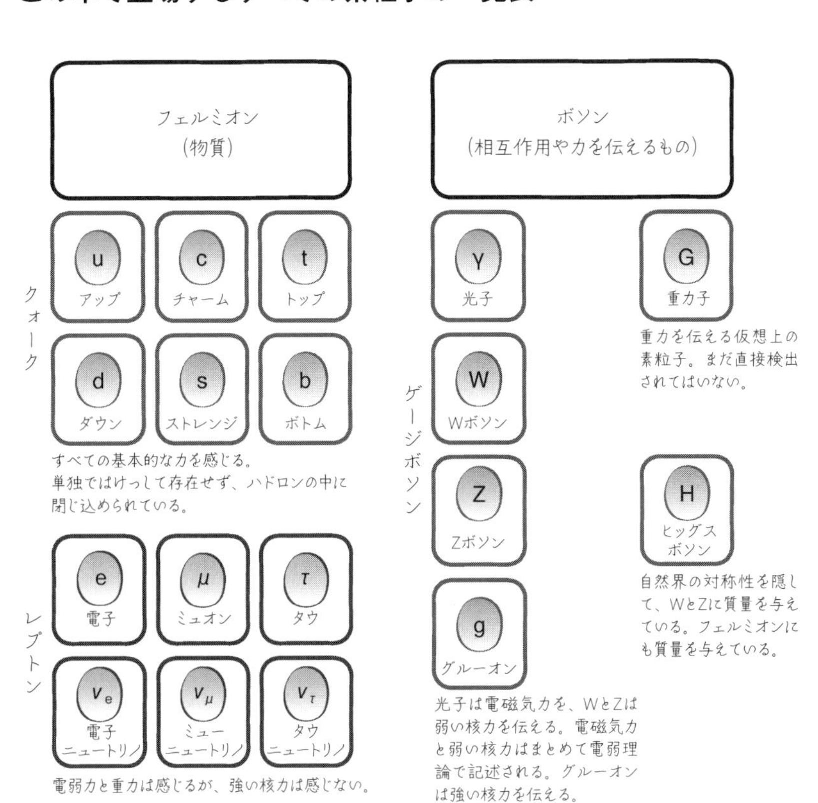

素粒子の詳細

アリストテレスならヒッグスボソンを嫌ったことだろう。というより、すべての素粒子を忌み嫌ったに違いない。万華鏡のように変幻極まりない自然界が、何億兆個ものちっぽけな構成部品の寄せ集めにすぎないなどという考え方ははねつけたはずだ。彼は原子論者と戦いを繰り広げ、いわば史上初の素粒子物理学者、レウキッポスやその弟子デモクリトスの教えに反対する運動を繰り広げた。原子論者は、真空中で一緒になって戯れる分割不可能な微小な部品から、すべての物質が作られていると言い切った。それらの粒子、彼らの言う「原子」は、ありとあらゆる形をしている。窪みのないものやあるもの、フックのような形や、さらには目のような形のものもある。原子論者によると、人間の感覚もこれらの粒子で説明できるという。たとえば、ギザギザした粒子が舌の上をなぞると苦味が、もっと丸っこい粒子がなぞると甘味が感じられる。現代の素粒子理論はもちろんもう少し洗練されているが、そのおおもとには原子論者の物質観が込められている。物質は実際に分割不可能な微小な部品からできているが、いまではそれらはクォークやレプトンと呼ばれている。互いにダンスを踊ったり、また別の種類の素粒子である、力を伝える素粒子と一緒にダンスを踊ったりしている。そのバレエがどんどん規模を拡大していったものが、化学結合や、命を与える生命活動である。

あなたは素粒子と聞いてどんな姿を思い浮かべるだろうか？　原子論者と違ってフックや目を思い浮かべることはないはずだ。おそらく塵の粒や花粉をイメージすることだろう。もちろんそのほうが真実に近いが、ヒッグスボソンや電子など、どの素粒子も、実際にはそのようなものではない。素粒子が実際にどんなものかを理解するには、初めに"場(フィールド)"の話をしなければならない。子供時代の私はサッカーをする場所くらいしか思い浮かべなかったが、物理学では、押し引きする見えない力という、別のタイプの場が存在する。電磁場はその見えないパワーを行使して、磁石を引き寄せたり、激しい稲妻を起こしたりする。重力場は惑星の運動を司ったり、ブラックホールに近づきすぎた星をばらばらに引き裂いたりする。しかしそのほかに、電子場やクォーク場、さらにヒッグス場というものも存在する。場はけっして想像上の謎めいた存在ではない。空間と時間にわたって地図のように描き出すことができ、各点でそれぞれ異なる値を取る。たとえば天気図の上に、イングランドの凍える寒さやイタリアやスペインの暖かさを書き込んでいけば、温度場というものを考えることができる。気圧を図示した気圧場を考えることもできるし、星間ガスや、もっと塊状の、恒星や惑星などの天体の分布を描き出せば、銀河の密度場を考えることもできる。電磁場もまた、空間と時間の各点に数値を書き込んでいったそのような地図の一つにすぎないが、ただしその数値は電磁気の強さを表している。

もちろん電磁場は、ほかの場と比べてある意味特別な存在だ。「基本場」の一つであって、さらに掘り下げてももっと基本的な構造は見つからない。基本場としてはそのほかに、電子場やヒッグス場、アップクォークやダウンクォーク、Zボソンの場、そしてもちろん重力場がある。そのリストはまだまだ続く。電子場など、それらの基本場のうちいくつかは、量子の領域でしか意味をなさず、それらは量子場という。それ以外の電磁場や重力場などは、マクロスケールでも成り立つ。そのしくみについてはこのあとすぐに説明する。しかしどんな場であっても、それはあらかじめ描かれた地図、空間と時間にわたってちりばめられた数値であって、対応した物理的効果を表したものであると考えなければならない。たとえば電子場があらゆる場所で０だったら、電子は一個も見つからないと断言できる。

そうした場の中で、粒子はいったいどこに姿を現すのか？　「グラハム数」の章で見たとおり、素粒子は実は微小な振動にすぎない。量子場の中の量子的なさざ波である。何か基本場の数値を海面にたとえて、海のうねりとともにその海水位がゆっくりと上下していると考えよう。すると、そのうねりの上に重なった小さなさざ波をイメージすることができ、それが粒子に相当する。場の種類が違えば、そのさざ波は別の種類の素粒子を与える。電子場のさざ波は電子を、電磁場のさざ波は光子を与え、重力場のさざ波は重力子を、アップクォークの場のさざ波はアップクォークを与える。以下同様だ。

素粒子は「実在の粒子（実粒子）」と「仮想粒子」に分けて論じられることが多い。実在の光子があれば、仮想光子もある。同じことが電子やクォーク、グルーオンなど、すべての素粒子に言える。少々謎めいて聞こえるが、実際にはそんなことはない。実在の粒子は、ろうそくの炎から発せられる光子や、由緒正しい量子力学実験で二重スリットに向けて発射される電子など、実際に手に取ることができる。しかし仮想粒子を手に取ることはできない。いわば仮想現実ゲームのエーテルの中に失われてしまうからだ。実際にはけっして粒子ではない。ほかの粒子やほかの場によって引き起こされた場のゆらぎにすぎない。たとえば電子が電磁場のゆらぎを生み出し、そこを通過する別の電子がそのゆらぎを感じる。そしてそのゆらぎがこれらの電子どうしを遠ざける。そのゆらぎはさざ波、つまり光子として考えることもできるが、何か意味のある形で真の粒子ではない。仮想的な粒子である。仮想光子のさざ波は実在の光子と違ってひとりでに光速で運動することはないし、何かに遮られることもない（次頁図）。

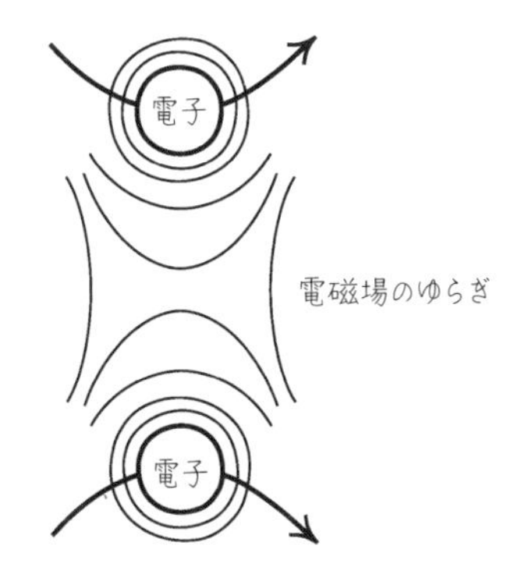

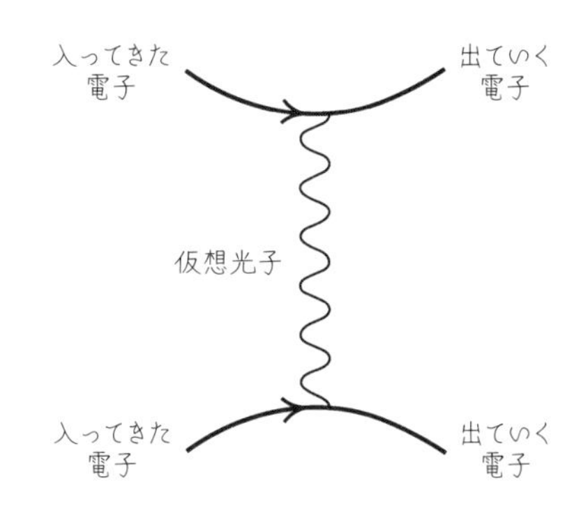

2個の電子が電磁場にゆらぎ、つまりさざ波を引き起こす。それが仮想光子と呼ばれるものだ。左図は電磁場の等高線を描いた、より物理的なイメージ。右図は、素粒子物理学者がこれとまったく同じ事柄を表現するのによく用いる図。右図はファインマン図と呼ばれているものの一例で、もちろんリチャード・ファインマンにちなんだ呼び名。

仮想粒子は、異なる場どうしがどのように影響をおよぼし合うか、それを考えるための便宜的な方法にすぎない。そのたとえとしてよく耳にするのが、２人のアイススケーターがキャッチボールをするという話である。ボールを投げたりキャッチしたりすると、どうしても少しだけ後ろに押し出され、まるで相手から反発力を受けたかのようになる。この２人に相当するのが、電磁気的な反発力を感じる電子、投げられるボールに相当するのが、一方のスケーターからもう一方に影響をおよぼす仮想光子である。引力についてはこのたとえはどうもうまく当てはまらないが、それでも、電荷を帯びた物体のあいだで受け渡される仮想粒子として考えることができる。

またほとんどの粒子には、「スピン」と呼ばれる内的能力が備わっている。その手掛かりが見つかったのは1920年代初め、ドイツ人のオットー・シュテルンとヴァルター・ゲルラッハが磁石と銀原子を用いてあれこれと実験しはじめたことによる。スピンは実は角運動量の一種。ピンポン球の自転や、催し物でワルツを踊る人など、通常は回転運動と結びつけられる種類の角運動量に似たものである。ピンポン球が自転するさまは、たとえ量子的なピンポン球であったとしても簡単にイメージできるが、素粒子の場合に実際どんな様子なのかを描き出すのは少々難しい。というのも、素粒子は無限に小さいからである。氷の上でスピンしているアイススケート選手は、腕を縮めることで回転を速くする。それは角運動量が保存されるからだ。角運動量は、回転の速さと、物体の広がり具合という2つの要素で決まる。腕を縮めると、物体の広がり具合が小さくなったことを埋め合わせるために、回転が速くなる。したがって、無限に小さい素粒子が少しでも角運動量を持つためには、あたかも無限に速いスピードで自転していなければならないことになる。そんなことは明らかにありえない。では実際には何が起こっているのか？　点状の素粒子の場合には、「固有スピン」というものを考える。つまり、実際には無限の勢いで回転してなどいないのに、あたかも自転しているかのように見せてそのように振る舞う能力である。政治家のようなものだと思えばいい。政治家の仕事は、あたかも国民のことを心から一番に思っているかのように見せかけて振る舞うことだ。実際に何をしているかはまったく別の問題である。

このことを念頭に置いた上で、素粒子を、ミクロサイズにまで小さくしたピンポン球としてイメージしてみよう。スピンの大きさが異なる素粒子どうしは、回転させたときにそれぞれ異なる振る舞いをする。ピンポン球の手前側の面にニコちゃんマークを描いたとしよう。そのピンポン球を回転させていくと、見え方が変化するにつれてニコちゃんマークも連続的に回転していく。そしてちょうど1回転させるとようやく、最初とまったく同じように見える。光子など、いわゆる「スピン1」の素粒子の場合にはそのとおりとなる。最初の量子状態に戻すには1回転させなければならない。一方、「スピン2」の重力子の場合にどうなるかを理解するには、ピンポン球の反対側の面にもまったく同じニコちゃんマークを描く必要がある。このピンポン球を回転させていくと、180°回転させたときと360°回転させたとき、つまり1回転のうちに2回、最初と同じ姿になる。それと同じように、スピン２の素粒子も１回転のうちに２回、同じ量子状態に戻る。スピン３では３回、以下同様だ。

ここまで説明した素粒子はすべてスピンが整数だったが、整数の半分のスピンを持つ素粒子も存在する。スピン1/2の素粒子を回転させたらどうなるのだろうか？　実はここからはちょっと厄介な話になってくる。ピンポン球の代わりに、量子サイズに小さくしたコウモリダコを思い浮かべてほしい。コウモリダコを１回転させれば、最初とまったく同じに見えるようになるはずだと思われるかもしれない。しかし実際にはそうではない。コウモリダコは身体を内外裏返すことができる。反転するのだ。実際のコウモリダコは確かに反転するが、量子力学の言語で反転というのは、確率波が上下ひっくり返って、山が谷に、谷が山になることを指す。スピン1/2の素粒子では必ずそうなる。１回転すると、ある状態からその逆の状態に切り替わって、まるで裏返しになったかのようになるのだ！　そして２回転するとようやく最初の状態に戻る。

スピンに基づいて素粒子を２つの陣営に分けることができる。一つはスピンが整数の素粒子、「ボソン」と呼ばれるもので、自然界のすべての力を伝える役割を果たす。光子もボソンの一種である。スピンは１で、電磁気力を伝える。ＷボソンとＺボソン、グルーオンもスピンが１の素粒子で、核力を伝える。さらに重力子はスピンが２で、いまだ検出されていないが、重力を伝えるとされている。光子のような軽いボソンは非常に長距離にわたって力を伝える。一方で、重いボソンはあっという間に勢いを失ってしまうため、もっと短い距離にしか力を伝えられない。弱い核力を伝えるＷボソンやＺボソンはそのような振る舞いをする。

では電子やクォークなど、スピンが整数の半分である素粒子についてはどうなのか？　それらは「フェルミオン」と呼ばれる。その役割は、この宇宙に中身を与えること。フェルミオンは物質を作る。恒星や惑星、砂糖菓子など、中身の詰まったあらゆる物体を形作っている。それにはれっきとした理由がある。フェルミオンは、同じ場所に群がってまったく同じ振る舞いをするのが好きではないのだ。もっと言うと、どんな量子系でも、

２個のフェルミオンが同じ量子状態を取ることは完全に禁じられている。これをパウリの排他原理といい、この呼び名は、このあと２つの章でもっと何度も登場する優秀なドイツ人物理学者、ヴォルフガング・パウリにちなんでいる。そのしくみを説明しよう。カップに入れた紅茶の中にフェルミオンが２個浮かんでいる様子を思い浮かべてほしい。ここで紅茶をかき混ぜたらどうなるだろうか？　フェルミオンというのは不思議なやつで、位置が入れ替わると紅茶の確率波が反転して、プラスの山がマイナスの谷に、マイナスの谷がプラスの山に変わる。コウモリダコが身体を何度も内外反転させるようなものだ。ここでこの２個のフェルミオンがまったく同じものだとすると、紅茶には厄介なことが起こる。まったく同じというのは、いわば量子のDNAのレベルに至るまで正真正銘のドッペルゲンガーで、同じスピン、同じエネルギー、ブレグジットに関する同じ意見を持っているという意味である。すると、この２個のフェルミオンを入れ替えても、実際には何も変化しないはずだ。しかしどうすればそんなことがありえるだろう？　そもそもドッペルゲンガーなのに、いま言ったとおりすべてが反転してしまう。波が反転しても変化しないとしたら、最初から山や谷なんて存在しようがない。どの地点を見てもその波は完全に平らで、完全に０のはずだ。その波は実際には確率波なので、つねに確率が０ということになる。要するに、まったく同じ２個のフェルミオンが紅茶に浮かんでいる可能性はない。そのような状態は存在しえない。コウモリダコが身体を裏返すのは、捕食者を追い払うためである。しかしもしも裏側が表側とまったく同じ姿だったら、その戦法はうまくいかず、このような動物は生き延びられない。これがパウリの排他原理である[(2)]。

パウリは個性的だが自己主張の強い科学者だった。誰もが認める完璧主義者で、「物理学の良心」を自称しており、同時代の科学者の研究を痛烈に批判する頑固者として恐れられていた。パウリの助手を務めたことのあるルドルフ・パイエルスは、回想録の中で、パウリのあら探しについて次のように振り返っている。あるときパウリは、経験の浅い一人の若手物理学者の論文に対する意見を求められた。その研究結果が正しくないことは分かったが、論法があまりにも支離滅裂だったため、「間違ってすらいない」と言い放った。それ以来この言い回しは、問題のある科学を形容する言葉として理論物理学の語彙に定着した。公平を期すために言っておくと、パウリはもっと有名な同業者に対しても同じく辛辣だった。ある日の午後、偉大なロシア人物理学者のレフ・ランダウが、パウリと長々議論した末に、「ここまで言ってきたことは全部無意味だと思ってはいないかい」と問いただした。するとパウリはこう答えたという。「いやいや！　とんでもない。君の話はあまりにもめちゃくちゃだから、無意味かどうかなんて判断しようがないな」

ボソンには排他原理は当てはまらない。ボソンは社交的な連中で、群がって同じ量子状態を取るのが好きだ。それどころか、群がり好きなこの性格ゆえ、マクロスケールの巨大な代物を築き上げることもある。ボンド映画に登場する、人類を脅かす巨大レーザー装置を組み立てようとする悪人にとっては、とりわけ重要である。レーザーは実在の光子が大量に集まったもので、その光子の多くは同じ量子状態を取っており、位相が揃っている。電磁気力や重力において見られるマクロな波は、実在の光子や重力子が膨大な数積み重なったものだが、そのような振る舞いはボソンにしかできないのだ。

電磁気力と重力はほとんどの人にとって馴染み深いが、残り２種類の力はあまり知られていない。それはおもに、原子の中心の奥深く、原子核物理のスケールでしか働かないからである。このあとすぐに話すとおり、原子核の世界ではクォークがグルーオンによってつながりあい、Ｗボソンや Ｚボソンの力を借りて姿を変える。そのミクロな騒動を引き起こしているのがあのヒッグスボソンで、生命を育む太陽の温かさから、核戦争による世界終焉の脅威に至るまで、すさまじいパワーを解き放っている。冒頭で言ったとおり、このように動物園さながらに素粒子が入り乱れた状態を、アリストテレスとその弟子たちはけっして良しとしなかったことだろう。しかし宿敵デモクリトスなどの原子論者はどうだっただろうか？　きっと気に入ったことと思う。

必然のヒッグスボソン

原子の中へと潜り込んでみよう。

気がつくとあなたはちっぽけな太陽系の中にいる。原子核と呼ばれるミクロな「太陽」のまわりを、電子が惑星のように軌道を描いて公転している。もちろんその原子軌道は、本物の太陽系と違って重力ではなく、電磁気力によって支配されている。負の電荷を持った電子と正の電荷を持った原子核のあいだに働く電磁気力は、重力と比べておおよそ1000兆の１兆倍の１兆倍強い。原子核は陽子と中性子からできている。陽子は電子をつなぎ止めるのに必要な正の電荷を与えており、中性子はその名のとおり電気的に中性である。元素の種類によっては、原子核の中に大量の陽子が含まれていることもある。水素原子の原子核は陽子１個だけだが、金の原子核は陽子を79個持っている。ここで原子をめぐる第１の謎が浮かんでくる。よく知られているとおり、正電荷どうしは反発し合うのに、どうやって79個もの陽子がそんなちっぽけな空間に集まっているのだろう？　何かが中性子と陽子を引き寄せていて、その力は電磁気の反発力を上回っているに違いない。それが重力でないことは分かっている。重力ではあまりにも弱すぎる。もっと強い力のはずだ。

強い核力

相手にすべきなのがもしも陽子と中性子だけだったら、強い核力のストーリーは比較的シンプルで済んでいたことだろう。しかし第二次世界大戦後の数十年のあいだに、素粒子物理学は誰もが想像していたよりも豊かで奇妙であることが明らかとなっていった。大気中にシャワーのように降り注ぐ宇宙線の軌跡が写真に撮影されるようになると、強い核力のメロディーに合わせて誇らしげに踊る新たな粒子が多数見つかった。パイオンやケイオン、イータやローなどのメソン、ラムダやグザイなどのバリオンといったもので、いずれも、いまではハドロンと呼ばれているさらに大きなグループに属する。それらの新発見をつぶさに追いかけることに多くの人は辟易した。つねに一言言わずにはいられないパウリは、「こんなことになるのが前もって分かっていたら、植物学の道に進んでいたのに」と愚痴をこぼしたという。

パウリは動物園のごとく騒々しい新発見の数々に顔をしかめたが、マンハッタン南部出身のマレー・ゲルマンという名の若者はその中にパターンをとらえはじめた。そしてイスラエル人のユヴァル・ネーマンとともに、それらの新粒子の性質を調べ、スペインのアルハンブラ宮殿にあってもおかしくないような、美しい八角形や十角形のパターンに並べていった。そのような整然とした美しさが偶然で現れるはずはない。何らかの内部構造があるはずだ。それが何であるかを明らかにしたのも、当然ながらゲルマンだった。また、カルテックでリチャード・ファインマンのもと博士研究を終えたばかりの若きロシア系アメリカ人、ジョージ・ツワイクも同じくそれを突き止めた。

ゲルマンはそれを「クォーク」と呼び、ツワイクは「エース」と名付けたが、どちらも同じものを指す。陽子や中性子、パイオンなど、すべてのハドロンを形作る構成部品である。いまでは分かっているとおり、クォークには６種類ある。アップ、ダウン、ストレンジ、チャーム、トップ、ボトムである。いずれもフェルミオンで、それぞれ質量や電荷、あるいはアイソスピンやチャーム、ストレンジネスなどと呼ばれる量子的な性質が異なる。クォークが３個結合すると、陽子や中性子などの、バリオンと呼ばれる粒子ができる。パイオンなどのメソンは、３個でなく２個のクォークが組み合わさってできている。各粒子の性質の違いは、クォークの組み合わせが異なることで説明できる。たとえば陽子は２個のアップと１個のダウンでできている。アップクォークの電荷を+2/3という分数、ダウンクォークの電荷を−1/3とすれば、陽子の合計の電荷は+1となる。中性子は２個のダウンと１個のアップでできていて、そのため中性になる。

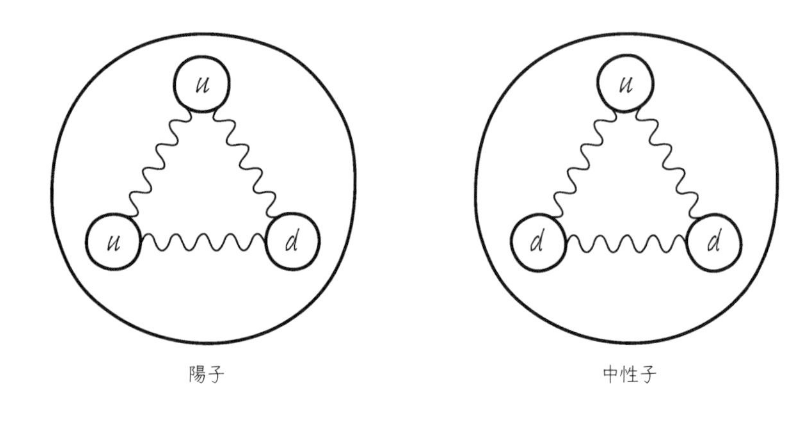

陽子と中性子の内部構造。それぞれ異なる色を持ったアップクォークとダウンクォークでできていて、それらのクォークがグルーオンによって結合している。

ここでパウリの亡霊が耳元でささやいてくるはずだ。クォークはフェルミオンである。どうしたら陽子の中にアップクォークが２個、つまりまったく同じフェルミオンが２個含まれるというのか？　そんなことは排他原理によって禁じられているではないか？　その２個のアップクォークがまったく同じであれば確かにそのとおりだが、実はまったく同じではない。クォークは、赤・緑・青という、それぞれ異なる「色」を持っている。陽子の場合、一方のアップクォークが赤であれば、もう一方は緑または青でなければならない。色といっても私たちがふつう考える色とは何の関係もなく、新たなタイプのチャージを表すラベルにすぎない。このように混乱を招きかねない呼び名にファインマンはとりわけ眉をひそめ、「この突飛な新概念を表すのにふさわしいギリシア語の単語を、あの間抜けな物理学者は思いつかなかったに違いない」と吐き捨てた。

おそらくゲルマンへの当てつけだろう。カルテックでオフィスが互いに数部屋分しか離れていなかったこの２人は、とげとげした関係にあった。ゲルマンが命名に頭を悩ませているのを、ファインマンはたびたびバカにしていた。実話かどうかは定かでないが、ある金曜日にゲルマンがやって来て、いま研究している新たなタイプの素粒子の良い名前がどうしても思いつかないとこぼしてきた。そこでファインマンは皮肉たっぷりに、「クワック」（アヒルの騒々しい鳴き声のこと）と名付けたらいいじゃないかと答えた。明けて月曜日、ゲルマンが興奮しながら再びやって来た。ジェイムズ・ジョイス『フィネガンス・ウェイク』の「マスター・マークに三クォークを」という一節を読んで、ぴったりの名前を見つけたというのである。

こうして、ファインマンの提案した「クワック」ではなく、「クォーク」となったのだった。

ファインマンはゲルマンのことを好きではなかったかもしれないが、非常に尊敬していたのは間違いない。2010年、私は光栄ながら、ゲルマンの生誕80年を記念した学会に出席した。シンガポールで開催されたその学会は、少なくとも私のような物理オタクにとっては、スター大集合のイベントだった。ゲルマンのほかにもノーベル賞受賞者が３人参加していた。「TREE(3)」の章で登場したヘーラルト・トホーフト、ゲルマンの教え子ケネス・ウィルソン、そして中国人物理学者の楊振寧（ヤンチェンニン）（アメリカ人博識家のベンジャミン・フランクリンに憧れてフランク・ヤンとも名乗っていた)。ジョージ・ツワイクも参加していた。しかし物理学の近年の歴史における錚々（そうそう）たる面々の中にあっても、ゲルマンはひときわ異彩を放っていた。あれほど自信と知性がにじみ出ている人物には、後にも先にも出会ったことがない。正直言って私は少々圧倒されてしまった。当時のゲルマンは、物理学者の黄金世代の取りを務める人物だった。カルテックで彼と悪口を言い合ったファインマンは、40歳にしてノーベル賞を受賞し、その後にあと２つか３つ取ってもおかしくなかった。ゲルマンの知力も常人をはるかに凌いでいた。９歳にして『ブリタニカ大百科事典』を暗記し、また言語にも堪能で、少なくとも13の言語を使いこなした。

ゲルマンのクォーク、あるいはクワックは、レプトンと呼ばれるもう一グループのフェルミオンと並んで、あらゆる物質の構成部品である。レプトンには、電子と、その重いいとこであるミュオンやタウ、そして、このあと弱い核力について話すときに登場する、ニュートリノという愉快な名前の素粒子が含まれる。レプトンとクォークは共通点も多いが、違いも大きく、一つ非常に重要な点で異なる。レプトンは強い核力に左右されないのだ。いっさい感じることができない。しかしクォークは強い核力によって囚われの身になっている。互いに結びつけられていて、ハドロンの中に永遠に閉じ込められている。レプトンと違ってけっして自由にはなれない。「閉じ込め」の呪いにかかっているのだ。閉じ込めとはすなわち、この宇宙をひとりさまよい歩くクォークなどけっして見つからないという意味である。陽子や中性子、あるいは何らかのハドロンという牢屋の中で、ほかのクォークとともにずっと鎖でつながれている。その鎖を形作るのがグルーオン、束縛の素粒子、強い核力を伝えるものである。

グルーオンはクォークを囚われの身にしているだけでなく、グルーオンどうしで互いを拘束してもいる。クォークとともにほかのグルーオンをも引き寄せて、力線を絞り上げることで、最終的にクォークとグルーオンはすべて閉じ込められる。マクロな世界で強い核力をけっして目にすることがないのはそのためである。グルーオンは質量が0だが、閉じ込めによってその力は原子核の中から出てこない。そのプロセスはまだ完全には解明されていない。その問題にはクレイ数学研究所の賞金100万ドルの賞がかかっているので、これを完全に解き明かしたらあなたは金持ちになれる。

1970年代初めに知られていた事柄をつなぎ合わせたのは、確かにゲルマンとその共同研究者たちである。クォークとグルーオンが「色」を持っているとされたことから、その理論は量子色力学（QCD）と呼ばれるようになった。しかしその種（たね）が植えられたのはさらに数十年前、先ほど言ったシンガポールの学会にも参加したヤンと、その共同研究者であるアメリカ人のロバート・ミルズが、いまではヤン＝ミルズ理論と呼ばれている突飛なバージョンの電磁気学を作り上げたことによる。その新理論には独自の力を伝える新たなゲージボソンが用いられていて、それは光子のいとこだがもっと複雑で、煙たがられる親戚とでもイメージすればいいかもしれない。プリンストン大学でヤンがこの理論について話をすると、パウリはその提案された新粒子の質量を何度も尋ねた。それまでそのような粒子は見つかっていなかったため、パウリにとっては非常に重要な疑問だった。しかしその答えを知らないヤンは、自分のセミナーの最中に激しく攻撃してくるパウリに面食らって、しばし口ごもってしまう。ヤンは面目を潰され、パウリもそれ以降は口を出さなかったが、翌日ヤンにメモ書きで、あれ以上議論が続けられなくなってしまったのは自分のせいだと伝えた。いまではパウリの疑問の答えは分かっている。対称性ゆえ、ヤンの予想した力を伝える粒子は質量をいっさい持たない。その対称性にゲルマンは少々手を加えて、とはいえ質量は変えずに、その新粒子を、陽子や中性子、原子核を一つにまとめる鎖、すなわちグルーオンと特定した。強い核力を伝える粒子だったのである。

弱い核力

私の友人スマーティーはよく冗談で、子供が３人できたら、科学の興味のままにある実験をするつもりだと言っていた。１人目をファンタスティック（「素晴らしい」）、２人目をブリリアント（「優秀な」）、３人目をラビッシュ（「ろくでなし」）と名付けて、それぞれどういう人間に育つかじっくり観察するというのだ。そしてたまたま子供を３人もうけたが、その当初の計画は幸いにも奥さんによって食い止められた。この話を聞いて私がいつも思い出すのは、「弱い核力」とその不運な境遇、すなわち、はるかに目につく、重力、強い核力、電磁気力と比べられる運命である。皮肉なことに、弱い核力はこの４種類の基本的な力の中でもっとも弱いわけでもない。その不名誉を受けるのは重力で、弱い核力と比べて１兆の１兆倍以上弱い。

もちろん弱い核力は強い核力や電磁気力ほど強くはないが、だからといって見捨ててもらっては困る。素粒子の世界の日光だ。ただのたとえではなく、弱い核力は、太陽が生命を育む輝きを発する上で役割を担っている。太陽の中心核で2個の水素原子核が互いに押しつけられると、ときに一方の陽子が中性子に変身して、重水素と呼ばれる重いタイプの水素ができる。これが最初のステップとなって始まる核融合プロセスによって、太陽はあれほど大量のエネルギーを発生させている。このあとすぐに見ていくとおり、陽子が中性子に、中性子が陽子に変身できるのは、弱い核力のおかげ。弱い核力は放射能をもたらす力である。

物理学ではたびたびあることだが、すべては一つの謎から始まった。第一次世界大戦前夜、ジェイムズ・チャドウィックという名の若きイギリス人物理学者が、ハンス・ガイガーとの共同研究のためにベルリンへ渡った。そして、ガイガーが開発したばかりの有名なガイガーカウンターを使って、ベータ壊変と呼ばれる核反応で生じる放射線のスペクトルを測定した。当時、ベータ壊変は、重い原子核が電子を1個吐き出すことで起こると考えられていた。量子の世界ではどんなものでもそうだが、壊変の前後における原子核のエネルギーは完全に定まった値を取ると予想されていた。誰もが信じていたとおりエネルギーが保存されるのであれば、この放射線を構成する電子にも同じことが言えるはずだ。ところがそうではなかった。チャドウィックが気づいたとおり、その電子のエネルギーはまったく定まっておらず、その分布は連続的だったのである。エネルギーは生成も消滅もしないという原理に、ベータ壊変は逆らっているように思えた。この結果を受けて物理学は大混乱に陥った。偉人ニールス・ボーアですら、エネルギー保存則をあきらめて、はるか以前にユリウス・フォン・マイヤーが船員の血液を調べたことでたどり着いた大発見をなげうつかに思われた。チャドウィックはと言うと、大戦が勃発してドイツ軍に捕まり、民間人収容所に囚われた。しかしドイツ軍の看守たちはチャドウィックに実験室の設置を許し、実験を続けるために放射性物質入りの歯磨き粉まで提供した。

チャドウィックが暴き出したこの謎は、別のドイツ人によって解かれることとなる。それは1930年12月、テュービンゲンで開かれた学会の出席者たちに宛ててパウリが書いた、並々ならぬ手紙という形を取っていた。パウリはチューリヒで舞踏会に参加するため、その学会に直接出席することはできなかった。とはいえ彼の間接的な貢献によって、この学会は物理学史上の重要な地位を確かなものとする。ありきたりの前置きでは満足できなかったパウリは、「放射能紳士淑女のみなさん」という言葉で切り出した。そしてそれに続いて、ある注目すべき思いつきを説明した。ベータ壊変の問題は、小さな小さな中性子によって解決できると提唱したのだ。いわく、電子とともにその「中性子」も放射として吐き出され、チャドウィックの実験で見つからなかったエネルギーを運び去っている。パウリの言う「中性子」は、原子核の中に陽子とともに潜んでいることが知られていたものとは違う。本来の中性子はそれから１、２年のうちにチャドウィックによって発見され、パウリの提唱した「中性子」よりもはるかに重かった。パウリの思い描いた「中性子（ニュートロン）」は、いまでは「ニュートリノ」と呼ばれている。小さくて軽い、電気的に中性のものという意味である。

1933年にブリュッセルの学会でパウリが小さな「中性子」に関する講演をおこなうと、フェルミオンの祖、エンリコ・フェルミは深い印象を刻み付けられた。そしてローマに戻って、パウリのアイデアの詳細をつなぎ合わせる決心をする。そうして、ベータ壊変の際に吐き出される電子は、もとから原子核の中に存在していたのではないという考えにたどり着いた。何か別のこと、まったく新しい現象が起こっている。原子核の中の中性子が、何か未知の新たな力によって壊変しているというのだ。いまでは弱い核力と呼ばれている力である。この壊変によって、陽子と電子、そしてパウリの言ったニュートリノが生成する。専門的に言うと反ニュートリノだが、それはあまり気にしなくていい。けっして、中性子は陽子と電子とニュートリノからできていて、それがばらばらになるなどと考えてはいけない。まるで狼男のように、文字どおり変身するのである。その壊変が起こると、生成した陽子によって原子核の原子番号が大きくなって、周期表で一つ右隣の場所に移動し、電子とニュートリノは放射線として飛び出す。フェルミの言う新たな力、この放射能ドラマを引き起こす力は、無限に短い距離にわたって作用し、あたかも無限大の質量を持った素粒子によって伝えられるかのようだ。いまではそのような力は接触力と呼ばれている。たった一つの瞬間にたった一つの場所で、中性子が新たな粒子、陽子と電子とニュートリノにキスをするのである。フェルミはこの研究結果を学術誌『ネイチャー』に投稿するも、物理的現実からあまりにかけ離れているとして掲載を拒否されてしまった。のちに『ネイチャー』誌はこの一件を、同誌史上最大の編集上の大失態と認める。掲載拒否の目に遭って落ち込んだフェルミは、しばらく理論物理学から遠ざかるべきだと判断した。そしてしばらくのあいだ実験研究に集中し、1930年代末にノーベル賞を受賞した。中性子を減速させてそれを原子核に衝突させ、従来よりも正確に核分裂を引き起こす手法を開発していた。大量の原子核エネルギーを取り出せる可能性を見出して、産業規模の原子力への道を開いたのである。

ニュートリノを見つけるのは難しい。問題は、ほぼ質量がなく、電荷も持っていないため、ほとんど何もしたがらないことである。それは幸いなことで、ちょうどいまあなたの身体を１秒あたり約100兆個のニュートリノが貫いている。正体を隠し通すこの能力のせいで、ニュートリノが実験的に発見されたのは、パウリとフェルミが最初に提唱してから20年以上も経った1956年のことだった。その発見を知らせる電報を受け取ったパウリは、訳知り顔でこうつぶやいた。「何事も、待つ術を知る者に訪れる」

ニュートリノの発見から６カ月後、物理学界はさらに驚くべき実験に衝撃を受ける。その実験に携わったのは呉健雄（ウーチェンシュン）、俗にマダム・ウーと呼ばれた人物である。中国、長江の河口にほど近い瀏河（りゅうが）という町で、学校教師と技術者の娘として育てられ、両親から学問への興味をせっせと植え付けられた。そしてその進歩的な環境のおかげで教養を開花させる。のちに雑誌『ニューズウィーク』の取材では次のように答えている。「中国社会では女性は功績だけで評価される。男性も女性の成功を後押ししてくれるので、女性も女性らしさを改める必要はない」。ところが1936年にアメリカに渡ってミシガン大学で博士研究を始めると、まったく異なる世間の見方に直面する。女子学生は新たな学生センターの正面入口から入ることを許されず、脇からこっそり入るしかなかった。愕然としたウーは、もっと自由な雰囲気である西海岸のバークレーへ移る決心をする。だがそれでも、科学者たちが自分の理想像とかけ離れているという事実を乗り越えなければならなかった。ウーは小柄で美しく、『オークランド・トリビューン』紙によると科学者よりも女優のように見えたという。しかしそんな偏見をはねつけて、ウーは原子核物理学者として有無を言わさぬ名声を築く。そうしてまもなく、誰よりも尊敬する女性、放射能の秘密を初めて暴いたポーランド人化学者マリ・キュリーにたとえられるようになった。

そんなウーが1950年代半ば、ワシントンDCにある低温実験室でベータ壊変の実験をおこなっていた。すると、同じく中国人科学者で理論家のヤンと李政道（リーツンダオ）から、思いもかけないある現象を探すことを勧められる。この宇宙は左右の区別ができるのかどうか調べてみろというのである。鏡の中に映った宇宙を思い浮かべてほしい。左右、上下、前後、すべての空間次元が反転した宇宙である。その宇宙では物理は異なる振る舞いを見せるだろうか？　当時ほとんどの人は、そんなことはないと考えていた。そんな宇宙でも電子は陽子に引き寄せられるし、ほかの電子に押しやられるはずだ。地球は太陽のまわりの楕円軌道に縛られているはずだ。死も税金もあるはずだ。ところがヤンとリーの提案する実験をおこなったウーは、ベータ壊変では必ず左利きの電子しか飛び出してこないことに気づいた。左利きの電子をその進行方向の正面から見ると、反時計回りに自転しているように見え、右利きの電子は時計回りに自転しているように見える[3]。ウーの実験によって、この宇宙は左と右、時計回りと反時計回りを区別できることが証明されたのである。ということは、鏡の世界に入ったら物理が変化するということになる。すべてが変わってしまうわけではなく、重力や電磁気力、強い核力はもとと同じように振る舞う。だが弱い核力は？　それは変わってしまうのだ。

この発見によってヤンとリーにはすぐさまノーベル賞が与えられたが、おかしなことにウーの貢献は無視された。ヤンとリーはこの決定を問題視して何度もウーを推薦するも、実を結ぶことはなかった。ウーの画期的な実験以降、左利きか右利きかが重要な問題となり、フェルミの理論には少々手を加える必要性が出てきた。そこでハーヴァード大学の物理学者ロバート・マーシャクと、そのインド人学生ジョージ・スダルシャンが、V－A理論と呼ばれる、弱い核力の汎用的なレシピを考え出した。本質的にはフェルミの理論に似ているが、鏡像では違うふうに振る舞う。またこの理論は、電子の重いいとこであるミュオンの関わる壊変にも、電子の関わる壊変と同じように通用する。V－A理論を最初に考え出したのがマーシャクとスダルシャンであることは疑いようがないが、その手柄のほとんどはカルテックの凸凹コンビに与えられる。同じ頃にファインマンとゲルマンも似たようなアイデアを育んでいて、実際にはこの２人が先に発表したのである。しかも２人はハーヴァードの友人たちよりも少々声高だった。この競争はわだかまりを残した。ファインマンがアメリカ物理学会でこの研究について、いかにも彼らしい粋な講演をおこなうと、マーシャクはマイクをつかんで「私が先だった！」と叫んだ。するとファインマンは表情も変えずに「私が先だった！」と答え、「しかも私が最後だったことしか知らない」と切り返した。

フェルミの理論と同じくV－A理論でも、弱い核力は無限に短い距離にわたってしか作用せず、一点でキスをする素粒子どうしのあいだに働く。しかし力は実際そのようにして働くわけではなく、力を伝える素粒子が必ず存在する。ではどうしてV－A理論は、ここまで正しい実験結果を導き出す理論になっているのだろうか？　ハリウッドのファッションリーダーが友人に、唇どうしを触れさせずにキスのふりをするとしよう。できるだけ近づけようと思えば、遠目にはまるで唇どうしが触れ合っているように見えるかもしれない。V－A理論もそれと似たような形で成り立っている。素粒子どうしが接しているように見えるかもしれないが、それはとりもなおさず、その力を伝える素粒子がさほど遠くまで進まないから、つまり重いからである。

では、その力を伝えるヘビー級の素粒子とはいったい何なのだろうか？実は弱い核力を伝える素粒子は３種類あって、いずれもヘビー級でスピン１である。そのうちの２種類、Wボソンは、V－A理論の誕生前に、やはりアメリカ人のジュリアン・シュウィンガーによって存在が特定されていた。シュウィンガーはファインマンと同世代で、理論物理学の巨人として２人はたびたび比較された。ファインマンは荒々しくて直観的、シュウィンガーは慎重で気難しかった。フェルミの理論では、中性子は電子と反ニュートリノを吐き出して陽子に変わる。そこでシュウィンガーはこの４つの粒子がキスするのを防ごうと、このプロセスの最中に、ちょうど恋仲を邪魔する厄介者のように新たなボソンを割り込ませたいと思った。要するに、中性子が陽子に変化する際に、初めに下図のように、負の電荷を持ったWボソンが吐き出されるということである。別の種類のプロセスには正の電荷を持ったWボソンが関わるため、計２種類のWボソンが必要となる。

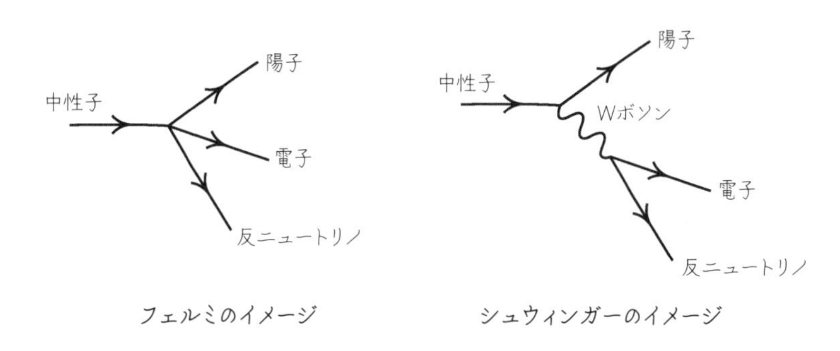

中性子の壊変を模式的に描いた図。左図はフェルミのイメージで、中性子が瞬時に3個の粒子に壊変する。右図はシュウィンガーのイメージで、プロセスの最中に重いWボソンが割り込んでいる。

電磁気力と弱い核力は、それぞれわずかに異なるステップを踏んではいるものの、同じダンスホールで踊っているように思える。見ようによっては電荷のダンスと言える。一方では、電磁気力によって電荷が空間中を移動して、電子が電子を押しやり、陽子を引き寄せる。他方では、弱い核力が電荷を**変化**させる。中性子のような中性の粒子を、正の電荷を持った陽子に変身させる。したがって弱い核力を伝える素粒子は、それ自体が**電荷**

を持っていて、電磁気力を感じるのだ！　もしかしたら電磁気力と弱い核力は、いわば同じコインの表と裏なのだろうか？　Wボソンと光子は同じくくりに入れることができて、自然界におけるこの２つの基本的な力は統一された一つの力にまとめられるのだろうか？

シュウィンガーはもちろんそうだと考え、この２つの力をつなぎ合わせようとした。それはまるで、アルハンブラ宮殿の壁に描かれた２種類の模様を画家がつなぎ合わせようとするようなものだが、ただし前の章の冒頭で見たとおり、対称性がそれぞれ異なる。対称性にこだわっていたらどれもつなぎ合わせられない。古代イスラムの宮殿の壁や床に描かれているパターンが17種類しかないのはそのためである。それと同じく、シュウィンガーもこの対称性の問題のせいで、光子と２種類のWボソンを完璧につなぎ合わせることができなかった。結局のところあまりにも不釣り合いだった。一方のボソン（光子）は電気的に中性なのに、ほかの２種類のボソンは電荷を帯びている。パターンを成り立せるには、つまり対称性を残すには、中性のボソンがもう１種類必要だった。いまではＺボソンと呼ばれている素粒子である。それを生み出したのはニューヨークのブロンクス出身のシェルドン・グラショウ、これが必要な材料であることに気づいた人物である。グラショウはシュウィンガーの博士課程の学生だったが、論文の記述から見て、ゲルマンとの会話から着想を得たのは間違いない。

文字どおりピースが嚙み合ってきた。弱い核力と電磁気力は、光子と２種類のWボソン、そしてＺボソンという、４種類のボソンによって伝えられるたった１種類の超越的な力へと統一された。光子は電磁気力を担い、WボソンとＺボソンは弱い核力を担う。その基本的なからくりは、強い核力と同じく、10年前にヤンとミルズが提案して、プリンストン大学でのセミナーでパウリをあれほど取り乱させた理論とある程度似ていた。こうしてグラショウは、電磁気力と弱い核力の統一理論への扉を開いた。そして1960年代終わりまでに、ブロンクス高校時代からのグラショウの友人であるスティーヴン・ワインバーグが、いまでは電弱理論と呼ばれている理論に最後の仕上げを施した。当初はその理論は無視されていたが、数年後にオランダ人の２人組、ヘーラルト・トホーフトとその指導教官ティーニー・フェルトマンが、数学的に完璧に筋が通っていることを示し、その時点から注目を集めはじめた。電磁気力と弱い核力の統一は、物理学におけるベルリンの壁の崩壊にも等しい。その瞬間に２つの理論が一つとなり、もっと強力で深遠な理論に統一されたのである。もちろんそれ以前にも物理学では、たとえばマクスウェルが電気と磁気を統一したり、さらに以前にはニュートンが惑星の運動とリンゴの落下を結びつけたりと、たびたび統一が起こっていた。電弱理論の誕生は、マクスウェルやニュートンによるこれらの歴史的大勝利にも肩を並べる。とてつもなく驚きの偉業である。

1973年にワインバーグはMITからその近郊のハーヴァード大学に移り、少し前までシュウィンガーが使っていたオフィスを引き継いだ。そしてシュウィンガーが残していった一足の靴を挑戦状と解釈した。「私の後釜を務められるかな？」。ワインバーグは間違いなくその期待に応えられたと思う。同じ年、CERNにあるガルガメル泡箱という素敵な名前の実験装置で、中性の粒子によって伝えられる弱い核力の証拠が見つかった。ワインバーグの電弱理論から予測されていた、Ｚボソンによる力である。こうして当然のごとくワインバーグとグラショウは、シュウィンガーと並ぶノーベル賞受賞者のリストに名を連ねたのだった[4]。

ブロンクス出身の２人、ワインバーグとグラショウは、対称性を道案内にして進んでいったわけだが、電弱理論にはあなたも気になったはずの点が一つある。先ほど言ったとおり、ＷボソンとＺボソンは非常に重い。それは、弱い核力がごく短い距離、10億分の１のさらに10億分の１メートル程度、つまり陽子の直径の約１パーセントの距離までしか届かないからである。それはそれで何も問題はないように思える。しかしやはり前の章で学んだとおり、対称性は０に等しく、力の場合には、そこから質量０の素粒子によって伝えられる力が導き出される。私たちの暮らすこの宇宙が対称性に導かれているとしたら、なぜＷボソンやＺボソンのようなヘビー級素粒子の存在する余地があるのだろうか？　対称性の要求に反して質量が０でないのは、いったいなぜだろうか？

いよいよヒッグスボソンのお出ましだ。

ヒッグスボソン

ヒッグスボソンが教会堂に入る。

「ここで何をしているのだ」と司祭が問いただす。
するとヒッグスボソンは答える。「質量を与えるためです」

申し訳ない。確かにひどいジョークだ〔質量もミサも英語でMassと言う〕。しかし物理的内容はどうだろう？　ヒッグスボソンがこの宇宙に質量を与えているのだという話を聞いたことがあるかもしれない。実はそれは正しくない。あなたが手に持っているこの本か、またはジャスティン・ビーバー、あるいは土の中でうごめく線虫を考えてみよう。いずれも重さがあって、質量を持っているが、ではその質量はどこから来ているのだろうか？ヒッグスボソンに由来するぶんはほとんどなく、実は１パーセントにも満たない。アインシュタインによる質量とエネルギーのシンプルな等価性のおかげで、あなたのまわりに見えるあらゆるものはエネルギーから質量を得ている。そのエネルギーは、原子核物理学で扱う結合、陽子と中性子を結びつけるグルーオンの鎖の中に蓄えられている。体重計に乗って思ったより数キログラム重かったら、責めるべきはグルーオン、エネルギー、金曜の夜に食べたドネルケバブだ。ヒッグスボソンではない。

本やジャスティン・ビーバー、線虫には、いま言ったことがすべて当てはまる。だがWボソンやＺボソン、クォークやレプトンといった素粒子に目を向けると、状況は少し違ってくる。これらの素粒子が実際に持っている質量は、ヒッグスボソンに由来する。前に言ったとおり対称性は０に等しく、力を伝える素粒子の場合、対称性に基づけば質量が０でなければならない。光子やグルーオンが質量０なのはそのためである。Wボソンや Z ボソンといったヘビー級が存在するためには、対称性を壊すほかない。

グラショウもそう考えた。そして、理論の道案内にしてきた対称性を、計算の最後に破壊した。粉々に打ち壊したのだ。しかしそれとは別に、もっと穏当な方法がある。WボソンとZボソンに質量を与えるには、グラショウの対称性を破壊するまでしなくてもいい。隠してしまえばいいのだ。そのように対称性を隠すプロセスのことを、「自発的対称性の破れ」という。対称性を壊さずに隠すだけだというのになんとも分かりにくい名前だが、意味論にこだわるのはやめておこう。代わりにあるおとぎ話を聞いてほしい。

昔々、美しい金色の長い髪のお姫様がいました。名前はラプンツェル。悪い魔女によって森の中の塔に閉じ込められています。ある日、一人の物理学者が通りかかってラプンツェルの姿を目にしました。「私の実験にこの上なくふさわしい」と思った物理学者は、ラプンツェルを外宇宙に連れ出しました。地球の重力から遠く離れた真空の宇宙空間にたどり着くと、ラプンツェルの金色の髪が四方八方に均等に広がりました。これこそ物理学者が待ち望んでいた瞬間です。物理学者はラプンツェルの身体をあらゆる角度に向けてみますが、彼女の髪は変わりません。つねにあらゆる方向を向いています。物理法則は回転によらない、つまり回転対称性を持っていることを、自然がこのような形で教えてくれているのです。しばらくしたところで物理学者はラプンツェルを地上に連れ帰り、再び同じ実験をおこないました。すると対称性は消えていました。お姫様の身体を回転させると、彼女の髪は、つねに地面に向かって垂れ下がるように変化します。もちろんすぐに物理学者は、対称性が本当に消えたわけではないことを理解します。基本法則は実際に回転によりません。ラプンツェルの髪を下方向に引っ張る地球の重力場によって、対称性が視界から隠されたのです。空っぽの真空中ではその対称性がはっきりと現れていましたが、地球の重力場の中では隠されているのです。

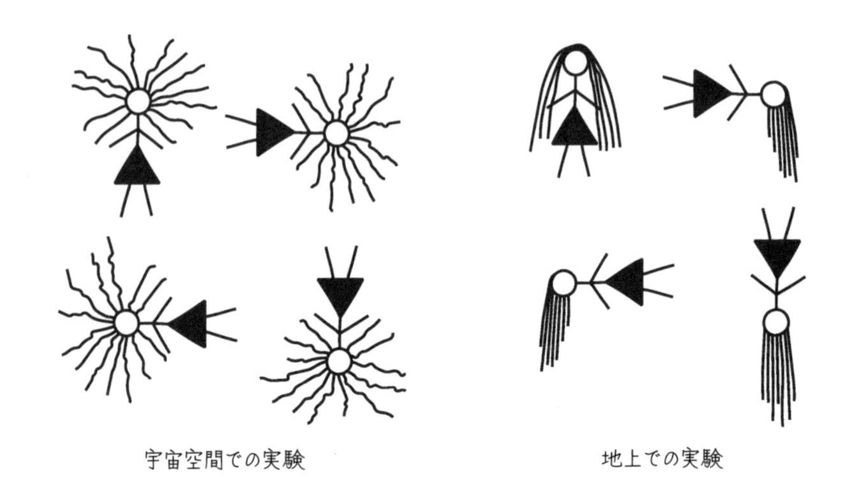

外宇宙と地上でラプンツェルを回転させる。

1960年代初め、聡明だが控えめな日本人物理学者、南部陽一郎が、このゲームを逆転させられることに気づいた。ときには真空そのものが対称性を隠すことがあるというのだ。それから50年近くのち、この慧眼が認められて南部はノーベル賞を受賞した。たいていの人は真空と聞くと、不毛な空っぽの場所、あらゆる場の値が0である空間を思い浮かべるだろう。ふつうならそのとおりだが、南部が気づいたとおり、必ずしもそうとは限らない。定義上、真空は、あらゆる量子状態の中でももっとも落ち着いた状態、つまりエネルギーがもっとも低い状態である。大騒ぎのホームパーティーで誰もが踊っていて、家がエネルギーと興奮に満ちあふれているさまを思い浮かべてほしい。明らかに落ち着いた状態ではなく、もちろん真空とは呼べないだろう。時間が経ってみんなおとなしくなると、家はもっとエネルギーの低い状態になる。さらにエネルギーを低くするには、全員追い返せばいい。家具も全部出してしまえばいい。空気も完全に吸い出してしまえばいい。あらゆる量子場を一つ残らず空っぽにしてしまえばいい。

そうすれば真空になるだろう。確かにそうかもしれない。しかし南部と、その共同研究者のイタリア人ジョヴァンニ・ヨナ＝ラシニオが示したとおり、場合によってはさらにある程度エネルギーを下げられることがある。陽子と中性子に関する２人の巧妙なモデルによれば、真空中でそれらの場は実は空っぽではない。空間全体に満ちていて、そこに特定の対称性が隠されているのだ。

南部とヨナ＝ラシニオのモデルは確かにお手本となったかもしれないが、真空がどのようにして対称性を隠すのかを本当に理解したかったら、もっと単純なモデルをいじくり回してみなければならない。ヒッグスボソンを使ったモデルである。そこで何が起こるかを直観的にイメージするには、ワインボトルを使えばいい。まずはボトルを空にしなければならない。私の一番好きなステップだ。空になったらボトルの底を見てほしい。ガラスが築山（つきやま）のような形をしていて、中央の小さな丘が堀に囲まれているかのようだ。底をテーブルに付けたままボトルを回転させても形は変化せず、回転対称性があることが分かる。ここでコルクを細かく裂いて、切れ端を中に落としてみよう。するとごくごくわずかな確率で、堀でなく小さな丘のてっぺんに落ちる。その状態で先ほどと同じようにボトルをそっと回転させてみると、コルクが転がり落ちない限り、対称性はそのまま残るだろう。しかし実際にはコルクは堀の中のどこかに落ちるはずだ。そうなったら対称性は損なわれてしまう。ボトルを回転させるとコルクも回転して、見た目が変化する。堀に落ちるのを選んだことで、コルクが対称性を破ったように見えるのである（次頁図）。

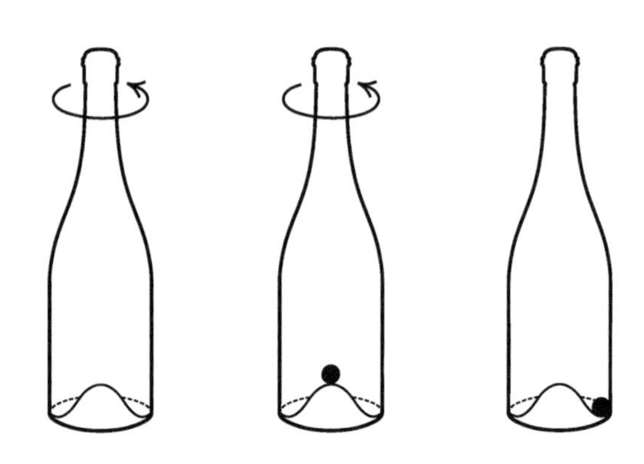

ワインボトルにおける自発的対称性の破れ。

このコルクのかけらがちょうどヒッグス場に相当する。ワインボトルはいわゆる「ポテンシャル」、すなわち、電位や重力ポテンシャルのように、エネルギーを与えたり取り去ったりしたときにヒッグスボソンに何が起こるかを決めている。ヒッグス場の「大きさ」を読み取るには、ボトルの中央を走る軸からコルクがどれだけ離れているかを測ればいい。つまり、コルクが小さな丘のてっぺんにあったらヒッグス場は0で、堀の中のどこかにあったら0ではない。このイメージを使えば、ヒッグス場の質量に蓄えられているエネルギーも読み取ることができる。それはボトルの底におけるコルクの高さにほかならない。つまりコルクが堀の中のどこかにあれば、もっともエネルギーの低い状態である。したがって、真空中でもっとも低いエネルギーに落ち着いたヒッグス場は、予想どおり大きさが0ではなく、対称性が破れたように見える。

ただし本当に対称性が破れたわけではなく、隠されただけである。

その隠された対称性を暴き出すには、0を引っ張り出してくる必要がある。実はその0は素粒子のスペクトルの中に潜んでいる。前に言ったとおり、素粒子は真空中での小刻みな揺れにほかならない。いまの場合にはコルクの揺れである。コルクを揺さぶる方法は２通りある。堀から出ていくように揺さぶるか、または堀に沿って揺さぶるかだ。堀から出ていくように揺さぶると、コルクはボトルの側面に向かって登っていく。コルクの位置する高さが、ヒッグス場の質量に蓄えられるエネルギーの量に相当するのだから、このようなタイプの揺れは質量を持った素粒子に対応づけられる。CERNのトンネルの中で陽子どうしを衝突させることで実際に発見されたのは、その質量を持った素粒子である。しかしコルクを堀に沿って揺さぶった場合には、コルクの高さは変化しない。したがって、ヒッグス場の質量にエネルギーが供給されることはなく、この揺れは質量０の素粒子に対応づけられる。以上まとめると、コルクの揺れのスペクトルには、２種類の異なるタイプの素粒子が含まれる。質量を持った素粒子と、質量０の素粒子である。そして後者の質量の値である０は、隠れた対称性によって現れてくるのだ！

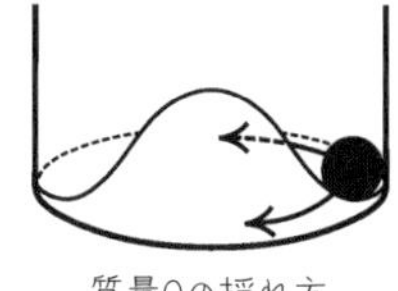
質量0の揺れ方

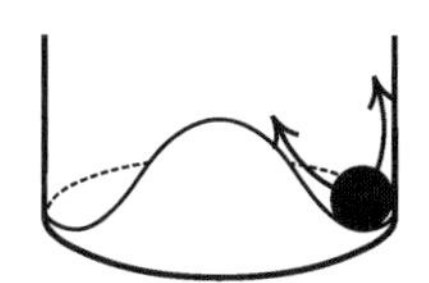
質量を持った揺れ方

1962年、ケンブリッジ大学のジェフリー・ゴールドストーンが、スティーヴン・ワインバーグおよび、パキスタン人物理学者のアブドゥッ・サラームと手を組んだ。そして、真空中で対称性を隠そうとするとどうしても抵抗を受け、質量０のボソンが必ず現れてしまうことを明らかにした。ゴールドストーンの定理と呼ばれるこの結論は、まさに大惨事にほかならない。自発的対称性の破れの理論で何よりも肝心なのは、ＷボソンやＺボソンのように質量を持ったボソンを作ることであって、ゴールドストーンの導き出した質量０のボソンではないのだから。

素粒子物理学者たちは白旗を揚げるかに思われた。ところが思いもよらぬところから助っ人が現れる。素粒子のミクロなダンスなどたいして気にも掛けていなかった、一人のアメリカ人物性物理学者である。しかし、本人の言によれば「思慮深い気難し屋」であるその人物、フィリップ・アンダーソンは、超伝導の研究を通じて、隠れた対称性を扱った経験が多少あった。彼いわく、ＷボソンとＺボソンは**ゲージ**場であって、問題を引き起こしている対称性は**ゲージ**対称性であることを、誰もが思い出す必要がある。前の章で見たとおり、ゲージ対称性は空間と時間の各点に別々に適用させることができる。そのゲージ対称性があらわになっていたら、先ほど言ったとおり、それに対応するゲージボソンはどうしても質量０になってしまう。しかしそのゲージ対称性が隠されていれば、そのゲージボソンは質量を獲得できるはずだ。アンダーソンは、質量０のゲージボソンと質量を持ったゲージボソンの違いとして、質量自体のほかにある重要な点を指摘した。モードの個数（自由度）の違いである。質量０のゲージボソンは、光子の２通りの偏光のようにモードが２通りしかないが、質量を持ったゲージボソンはモードが３通りある。そこでアンダーソンは、その余分な１つのモードが、ゴールドストーンの予想した所在不明の粒子（ゴールドストーン粒子）に由来するのではないかと考えた。現実の世界でも、対称性が破れるとどうしてもゴールドストーン粒子が出現する。しかし実際には、質量を持ったＷボソンやＺボソンにいわば吸収されてしまう。それらのボソンの一部となって中に隠され、モードがちょうど正しい個数になるのだ。

アンダーソンはその詳細についてはいっさい明らかにできなかった。彼の論法は直観的で、アインシュタインや相対論のペースなど気にする必要のない単純な世界で構築されたものだった。多くの素粒子物理学者は、そこがネックになるだろうと思った。相対論を適切に考慮に入れると論法全体が完全に破綻してしまうだろうということだ。

最後のブレークスルーを引き起こしたのは、1964年６月から10月のあいだに権威ある学術誌『フィジカル・レヴュー・レターズ』（PRL）にいずれも投稿された、３本の並々ならぬ論文である。筆者は６人の賢者、ブルーとアングレール、ピーター・ヒッグスとグラルニク、ヘイゲンとキブル、うち５人は半世紀近くのちにCERNに集まって、自分たちの研究結果が裏づけられるのに耳を傾けることとなる。詳細はアンダーソンの期待した理論とある程度近かったが、今度は相対論が取り入れられていた。先ほどの空っぽのボトルに落としたコルクのように、ヒッグス場が真空の中に転がり落ちると、その対称性が破れる。するとそのヒッグス場はゲージボソンに質量を与えようとし、ゴールドストーンやあの厄介なボソンがどう手を出そうがそれを食い止めることはできない。ゲージボソンがゴールドストーン粒子を「食べてしまう」と表現されることが多い。ボソンの共食いのように聞こえるが、実際にはこれによってゲージボソンは質量を獲得する。ゴールドストーン粒子はゲージボソンに呑み込まれて、質量を持つ上で必要な追加のモードを提供するのである。

１本目の論文を発表したベルギー人のロベール・ブルーとフランソワ・アングレールは、アンダーソンの説をいっさい知らなかった。ここで話すべきストーリーはある意味２つある。ゲージ場のストーリーと、対称性を破ろうとする場のストーリーだ。ブルーとアングレールはゲージ場のほうに着目した。一方、イングランド北東部出身のピーター・ヒッグスは、対称性を破る場、いまで言うところの「ヒッグス場」に着目した。そして、対称性を破るその場が２つの部分に分かれることを明らかにした。一つはゲージ場に食べられてそのゲージ場に質量を与える部分、もう一つは、ワインボトルの壁に向かって揺れていくコルクのように、それ自体で質量を持った素粒子となる部分である。CERNで発見された素粒子、つまりヒッグス場でなくヒッグスボソンは、この揺れのことを指している。最初ヒッグスは、以前にも何度か研究結果を発表していた別の学術誌『フィジックス・レターズ』に論文を投稿するも、掲載を拒否されてしまう。「速やかに掲載すべき理由はない」とのことだった。そこでヒッグスはすぐさまPRLに投稿しなおし、その論文は南部によって査読された。今度は掲載拒否されることはなかった。

その頃、カール・ヘイゲンはMIT時代からの旧友ジェラルド・グラルニクと会うためにロンドンを訪れていた。当時グラルニクはインペリアル

・カレッジ・ロンドンでポスドク研究員をしていて、その大学にはトム・キブルが若手教員として勤めていた。ヘイゲンとグラルニクは、これを機にゴールドストーンの定理について考えはじめる。対称性を隠して、忌まわしいゴールドストーン粒子を追い払うにはどうすればいいのか？ グラルニクとヘイゲンがその解決法をPRLに投稿しようとしていたちょうどそのとき、キブルが、ブルーとアングレールの新たな論文、それからピーター・ヒッグスの新たな論文を振りかざしながらオフィスに入ってきた。詳しく読んでみると、先を越されたわけではなかった。その２本の論文では、グラルニクたちと違ってゴールドストーンの定理も取り上げられていないし、量子的な側面も考慮されていなかった。

当初これらの論文はほとんど注目を集めなかったが、とくにキブルはこだわりつづけた。そしてさらに細部を詰めていき、1967年には、ワインバーグを喜ばせるかのように、電磁気力と弱い核力の統一を完成させるための適切な要素をすべて明らかにした。ワインバーグが見抜いたとおり、２種類のWボソンと１種類のＺボソン、計３種類のゲージボソンに質量を与えなければならないため、少なくとも４つのモードを持った、もっと風変わりなヒッグスボソンが必要だった。そのモードのうち３つは食べられてゲージ場に質量を与え、４つめのモードは残される。それが、2012年７月４日に発見が発表されたヘビー級のヒッグスボソンだったのである。

翌年、ノーベル賞の発表が近づくと、私を含め物理学者の多くは、1964年に発表された例の論文の筆者たちに授与されるものと予想した。そもそも６人の賢者のうち５人は存命で、ロベール・ブルーだけがヒッグスボソンの発見の１年前に世を去っていた。この５人の中から何人かを選ぶことなど誰にもできなかったし、そもそもそれでは不公平になるため、ノーベル委員会は受賞者を３人までとする規則を緩和するだろうという予想まであった。しかしそうはならなかった。グラルニクとヘイゲン、キブルは外されてしまったのである。

がっかりした。私はのちに勲位を授かるトム・キブルと親しくさせてもらっていた。イギリスの宇宙論学者が定期的に集まる、イギリス宇宙論学会でたびたび顔を合わせていた。いまでこそ100人近い参加者を集める学会だが、発足当初は、インペリアル・カレッジ・ロンドンのトムのオフィスに十数人が集まって意見交換をするというものだった。トム・キブルは物理学の巨人で、真の紳士だった。自分からスポットライトを浴びようとすることなどけっしてなく、つねに自分よりも先に他人の業績を讃えることを優先した。しかし私が考える限り、ヒッグスボソンに関する知見を深めた６人の賢者の中で、トムこそが一番の賢者だったと思う。ほかの誰にもまして独自のアイデアを膨らませ、最終的には１つどころか２つのノーベル賞に大きな影響を与えたのだから[(5)]。

ヒッグス機構

8つの簡単なステップでゲージボソンに質量を与える方法

ヒッグス場が丘のてっぺんに留まる。対称性は破れておらず、ゲージボソンは質量が0である。

ヒッグス場は至るところで大きさが0である。

僕は0だ。

ヒッグス場が転がり落ちて対称性が破れる。

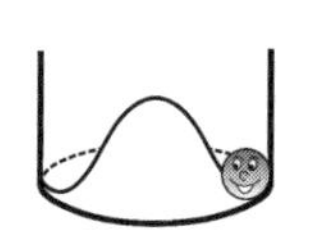

ヒッグス場は大きさが0でなくなり、ゲージボソンに多少の質量を与えようとする。

いまやヒッグス場の揺れには、重いヒッグスボソンが含まれている。

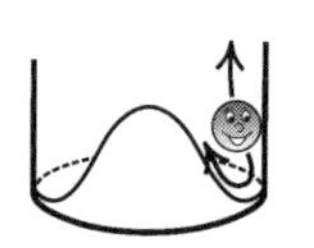

では質量0のゴールドストーン粒子は含まれているか？

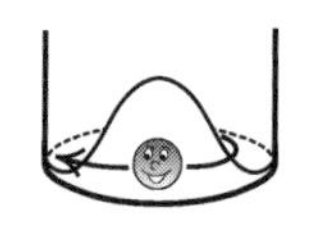

そんなことはない。

ゲージボソンがゴールドストーン粒子を食べてしまって……

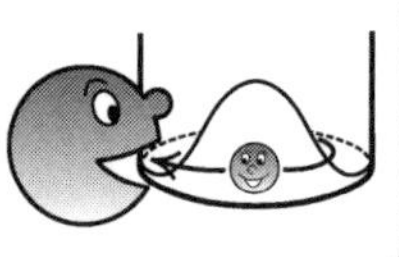

最終的には、**質量を持った**ゲージボソンと、重いヒッグスボソンが現れる。

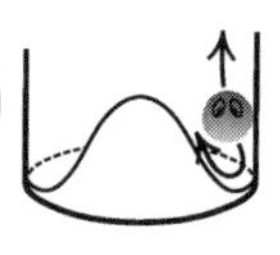

技巧的だが自然ではない

ヒッグスボソンは私たちを欺いていた。長いあいだ、電磁気力と弱い核力は別物だと信じ込ませていた。電弱理論の対称性と美しさを私たちの目から隠し、その結果としてWボソンとZボソンは私たちのマクロな世界に姿を現せないほど重くなってしまった。光子と電磁気力だけが残され、私たちはそれらに頼るようになった。私たちの愛用している機器のほとんどは、電気と磁気、あるいは電波を介した通信技術に頼っている。スマホでTikTokを見るのにも、冷蔵庫で食品を新鮮に保つのにも、Spotifyでお気に入りの音楽を聴くのにも、電磁気力が必要である。私たちの日々の生活は間違いなく電磁気的な生活であって、弱い核力的でもなければ、ましてや電弱力的でもない。突き詰めればそれはヒッグスボソンのせいなのだ。

ヒッグスボソンとその崩れた美しさを糧に肥えたのは、WボソンとZボソンだけではない。アップとダウン、ストレンジとチャーム、トップとボトムという、クォークもまたそうだ。そして電子やミュオン、タウやニュートリノという、レプトンもそうである。これらが質量を獲得した経緯を語るのにもっともふさわしいたとえ話は、1993年、CERNの科学者がイギリス政府にLHC建設への支援を求めたときにまでさかのぼる。ヒッグスボソンの物理をなかなか理解できなかった当時の科学担当大臣ウィリアム・ウォルドグレイヴは、CERNの科学者チームに、１ページに収まるようなもっと分かりやすいたとえを考えてくれと求めた。そして、もっとも優れた説明をしてくれた者にはヴィンテージもののシャンパンを贈ろうと申し出た。最終的にイギリス政府はCERNに金銭的支援をおこない、見事なたとえを考えついたユニヴァーシティー・カレッジ・ロンドンのデイヴィッド・ミラーには1985年産のヴーヴ・クリコが贈られた。

ここからは、そのたとえ話に少々手を加えて私なりの言葉で説明しよう。私の家の近所に、デイヴという男の経営する商店がある。デイヴは愛想の良いやつだが、村の外ではさほど名が通っているわけではない。ある日デイヴは、世界的なミュージシャン、エド・シーランと同じ部屋にいた。デイヴは有名人を少々嫌っているため、ちょっと張り詰めた雰囲気が広がっていて、２人とも部屋から出たいと思っている。偶然にもエドとデイヴは背格好が非常に似ていて、部屋の中を同じスピードで歩き回る。部屋が空っぽであれば、どちらもおおよそ同じ時間で部屋を端から端まで横切る。２人の身体的類似性に基づいた、ある種の対称性である。しかしもし、奇声を上げる何百人ものエド・シーランのファンで部屋が埋め尽くされたら（デイヴはいらだちを募らせるだろう）、その対称性は破れてしまう。熱狂的な群衆にひるむのは２人とも同じだが、エドのほうがはるかに大きな影響を受ける。エドはひっきりなしにサインをせがまれたり写真に入ってくれと頼まれたりするが、デイヴは誰にもさほど相手にされず、人混みの中を縫って進むことができる。

エドとデイヴはクォークに相当する。エドはトップクォーク、デイヴはアップクォーク、そしてファンの群衆はヒッグス場である。ご想像のとおりファンたちは、ノッティンガムに暮らす一店主よりも、大好きな歌手のほうとはるかに多く触れ合おうとする。ファンが部屋を埋め尽くしていると、つまりヒッグス場が「スイッチオン」になっていると、エドはデイヴよりもはるかに進み方が遅くなる。ある意味、ファンのせいであたかもエドが重くなってしまったかのようである。ファンがエドにさらに「質量」を与えるのだ。トップクォークとアップクォークの場合も同じ。トップのほうがヒッグス場と強く相互作用するため、ヒッグス場がオンになると、アップよりも大きな質量を獲得する。ヒッグスボソンもこのたとえ話で説明できる。ファンのあいだを伝わる熱狂の波として考えることができるのだ。いまからエドが歌うという噂をファンが聞きつけて、その噂を耳打ちしはじめ、何カ所かに群がってくるかもしれない。その集団が噂とともに部屋の中を移動するさまは、山中を貫くCERNのトンネルの中を運動するヒッグスボソンのようだ。部屋の中にファンをもっと詰め込むと、噂話をする人数が増えて、集団の動くスピードは遅くなる。それはちょうど、ヒッグスボソンが自身と相互作用して自らを減速させ、そのさざ波にさらにもう少し「質量」を与えるようなものである。

　このようなヒッグスボソンを見つけるのは、地獄の炎の中で雪だるまを見つけるようなものだ。見つかることはありうるが、実際には見つかるはずがない。製氷皿で作った氷をどこか高温の場所に持っていったとしよう。ものすごく高温の場所、たとえばオーブンの中や、燃えさかる永遠の地獄といった場所である。そんな場所で氷が長く持ちこたえるとは思えない。周囲の熱エネルギーがあまりにも多いせいだ。空気の分子が氷に衝突するにつれて、そのエネルギーが伝わって氷は融けてしまう。しかしそうならない可能性もごくわずかだがある。奇跡的にも空気の分子が氷をかすめつづければ、氷は持ちこたえる。しかしそんなことは非常に起こりにくい。

　ヒッグスボソンのストーリーもこれとかなり似ている。周囲の量子エネルギーが、ヒッグスボソンを実際よりもはるかに重くしようとする。フェアリーフライと同じくらいに重くだ！　その量子エネルギーをもたらすのは、けっして手に取れないあの仮想粒子である。前にも言ったとおり、量子場はつねにおしゃべりをしあっていて、素粒子にとってはそれがときにアイデンティティの喪失を引き起こす。

　もう少し理解を深めるために、しばらくのあいだヒッグスボソンのことは忘れよう。1個の光子がロンドンからパリへ飛んでいくさまをイメージしてほしい。ファインマンが示してくれたとおり、2点間を運動するどんな粒子も、取りうるあらゆる経路をたどろうとする。まっすぐ進むほかに、道の突き当たりの店に寄ったり、はてはアンドロメダ銀河を経由したりする。しかしそれだけでなく、光子は電子と陽電子のペアに変身したり、元に戻ったりすることも分かっている。だとしたら、問題の光子がロンドンからパリまでずっと、光子の姿をしつづけていたと本当に言い切れるだろうか？　一度や二度、電子と陽電子に変化して、それから元に戻ったりはしなかったのだろうか？　その答えは明らかにイエスだ！　この不確かさを生み出すのは量子力学である。量子力学のせいで、取りうるあらゆる経路をたどらされ、その経路の中には粒子が衣装チェンジをするようなものも含まれる。

　この光子と同じルートを旅するビジネスマンにたとえて考えてみてほし

い。一流の店で仕立てたスーツを着てロンドンを発ち、必ずまったく同じスーツ姿でパリに降り立つ。旅のあいだずっとそのスーツを着ていた可能性もあるし、そうでなかった可能性もある。何度かサッカーウェアかカクテルドレスに着替えたかもしれない。本当のところはけっして分からない。量子力学は確率のゲームである。問題の光子がしばらくのあいだ電子と陽電子の衣装を着ていた可能性が少しでもあるのなら、それを考慮に入れる必要がある。その替えの衣装は仮想粒子として考えるべきで、その仮想粒子は誰にも見られず捕まえられもしないが、最終的には痕跡を残す。そして実際にその痕跡が検出されている。仮想電子と仮想陽電子のせいで水素原子のエネルギーレベルが分裂していて、それが1947年にウィリス・ラムによって測定されたのである。

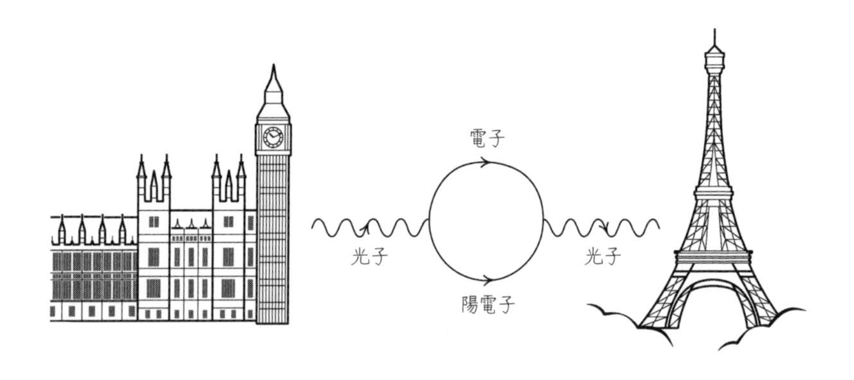

ロンドンからパリへ飛んでいく途中で、しばらくのあいだ電子と陽電子の衣装に着替える光子を、ファインマン流の模式図で表した。

ではこの話は、ヒッグスボソンにとってどういう意味を持つのだろう？いまの光子と同じく、ヒッグスボソンがどのようにロンドンからパリへ行くのかを考えたいのであれば、そのヒッグスボソンが道中ずっとヒッグスボソンの衣装を着ていたと決めつけることはできない。しばらくのあいだクォークや電子、あるいはいまだ知られていない何らかの場に着替えていた可能性はある。そしてそのいずれもが痕跡を残す。

どんな痕跡だろうか？　ヒッグスボソンは衣装を着替えるたびに、少しだけ体重に悩まされるのである。しばらくのあいだ電子と陽電子になりすます可能性があるので、その衣装の重みを身体に受けるしかない。直観的にいえば、衣装のぶんだけ身体が重くなったとイメージすればいいだろう。ヒッグスボソンから変身した仮想電子と仮想陽電子は、いわば量子的な媒質となって、動き回ろうとするヒッグスボソンの足を引っ張る。そうした仮想粒子をスーツケースいっぱいに詰め込んで、ヒッグスボソンは重くなるのだ。そこで問題となるのは、どのくらい重くなるかである。

仮想電子と仮想陽電子が実在の電子や陽電子と同じ質量だとしたら、何も心配する必要はない。実在の電子や陽電子はヒッグスボソンの10万分の１の重さで、そんなに軽いスーツケースならほとんど違いは出てこない。だが仮想粒子となると、もっと心配すべきことが出てくる。それは詰まるところ、ヒッグスボソンがどのくらい長いあいだ電子＝陽電子のペアになりすますのか、というよりも、どれだけ頻繁に変身するのかを、まだ示していなかったことによる。その変身が非常に素早くて、何度もくり返し変身するかもしれない。このあと話すとおり、そうすると一部の仮想粒子がスーパーヘビー級になりかねない。量子力学によってそうしたヘビー級の仮想粒子がスーツケースに詰め込まれて、ヒッグスボソンが許容レベルよりもはるかに重くなってしまうのである。

そのスーパーヘビー級の仮想粒子がどこから現れるのかを理解するには、非常に素早い衣装チェンジについてもう少し深く考える必要がある。ヒッグスボソンが電子＝陽電子のペアになったり元に戻ったりを素早く繰り返しているときには、電子場には短寿命のさざ波しか生じない。しかしハイゼンベルクの不確定性原理

$$\Delta E \Delta t \geq \frac{\hbar}{2}$$

のせいで、短寿命のさざ波はとてつもなく大きなエネルギーを持つ可能性がある。
「グーゴルプレックス」の章で私の旧友フィル・モリアーティが披露した、ギターのチャグ奏法を思い出してほしい。音が短ければ短いほど、振動数の範囲が広くなるのだった。はかない仮想電子と仮想陽電子も同じで、出番が短ければ短いほど、より大きいエネルギーを持つことができる。そうした仮想粒子がスーツケースに詰め込まれると、エネルギー、すなわち質量が巨大になり、ヒッグスボソンはますます重くなると考えられる。電子と陽電子が出現してからほぼ瞬時に消滅することを許してしまうと、そのエネルギーは、どんな単位を使うかにかかわらずグラハム数やTREE(3)を上回って、ヒッグスボソンの質量には際限がなくなってしまう。しかしそれでは少々やり過ぎだ。ヒッグスボソンが一瞬だけ電子と陽電子に変身するなんて、実際には筋が通らない。それだとあまりにも速すぎて、時空の織物を破壊してしまう。「TREE(3)」の章で木ゲームをやったときに学んだとおり、プランク時間、約5×10^{-44}秒よりも素早く何かをすることはけっしてできない。しかしそれでもまだ非常に短い。ヒッグスボソンがそんな短時間だけ電子場に変身することを許してしまうと、エネルギーの不確定性がとてつもなく大きくなってしまう。それによってスーツケースにどれだけの質量が詰め込まれるか、つまりヒッグスボソンがどれだけの質量を背負わされるかを、じっくり腰を据えて計算すると、量子ブラックホールの予想質量と非常に近くなる。フェアリーフライに近い重さだ[(6)]。

だがヒッグスボソンはとうていそこまで重くはない。実際の質量はその0.0000000000000001倍である。どこかでとんでもない勘違いをしたに違いない。仮想粒子が水素原子のエネルギーレベルに痕跡を残すことは実験から分かっているし、ヒッグスボソンに痕跡を残すことも予想できる。ではなぜその余分な質量は現れてこないのだろうか？　大声では言えないが、この難問を解決するために私たち物理学者は、いかさま行為にしょっちゅう手を出す。ここで話を片付けてしまわずに、ヒッグスボソン自体に備わったもう一つの質量の源が存在すると決めつけてしまうのだ。仮想粒子の詰まったスーツケースに由来する巨大な質量に、この謎めいた新たな要素を付け加える際には、その新たな質量は符号が反対になっていて、魔法のように打ち消し合ってしまうと考えるほかない。この章の冒頭で言ったとおり、それはまるで、アフリカゾウの群れとインドゾウの群れを天秤に載せて釣り合いを取ろうとするようなものだ。このたとえをもう少し正確にしてみよう。ゾウ約200頭からなる一方の群れの全体重を、100万キログラムとする。そしてもう一方の群れの体重を、それとまつげ１本分の誤差で等しくしなければならない。ヒッグスボソンはそのようなバランス技を見せつけているのである。

とうてい自然ではない。

この時点で私に噛みつきたくなった人もいることだろう。ここまでヒッグスボソンについて言ってきたこと、つまり着替えることで質量が増えるという話は、光子についてもまったく同じように当てはまりはしないのか？　光子もフェアリーフライと同じくらいの重さになるはずではないのか？　いいや、それはありえない。非常に美しい理由がある。対称性のせいだ。光子の質量が０であるのは、電磁気力の対称性のおかげである。量子力学はその対称性をめちゃくちゃにしてしまうのではないかと思われたかもしれない。光子にあの質量をすべて押しつけて、対称性を破壊してしまうのではないかと。だがここが重要な点で、もしも本当に対称性が存在していたら、量子力学はそれには手を付けない。まるでその美しさにうっとりしているかのようだ。光子が電子や陽電子などの仮想粒子からどのくらいの質量を与えられるかをじっくり計算してみると、答えは必ず０になる。対称性と美しさはけっして破壊されない。

ヒッグスボソンにとって問題なのは、光子の場合と違って、質量を適切に抑えてくれる対称性が存在しないことである。量子力学のなすがままに、泡立つ大量の仮想粒子から、腹に詰め込めないくらいの質量を押しつけられてしまう。それを防ぐためにヒッグスボソンは、ゾウの群れの体重をまつげ1本分の誤差で一致させるような、とんでもないバランス技を成功させなければならないのである。

亡命請負人

それは「階層性問題」と呼ばれている。CERNで測定されたヒッグスボソンの質量と、量子力学によって腹一杯に詰め込まれるはずの巨大な質量とのすさまじい食い違い、いわゆる階層性は、いったいなぜ存在するのか？　もしかしたら何らかのヒントが電子から得られるかもしれない。かつては電子も体重の悩みを抱えていたことがある。量子力学についてさほどよく分かっていなかった頃、電子が単なる荷電粒子の一つだった頃のことだ。当時、電子の質量を計算するには、その電場に蓄えられたエネルギーをはじき出すのが最良の方法だった（前に言ったとおり、エネルギーと質量は同じものである）。しかしこの方法には難点があった。電子の電荷が一点の中に埋め込まれていると仮定したせいで、その電場に蓄えられたエネルギーを計算すると無限大の値が出てきてしまうのである。ばかげているように聞こえるし、もちろん実際にそうだ。あなたの身体の中にあるすべての電子が無限に重かったら、あなたは動くことすらできないだろう。それどころか、空間と時間の織物を引き裂いてしまうだろう。

前にも言ったとおり、無限に短い長さで時空をいじくることはできない。そこで代案として、プランク長さ、つまりどうにか扱えるもっとも短い長さを半径とする小さな球体の中に、電子の電荷が蓄えられているのだとイメージすべきかもしれない。ところがそれでもたいして救われない。電子の質量がフェアリーフライと同じくらいになってしまって、まだあまりにも重すぎるのだ。どうしてもこの昔ながらの方法で電子の質量を計算したければ、電荷がもっと大きい球体、直径およそ10億分の1ミリメートルの球体全体に広がっているとイメージする必要がある。そうすれば、約10^{-30}キログラムという正しい答えが得られる。もっと球体を小さくしたいのなら、何かしら新たな方法が必要となる。新しい要素を含んだ新理論だ。ちょっとした新粒子、陽電子を含む、場の量子論である。

点状の電子が仮想陽電子と仮想電子のペアの雲に取り囲まれている様子を表した模式図。電荷がしみのように広がって、電子が実際よりも大きく見えている。

陽電子をゲームに参加させれば、電子をプランク長さにまで縮めることができる。上図のように仮想陽電子と仮想電子の雲が電子を取り囲んで、あたかも電子の電荷がもっと大きい半径にわたって広がったかのようになる。ヒッグスボソンと同じくこの電子も仮想粒子から質量を与えられるが、その影響の深刻さははるかに小さい。それどころか、そもそも電子が質量を持っていなかったとすると、光子と同じ境遇に陥ってしまう。仮想粒子から質量をいっさい得られなくなってしまうのである。例のごとく対称性がそれを食い止めてしまう。だがこの場合、その対称性にはほころびがある。近似的な対称性である。そのため電子はある程度の質量を獲得するが、多すぎることにはならない。電子がもっと軽いような世界を想像するとしたら、そのほころびはもっと小さくて、対称性はもっと完璧に近いことになる。電子の質量が0だとしたら、ほころびは完全に消えてしまう。

　では、そのような器用な振る舞いを示す対称性とは、いったいどんなものだろうか？　前に言ったとおり、電磁気学では内部ダイヤルを回すことで、電子や陽電子を記述するための数学的物体を自由に回転させることができる。しかしそれだと、いま探している対称性としてはあまりにも完璧すぎる。いま欲しいのは、ほころびのある対称性、電子が質量0である仮想上の世界でだけ完璧になるような対称性である。そのような対称性は確かに存在する。それを「カイラル対称性」という。小難しい呼び名は気にしないように。基本的にはこれも内部ダイヤルの一種だが、ただし、時計回りに自転する粒子と反時計回りに自転する粒子とで、回し方がわずかに異なる。これはかなり汎用的なトリックで、電子以外にも通用する。どのフェルミオンでも、カイラル対称性が量子力学のカロリーの摂り過ぎを防いでくれているのだ。

　カイラル対称性は確かに偉大だが、ヒッグスボソンのような粒子にはさほど役に立たない。問題は、ヒッグスボソンがスピンを持っていないせいで、質量が0であっても、あるいはフェアリーフライと同じくらいであっても、対称性が変わらないことである。そのためヒッグスボソンは自分で身を守ることはできないが、では守護天使は見つけられないのだろうか？ヒッグスボソンを守ってくれるものはほかにないのだろうか？

　実はある。ヒグシーノだ。

　独り身の人がいっさいおらず、誰もが完璧なパートナーと一緒になっている世界を想像してみよう。なんとも現実離れしているが、あなたのすぐ目の前、素粒子物理学のミクロな世界ではそんなことが起こっているかもしれない。すべてのボソンがまったく新たなフェルミオンと、すべてのフェルミオンがまったく新たなボソンと付き合っているさまを思い浮かべてほしい。場の種類を２倍にするのだ。無茶だと思われるかもしれないが、この根底には、すべての独身素粒子を完璧にマッチングさせようとする新たな対称性、いわゆる超対称性が横たわっている。ボソンとフェルミオンが付き合えば、質量や電荷など、互いに共通点がいくつかできて、互いの関係がうまくいくはずだという発想である。この新たな素粒子のグループを超対称性粒子という。

これがヒッグスボソンにとってどう役に立つのだろうか？　ヒッグスボソンはボソンなので、付き合う相手は新たなフェルミオン、「ヒグシーノ」である。我らが超新しい超対称性は、両者を完璧なパートナーにすべく、ヒッグスボソンとヒグシーノの質量がまったく同じになるよう要求する。素晴らしいじゃないか。ヒッグスボソンの質量がヒグシーノの質量と連動するのである。ヒグシーノはフェルミオンなので、ちょうど電子と同じように、その質量は近似的なカイラル対称性によって適切に抑えられる。量子のカロリーを摂りすぎることはけっしてない。ヒグシーノはけっしてフェアリーフライほど重くはならないので、そのパートナーであるヒッグスボソンも重くならない。こうしてヒッグスボソンは守護天使を見つけた。

愛情を込めて「SUSY（スージー）」とも呼ばれるこの超対称性（supersymmetry）は、空間と時間のもっとも完全な対称性、いわば美の中の美である。ただし一つだけ困った点がある。誰もまだその美しさを見たことがないのだ。

SUSYの世界では、電子（エレクトロン）もある種の超対称性粒子と付き合っていて、その新たなボソンはセレクトロンと呼ばれている。セレクトロンと電子は質量も電荷も同じだとされている。しかし電子は山ほど目にするのに、セレクトロンはまだ誰も見たことがない。ということは、SUSYは完璧ではないとしか考えられない。私たちの日常の世界ではSUSYは破れていて、つまり隠されていて、極小スケールで物理現象を見つめたときにだけ復活するに違いない。要するに、とてつもない高エネルギーで粒子どうしを衝突させたときにしか現れないということである。この対称性の破れのせいで、セレクトロンやヒグシーノなどすべての超対称性粒子は、本来よりもはるかに重くなっている。そして超対称性の破れが大きければ大きいほど、そのぶんさらに重くなる。

SUSYを見つけるには超対称性粒子を探さなければならないが、そのためにはそれに見合う量のエネルギーを使って超対称性粒子を作り出さなければならない。現在、山中の地下深くを走るCERNのLHCでは、陽子を光速に近いスピードで周回させている。その陽子が互いに衝突すると、赤ちゃん宇宙の泣き声が再現される。一回の正面衝突のエネルギーはおよそ10テラ電子ボルト、1匹の蚊が高速列車と衝突したくらいのエネルギーである。このたとえを聞くと少々がっかりしてしまうが、LHCではその全エネルギーが、信じられないほど小さいたった2個の陽子の衝突で発生することを忘れてはならない。その衝撃が実際どれほどのものかを実感するために、こう考えてみよう。もしもあなたの身体の中にあるすべての陽子がこれと同じように衝突したら、1883年のクラカタウ火山の噴火の約2万倍以上のエネルギーが発生するのだ。

SUSYについて考える上で重要なのは、この10テラ電子ボルトというエネルギーが、電子の質量のおよそ1000万倍、ヒッグスボソンの質量のおよそ100倍にも相当することである。それでもまだセレクトロンを作り出せてはいないし、ヒグシーノなどほかの超対称性粒子にも手が届いていない。もっとも単純なモデルによれば、ここから導き出される結論はただ一つ。超対称性粒子はあまりにも重くて、私たちの粒子加速器では作り出せないのだ。これは困った。そもそもヒグシーノはヒッグスボソンの守護天使であって、両者の質量は連動していると言いたいのだった。ところがCERNの実験によると、ヒグシーノは私たちが望む質量の少なくとも100倍は重いらしい。ヒッグスボソンがフェアリーフライほど重くなる必要はないものの、単純なモデルに基づけば、実際の質量より少なくとも100倍は重くなければおかしい。大きな前進ではあるが、まだ少々不自然である。

誰もが、CERNできっとSUSYが見つかるはずだと信じていた。2個の陽子を十分な勢いで衝突させるだけでいい。SUSYが自然性を救ってくれて、ヒッグスボソンが痩せすぎているという困った問題を解決してくれるだけではない。ダークマター問題を解決するための完璧な候補として、もっとも軽い超対称性粒子を提供してくれる。さらに、4種類の基本的な力のうちの3種類、その共通の由来に向けたさらなる統一への道筋を、見事に指し示してくれているように思える。この3つの目覚ましい成功を踏まえれば、SUSYは絶対に正しいはずだ。ところがCERNではSUSYは見つからなかった。人々はSUSY探しの動機自体に疑問を抱きはじめた。そして別のところでダークマターを探しはじめた。力の統一についても違うふうに考えはじめた。

そうしていまでは、自然性すら捨ててしまおうとしている人もいる。

だが誰もがそう考えているわけではない。いまのところは。これまで何か予想外のことが明らかになったら、科学がその理由を教えてくれていた。数が大きすぎたり小さすぎたりすることはめったにない。だから、ヒッグスボソンは0.0000000000000001倍軽すぎるという話を聞いたら、たいていの物理学者は本能的にその説明を探そうとする。

私たちはさんざん試してきたが、まだ誰も正解を見つけられてはいない。余剰次元も考えてみた。SUSYも考えてみた。ヒッグスボソンを小さな部品に分解してみることもした。いずれも自然性を守るための非常に巧妙な方法だが、自然は相手にしてくれないようだ。いまだにヒッグスボソンは、たまたま競争に勝った10億分の１のさらに1000万分の１の外れ者であって、その理由は誰にも分からない。

とはいえ10億分の１の1000万分の１でも、自然性の問題としてはまだまだ小さい。いまからもっと大きい問題について話していこう。

⑧ 10^{-120}

ある悩ましい数

ハンブルクにあるレストラン、ヘアルリンは、客の話し声で騒々しかった。ビンネンアルスター湖のほとりに立つ優美な高級ホテル、フィアー・ヤーレスツァイテン（「四季」）の中に入るこのレストランは、1920年代にはハンブルクの都心で働くエリートたちの行きつけの場所だった。そんな場所で集まろうと提案したのは、オットー・シュテルン。良い食事に良いワイン、良い仲間と、高級なものに囲まれた暮らしがお気に入りだった。しかしヴォルフガング・パウリはそこまでこだわっていなかったらしい。フィアー・ヤーレスツァイテンの優雅さはもちろん堪能したものの、前の晩に飲みに行った、悪名高きザンクト・パウリ地区にあるいかがわしいキャバレーとは比べようもなかった。その晩も乱闘騒ぎを起こしていて、まだ右目の上が切れたままだった。転んだのだと言うが、シュテルンにはお見通しだった。昼間のパウリはストイックな大学教授として生活していた。しかし夜は、酒をあおって喧嘩をふっかける放蕩者だった。

ブランデーグラスを空にしたところでシュテルンが、いま温めている新説について熱を込めて話し出した。「聞いてくれ、ヴォルフガング。零点エネルギーは実在する。ネオンの同位体の蒸気圧におよぼす効果を計算してみたんだ」。パウリは視線を逸らさずに友人をじっと見つめた。ブランデーを一口流し込むと、シュテルンがさらに畳みかけてきた。「君の言うとおりもしも零点エネルギーが存在していなかったら、ネオン20とネオン22の蒸気圧の差はものすごく大きくなってしまう。アストンも簡単に分離できたはずだが、知ってのとおりそうはいかなかったんだ！」

するとパウリはほとんど表情を変えずに問いただした。「オットー、重力はどうした？」。返事はなかった。そこでパウリはペンとノートを取り出した。「なら計算してみよう」。パウリが数を殴り書きしていくのを、シュテルンは興味津々で見つめた。1、2分経ち、パウリは勝ち誇ったように顔を上げた。「ほら見ろ、オットー！　もしも零点エネルギーが実在していたら、この世界は月にすらも達しないことになるんだ」

以上の場面にはあちこちに劇的な脚色が施されているが、肝心なところは実話だったと分かっている。確かにシュテルンは美食家で、最上級のレストランでしか姿を見かけず、ときにはランチのためだけにハンブルクからヴィーンへ飛ぶこともあった。対照的にパウリは、友人や同僚の目を盗んでは、歓楽街レーパーバーンのバーや売春宿に足繁く通っていることが知られていた。シュテルンは友人に零点エネルギーの存在を納得させようと最善を尽くしたが、パウリは断固として譲らなかったというのも事実である。1920年代半ばにパウリがおこなったこの有名な計算と、その身の毛もよだつ結論は、1958年の彼の死からまもなくして2人の助手によって公表された。[(1)]

ではパウリとシュテルンはいったい何を議論していたのか？　零点エネルギーとは何だろうか？

ハリー・ポッターに登場するヴォルデモート卿と同じく、それはいくつもの名前で呼ばれている。零点エネルギー、真空エネルギー、宇宙定数。そしてヴォルデモート卿と同じく、この宇宙をその創造の直後に押しつぶしてしまう。恒星や惑星が形成されるチャンスも奪ってしまう。あなたや私の生まれるチャンスも奪ってしまう。ところが私たちはどうにかして生まれた。ハルマゲドンをもくろむこの暗黒卿、零点エネルギーから、自然は私たちを守ってくれている。しかし誰一人そのからくりを知らない。私たちがこの宇宙で生き延びていることは、現代物理学全体でも最大の謎なのだ。

零点エネルギーとは、空っぽの空間のエネルギーのことである。この宇宙の一角に、銀河を股にかける執行吏の一団がやって来たとしよう。彼らはあらゆるものを持ち去っていく。すべての恒星、すべての惑星、すべてのガス雲、そしてすべてのダークマターの塊。空虚以外は何も残さない。

原子も光も残さない。打ち捨てられた空っぽの場所になってしまうが、それでもその真空には、執行吏ですら手を出せない何かがある。それが真空エネルギー、真空自体に蓄えられたエネルギーである。執行吏がどんなに手を尽くそうが、真空を鎮めることはできない。量子力学によれば、真空は仮想粒子の泡立つスープのようなものであって、その仮想粒子が絶えず生成と消滅を繰り返しては、瞬間的にだがこの世界にエネルギーを与えている。

その様子を理解するために、キッチンへ行って大きな鉢を取り出してほしい。その鉢の中に小さなボール、たとえばビー玉かピンポン球を投げ込む。するとどうなるだろうか？　当然そのボールは鉢の中をしばらく転がり回ってから、底で動かなくなる。そのまま触れなければ、ボールはちょうどその位置に留まりつづけるだろうが、ただしちょっとした熱ゆらぎは起こしている。ではもしもキッチンを絶対零度まで冷やして、中の空気をすべて排気したらどうなるだろうか？　ボールは完全に動かなくなるはずだ。揺れなくなるはずだ。いや、本当にそうだろうか？

実は揺れつづける。

その理由は、量子力学と、ハイゼンベルクの有名な不確定性原理にある。前にも言ったとおり、位置と運動量のあいだにはつねにトレードオフの関係がある。粒子の位置を正確に知れば知るほど、運動量は分からなくなる。その逆もしかりだ。いまの実験をスケールダウンして、ちっぽけな鉢に非常に軽い粒子を投げ込んでみよう。もしもその粒子が勢いを失って、最終的に鉢の底で動かなくなったら、その位置と運動量の両方が完璧に分かることになってしまう。それは不確定性原理に反するので、何かをあきらめるほかない。その粒子は量子的に少しだけ揺れているしかない。完全に静止することはけっしてできないのである。

この考察を踏まえた上で、あの空っぽな宇宙の一角に戻ることにしよう。執行吏がやって来るまでは粒子に満ちあふれていて、それらが折り重なって惑星や恒星、緑の小さな宇宙人を作っていた。電子や光子、クォークやグルーオン、ゲージボソンやヒッグスボソン、そして私たちのまだ知らないさまざまな粒子が存在していた。それらはまさに基本場のさざ波だったが、執行吏がやって来てあらゆるものを持ち去ると鎮まってしまった。この基本場を海として、粒子をその海面に立つさざ波としてイメージすると、執行吏の仕事は、この場所にやって来て海を鎮めること、つまり海面を真っ平らにすることである。

しかし、この海が完全に真っ平らになることはけっしてない。ハイゼンベルクの不確定性原理のせいで、つねに量子的に揺れている。真空中の場もそれと同じで、完全に鎮まることはけっしてない。つねに微小なゆらぎが存在する。ここで、そのゆらぎが実在の粒子でないことは踏まえておかなければならない。もし実在の粒子だとすると、執行吏がつかんで持ち去ってしまうはずだからだ。したがってそのゆらぎは仮想的なものに違いない。もっと言うと、前の章でヒッグスボソンがロンドンからパリへ移動した際に目にした、はかない電子や陽電子とそっくりである。改めて言っておくと、そのヒッグスボソンはヒッグスボソンとしてロンドンを発ち、ヒッグスボソンとしてパリに到着したが、道中で何をしていたかは推測するほかない。ずっとヒッグスボソンのままだったという可能性もあれば、しばらくのあいだ電子＝陽電子のペアに衣装チェンジしていた可能性もある。ファインマンいわく、粒子はあらゆる経路、あらゆる可能性を探索する。そのそれぞれの経路がヒッグスボソンに痕跡を残して、ある程度の質量を与えるのだった。

真空についても同じである。あの空っぽの宇宙の一角に戻ると、朝一番には空っぽに見えて、それからしばらく経った頃にも空っぽに見えるかもしれない。その間のことはたいしてどうでもいい。最初が空っぽで最後も空っぽであるのが重要なのだが、そのあいだに何が起こるのかは推測するほかない。ヒッグスボソンと同じく真空も簡単に衣装チェンジすることができて、仮想粒子がまるではじけるキャンディーのように生成しては消滅する。そしてヒッグスボソンの場合と同じように、その仮想粒子は真空に痕跡を残す。質量、すなわちエネルギーを与えるのだ。それも大量に。

真空の中にどれだけのエネルギーが隠されているかを明らかにするには、真空を巨大3Dジグソーパズルのごとく微小なピースにばらばらにする必要がある。このあと話すとおり、そのピースの大きさは結果に重大な影響をおよぼす。肉眼で見えるような物理現象だけに関心があるのであれば、さしわたし1ミリメートル弱の箱をピースとすればいい。しかしここではもっと欲張るしかない。ランチを取りながらこの問題について考えたパウリは、ジグソーパズルのピースの大きさを、古典的な電子半径、数フェムトメートルに設定した。肉眼でどうにか見られる長さよりもはるかに短いし、原子1個のおおよそ1万分の1の長さである。当時はそれが物理学の最先端、彼らが解明を目指していたスケールの限界だった。

相対論的な世界では決まってそうだが、ごく短い長さにはごく短い時間が付きまとう。パウリがイメージしたとおりジグソーパズルのピースの大きさを数フェムトメートルと設定すると、現実的に考えることのできるもっとも短い時間はおよそ100兆分の1ナノ秒となる。これは光が問題の箱を横切るのにかかる時間で、私たちには想像もつかない。ここでこの時間を、真空中で仮想粒子が出現してから消滅するまでの速さの上限としよう。それよりも短い時間で出現して消滅する仮想粒子は、もっと小さいピースに対応するので考えない。このはかない揺らめきが、ヒッグスボソンの場合と同じく、真空全体に量子エネルギーを提供する。もっとも短い時間で生成しては消滅する仮想粒子が、もっとも大きなエネルギーを真空に与え、その仮想粒子が狂ったようにひっきりなしに舞台に登場することで、不確定性原理によって許される限りの大量のエネルギーがぶちまけられる。その量は、問題の小さな箱一つあたりおよそ1兆分の5ジュール[2]。たいしたことないように思えるかもしれないが、箱が非常に小さいため、密度は危険なほど高くなる。コーヒーカップと同じ大きさの真空あたり、1兆の1兆倍のさらに10万倍ジュールほど、地球上の海が完全に沸騰してしまうほどのエネルギーになるのだ。

だがここでやめるわけにはいかない。

パウリがあの一風変わった計算をおこなってからいまでは100年近く経っていて、その間にもっとずっと深い深淵を覗き込めるようになった。CERNの衝突型粒子加速器はその限界を、パウリの想像よりも1万倍押し広げている。いまや実験物理学の限界は、およそ10^{-19}メートルという、計り知れないほど短い長さに達している。ジグソーパズルのピースをここまで小さくすると、10億分の1のさらに10億分の1ナノ秒で真空から出現しては消滅する仮想粒子を考慮に入れることができる。その莫大な量子エネルギーを真空は呑み込みつづける。空っぽのコーヒーカップに入っているエネルギーだけで、スターウォーズさながら惑星を1個丸ごと爆破して、その破片を宇宙の隅々にまで高速で吹き飛ばすことができる。しかもそれを1000億回以上繰り返して、天の川銀河の全惑星を消し去ることができる。

だがここでやめるわけにはいかない。

CERNでおこなわれている粒子衝突実験のスケールは、資金とテクノロジーの制約に縛られた実験物理学の限界にすぎない。物理学自体はまだまだ立ち止まらない。さらに進んでいく。空間と時間の概念が崩壊しはじめるまさにその瀬戸際にまでいざなう。ジグソーパズルのピースは、プランク長さ、実験限界の10億分の1のさらに100万分の1未満の大きさにしなければならない。すると真空には恐ろしいことが起こる。プランク時間、つまり10^{-35}秒ごとに、真空から仮想粒子が生成しては消滅する。全体の量子エネルギーはまさにすさまじい量となり、真空はそれを狂ったようにむさぼり食う。真空1リットルあたりのエネルギーは1グーゴルギガジュールにも達するに違いない。何てことだ！　コーヒーカップサイズの真空だけで、観測可能な宇宙の全惑星を何度も何度も何度も何度も破壊して、あらゆるものを1兆の1兆倍の1兆倍の1兆倍回以上も消し去ることができるはずだ。

恐ろしくなっただろうか？ この途方もないエネルギーが、あなたのまわりの至るところ、さらにはあなたの身体の中、あなたを構成する原子のあいだの真空に充満しているのである。この内なるモンスターをあなたはいったいどうやって手なずけたのだろうか？ 実は重力がなければ何も心配はいらない。真空の中にどれだけ大量のエネルギーが隠されていようが問題にはならず、それを兵器に変えて恐ろしいパワーで惑星を破壊することはできない。それどころか、真空エネルギーを利用することはいっさいできない。どこでも同じだからである。何かはらはらするようなことを起こすには、エネルギー差、つまり勾配が必要だが、宇宙に横たわる真の真空エネルギーには勾配がいっさいない。真空のエネルギーが零点、基準値であって、それを上回ったものだけが測定にかかる。真空エネルギーを使って余計に押し引きすることはけっしてできない。重力がなければあなたに影響を与えることはできないのだ。

だが重力があると牙を剝いてくる。

真空にこれほど大量のエネルギーが蓄えられていると、アインシュタインの法則に従う宇宙は自重で潰れてしまうはずだ。パウリが言い放ったように「月にすらも達しない」だけでなく、原子１個分にすらも達しないだろう。時空が壊れて折り重なってねじれ、どの方向にもプランク長さよりほんの少ししか広がらないはずである。

アインシュタインによれば、重力をもたらすのは実はエネルギーであって、質量ではない。遠くの恒星からやって来た光子は、太陽のそばをかすめると内側に進路を曲げる。光子は質量を持っていないのだから、太陽は質量を引き寄せるわけではない。エネルギーを引き寄せるのだ。アインシュタインの世界では、あらゆる形態のエネルギーが重力のワルツを踊っている。太陽も惑星も、あなたも私も、異星のアナグマも巨大ブラックホールも、さらには真空そのものまで、あらゆるものがダンスを踊るほかない。

真空のエネルギーは至るところに存在していて、空間や時間によって変化することはない。そのため「宇宙定数」と呼ばれることもある。どんなエネルギーでもそうだが、真空エネルギーもそれが存在している時空をゆがめる。真空エネルギーが正だと、私たち一人ひとりを取り囲む地平面が形成される。「グラハム数」の章で説明したとおり、私たちが見通せる限界に相当する、ド・ジッター地平面である。真空中に隠されたエネルギーが多ければ多いほど、この地平面が近くなって、私たちの世界は小さくなる。パウリのジグソーパズルを使って真空エネルギーの量を推計すると、地平面は約237キロメートルの距離に広がっていることになる。月はおろか、国際宇宙ステーションまですらもこの宇宙は届かない。ジグソーパズルのピースをどんどん小さくして推計値を改良していくと、地平面はどんどん近づいてくる。ピースをプランク長さにまで小さくすると、地平面は私たちの目の前、どうにかプランク長さくらいの距離にしかならない。宇宙は真空に屈し、無の重みによって押しつぶされてしまう。

だが私たちの暮らす宇宙はそんなものではない。

あたりを見回してほしい。私たちの宇宙の地平面はすぐ目の前になどない。「グラハム数」の章で見たとおり、想像できないほど遠く、１兆の１兆倍キロメートルほどの距離にある。この宇宙は徐々に加速していて、遠くの銀河は何か見えないものによって押しやられている。私たちはそれをダークエネルギーと呼んでいるが、あくまでもただの呼び名だ。ほとんどの物理学者は、ダークエネルギーは真空の圧力、空っぽの空間に隠された零点エネルギーの圧力だと考えている。しかしその圧力はとてつもなく弱い。遠くの銀河が加速しながら遠ざかっているスピードと辻褄を合わせるには、真空のエネルギーは非常に薄く広がっていて、空間１リットルあたり１兆分の１ジュールにも満たないとするほかない。量子論に基づいてジグソーパズルで推定した値とは似ても似つかない。実際の真空で満たされたコーヒーカップでは、惑星を破壊したり海を沸騰させたりするには足りない。それどころか、フェアリーフライ１匹を潰すのですら少なくともカップ１万杯分のエネルギーが必要で、しかも前に言ったとおりそれは世界最小の昆虫だ。

なんとも悩ましい話である。

素粒子や場をミクロに記述する、場の量子論は、人類史上もっとも精確な理論とたびたび評されていて、それにはれっきとした理由がある。場の量子論から導き出される予想のいくつか、たとえばいわゆる電子の異常磁気モーメントなどは、１兆分の１の精度で検証されて裏づけられている。ところがここに来て、このチャンピオン理論から真空のエネルギー密度を予測してみると、真の値はその10^{-120}倍しかない。とてつもなく小さな数だ。小数で書いてみるとこんなふうになる。

0.000000000000000000000000000000000000000000000000000000000000
000000000000000000000000000000000000000000000000000000000001

前にも言ったとおり自然界は、よほどの理由がない限り小さな数を持ち出してこない。ではなぜこんな数が出てきてしまったのだろうか？　私たちの持っている最良最高の理論からは、１リットルあたり１グーゴルギガジュールのエネルギーによって真空が満たされていると予想されるのに、自然はかろうじて１ピコジュール程度にすぎないと教えてくれる。物理学全体の中でももっとも不正確な予想だ。もちろんそれはありがたがるべきことである。もしも私たちの予想が正しかったら、この宇宙は重力によってゆがんで潰れ、空間についても時間についてもほとんど広がりのない出来損ないになってしまって、知的生命が暮らすのに必要な恒星や惑星を育むことはできなかっただろう。しかし私たちの予想は正しくなかった。幸いなことに私たちは、年を重ねた広大な宇宙に暮らしていて、そこでは真空エネルギーが予想の10^{-120}倍しかなく、私たちには理解できていない微小な数が存在しているのである。

それは基礎物理学でもっとも悩ましい数、最先端の計算と身の回りの現実とのとてつもない食い違いだ。アインシュタインの一般相対論と場の量子論は、20世紀の数々の理論の中でももっとも優れていてもっとも良く検証されているものだが、それらを突き合わせるとこのような惨状に見舞われてしまう。この惨状は「宇宙定数問題」と呼ばれている。

アルベルト・アインシュタインのもっとも難しい関係

宇宙定数の物語は、プランクと「ヌルプンクツエネルギー」から始まる。1980年代半ばに地下のライブハウスで大音響を立てていたドイツのロックバンドのような名前だ。しかしロゴ入りジャージーやエレキギターとは何の関係もない。零点エネルギーのことである。初めて登場したのは第一次大戦前のこと、プランクによる量子論の２度目の試みによる。１度目の試みについては「グーゴルプレックス」の章で話した。エネルギーを塊に分けることで紫外破綻から私たちを救ってくれた件である。そのアイデアは見事に功を奏し、しかも正しかったが、プランク本人は気に入らなかった。エネルギーが塊であることにけっして納得できず、当初は、このアイデアを捨てられるのであれば捨てたいと言っていた。そして最終的には何とか半分だけ捨てた。量子論の２度目の試みでは、放射はやはり塊として発せられなければならないが、吸収されるときには必ずしもそうではないとしたのだ。この非対称性はいまの私たちには醜く見えるが、量子論の初期にはもう少し穏当でもう少し保守的だと受け止められた。だがそれには代償が伴っていた。この別バージョンの量子論を成立させるには、零点、つまり絶対零度まで冷やしても、ある程度のエネルギーが残るようにしなければならなかった。プランクには「ヌルプンクツエネルギー」が必要だったのである。

プランクの第二の量子論は正しくなかったが、だからといって第一の量子論の価値が下がることはけっしてない。ともあれ零点エネルギーのアイデアは、あちこちににらみを利かせるアインシュタインとその仲間、オットー・シュテルンの目を惹いた。同じ頃、ドイツ人化学者のアルノルト・

オイケンが水素分子の比熱に関するデータを測定していた。その詳細はどうでもいい。重要なのは、そのデータを解釈する上で零点エネルギーが役に立つことを、アインシュタインとシュテルンが示したことである。しかしアインシュタインのそんな好意的な態度がいつまでも続くことはなかった。数年もせずに零点エネルギーの概念自体を猛烈に否定するようになったのである。「どんな理論家であれ、『零点エネルギー』という言葉を口に出すとなったら、半分ばつが悪そうにして、半分皮肉っぽい笑みを浮かべずにはいられない」と嘲っている。このようにアインシュタインを心変わりさせたのは、数々の問題を抱えたオーストリア人物理学者パウル・エーレンフェストである。

エーレンフェストは零点エネルギーにいっさい頼らずに、いまでは正しいことが分かっているプランクの最初の量子論のみを使って、オイケンのデータを再現することに成功した。そこでアインシュタインは、必要のないものは相手にしないという考え方を取って、エーレンフェストの説を尊重した。２人は非常に近しい親友どうしでもあった。ここでしばらく時間を割いて、エーレンフェストの人生を紹介しておくべきだろう。物理学全体の中でもおそらくもっとも悲劇的な生涯だったからである。エーレンフェストは晩年のボルツマンに師事したが、その頃すでにボルツマンは自己不信にさいなまれていた。そのボルツマンが自殺したのは、エーレンフェストが博士研究を完成させてからわずか２年後のことだった。エーレンフェストは名声を高めていったが、それは偉大な物理学者としてではなく、同世代最高の教師としてだった。ドイツでおそらくもっとも影響力のあった物理学者であるアルノルト・ゾンマーフェルトは、次のように力説している。「彼はまるで導師のように講義をする。あんなに魅力的で冴えわたった話をする人間にはめったに出会ったことがない」。だがそのように異彩を放つ一方でエーレンフェストは、恩師を死に追いやったのよりもさらに邪悪な悪魔に苦しめられていた。アインシュタインもそのことを知っており、1932年８月、友人の身を心配して、エーレンフェストの勤めるライデン大学に手紙を送っている。エーレンフェストは結婚生活に失敗していて、物理学の研究にも見切りを付けていた。アインシュタインの見たところ、重い鬱病でいまにも打ちのめされそうだった。そしてその1年後、命を絶つこととなる。1933年9月25日、15歳の息子ヴァシックに会うために、アムステルダムの障害児施設を訪れた。ヴァシックはダウン症を患っており、ナチスの権力掌握を受けて安全のためにドイツ国外に送られたばかりだった。待合室で顔を合わせたエーレンフェストは拳銃を取り出し、息子の頭を撃った。そしてすぐさま自分に銃口を向けたのだった。

アインシュタインが零点エネルギーから顔を背けた原因はエーレンフェストだった。そして再び振り向かせたのもエーレンフェストだったらしい。第一次世界大戦から1920年代初めまでのあいだに何かがあって、再びアインシュタインは零点エネルギーのアイデアに惹きつけられたのである。それが何だったのかはよく分かっていない。ただし、エーレンフェストと手紙のやり取りをする中で、零点エネルギーの考え方を使えばヘリウムの非常に興味深い性質を説明できるかもしれないと提案したことは分かっている。どんな元素でも冷却すると、原子・分子が運動エネルギーを失って液体から固体に変わる。しかしヘリウムの場合、少なくとも大気圧ではけっしてそうはならない。たとえ絶対零度まで冷やそうが、けっして固体には変わらない。アインシュタインのアイデアはある意味正しく、その理由は零点エネルギーと関係がある。零点エネルギーのせいでヘリウムは内圧を持っていて、それによって膨張して密度が下がり、固体構造の形成が妨げられるのである。

1920年代初め、ハーヴァード大学のロバート・マリケンを始めとした分子化学者たちが、零点エネルギーの存在を裏づける証拠を次々に発見していった。しかしプランクの第二の量子論が否定されたこともあって、零点エネルギーの由来は十分には解明されなかった。それが一変したのは1925年、量子力学がついに一人前に成長したときのことである。量子力学が花開いたのは、2人の人物が身を隠したことによる。シュレディンガーが愛人を連れてアルプスの山中に籠もり、物理学の世界を揺るがす方程式を考えついたのは、前に話したとおりである。実はその6カ月前、ヴェルナー

・ハイゼンベルクもまた街を離れて、北海に浮かぶヘルゴラント島に逃れた。シュレディンガーと違って妻から逃げたのではなく、「花と牧草」から逃げたのだった。

ハイゼンベルクの物語はどぎついスキャンダルとは無縁だが、それでもけっして見過ごせない。1925年晩春、重い枯草熱（いまで言う花粉症）を患うハイゼンベルクは、アレルギー症状を抑えるためにヘルゴラント島へ渡っていた。ひどく顔が腫れ上がっていて、砂丘を見下ろすゲストハウスの女主人は、ハイゼンベルクが喧嘩をしてきたのだと思い込み、元気になるまで手当てをしてあげようと約束したほどだった。若き物理学者にとって島での暮らしは、ときどき散歩をしたり海で泳いだりする以外、これといった気晴らしがなかった。水素原子についてさらに深く考える自由を手にしたハイゼンベルクは、そのスペクトル線の由来である、吸収・放射されるエネルギーの塊について何とか理解しようとした。この問題が頭から離れずに夜も眠れなかったが、ある暑い夏の晩、日も昇らないうちについに突破口を見つける。「夜の３時頃、計算の最終結果が目の前に現れた。しばらく身震いがした。あまりに興奮しすぎて、眠る気になんてならなかった。そこで表に出て、岩のてっぺんで朝日を待った」

以前にボーアは、原子中の電子は明確な軌道を取っていると唱えたが、ハイゼンベルクはそうではないという考えに至った。原子核から遠く離れた高い軌道にあるときには、確かにそのように見える。しかし原子核に近づくと、もっとずっとぼんやりしてくる。電子がこの軌道にあるとかあの軌道にあるなどと言い切ることはできない。シュレディンガーはこのあいまいさを直観的な波のイメージでとらえたが、ハイゼンベルクは行列というもっと抽象的な数学の言語を用いた。しかしどちらも、まったく同じ事柄、すべてが運試しゲームである量子力学の魔法の世界を、別々の方法で表現したにすぎない。

ハイゼンベルクは大手柄を成し遂げた。ニュートンが微積分を考案して、私たちの日々見ているマクロな世界の力学を記述したのと同じように、ハイゼンベルクも新たな数学を発明して、私たちには見えないミクロの世界を記述したのである。シュレディンガーの理論と比べて扱いが容易ではなかったが、それよりも先に編み出されたし、より少ない要素で量子世界の抽象的な美しさをとらえることができた[(3)]。

1933年、ハイゼンベルクがノーベル賞を受賞したその年に、ナチスがドイツの支配権を握った。そして非アーリア人や、政治的に信頼できないとみなす公務員を狙い撃ちにした政策を次々に打ち出す。多くの大学教員がその運動の犠牲になるか、または抗議のために辞職した。だがハイゼンベルクは反対の声を上げないことを選ぶ。どうせヒトラーは長くは持たないから、おとなしくしておいたほうがいいと考えたのである。ところが彼もまたターゲットになってしまう。20世紀初頭に発展した抽象的で数学的な科学の方法論に、ユダヤ人の影響があまりにも深く染みついているとナチスは受け止めたのだ。ハイゼンベルクはミュンヘン大学の教授職に就くことが決定するものの、同じくノーベル賞受賞者で過激なナチ党員でもある物理学者のヨハネス・シュタルクの標的にされる。シュタルクがヒトラー親衛隊の論説の中で、ハイゼンベルクは「白いユダヤ人」で「物理学界のオシエツキー（ナチスの強制収容所に囚われた平和主義者のドイツ人ジャーナリスト）」であると言い切ったのだ。結局ハイゼンベルクの母親の取りなしで、一族とつながりのあったハインリッヒ・ヒムラーが落とし所を付けた。ハイゼンベルクはそれ以上個人攻撃に晒されることはなくなったが、ミュンヘンに赴任することはなかった。

ハイゼンベルクはライプツィヒに留まった。方々から、とくにアメリカから引く手あまただったものの、政治体制と関係なしに祖国に残るのが個人的な務めだと強く感じていた。戦時中にはドイツの原子核研究計画で指導的な役割を果たした。その計画の邪悪な側面を意図的に削いだと考えている人もいるが、真相は定かでない。1941年にデンマークを訪れた際には、核兵器研究の話題を持ち出してニールス・ボーアをうろたえさせた。ただしのちに、自分の意図をボーアは誤解していたと弁解している。１年後にはナチスの軍需大臣アルベルト・シュペーアと面会して、核兵器の研究をこれ以上進めるべきではないと進言した。ただし原子力の実験は続けており、ドイツの科学的名声を高めることを目指していたのは間違いない。

この章の執筆中に私は休暇で家族とともに、ドイツのシュヴァルツヴァルト（黒い森）にある農場を訪れた。旅程が変更になって宿が一泊分足りなくなってしまったので、森の外れに立つ、風光明媚なハイガーロッホの町を見下ろす古城の部屋を予約した。偶然にもそのホテルは、量子物理学の歴史で一つの役割を果たしていた。爆弾の降り注ぐベルリンから遠く離れたこの城の地下蔵で、ハイゼンベルクとその仲間たちが原子炉を組み立てたのである。連合軍が迫ってきて戦争終結が近づく中、原子力をめぐる競争に勝利しようという最後のあがきだった。その地下蔵はいまでは記念館になっていて、ハイゼンベルクの実験装置の実物大模型が展示されている。重水を満たした容器の中に、立方体状のウランの塊が何個も鎖で吊り下げられていた。重水素原子によって減速した中性子がウラン原子核を分裂させ、その際に飛び出す中性子がさらにウラン原子核を分裂させる。目標は、持続的な連鎖反応を引き起こして大量の原子核エネルギーを放出させることだった。ハイゼンベルクの研究チームは成功に近づいていた。炉心の中のウランがあと50パーセントだけ多かったら、この原子炉は稼働していたはずである。連合軍がこの地下蔵を発見したときには、すでにハイゼンベルクは暗闇に紛れて自転車でハイガーロッホから脱出していた。ウランの塊は城のそばの野原に埋められていた。

まもなくして連合軍は、いまだドイツの支配下にあったバイエルン州の山間に立つ自宅でハイゼンベルクを捕らえ、尋問のためにイギリスのファーム・ホールという邸宅に連行した。そのファーム・ホールに囚われた科学者たちの会話をイギリスの諜報機関がひそかに記録していて、その書き起こしが1992年に公表された。確かに原子炉は稼働に近づいていたが、ハイゼンベルクはほかの科学者たちに、爆弾について真剣に考えたことなどけっしてないと語っている。「ウランエンジンを作れると信じていたのは間違いないが、爆弾を作ろうなどとはけっして考えていなかったし、あれが爆弾でなくてエンジンであって本当に良かったと心の底から思っていた。それが正直なところだ」

そんなハイゼンベルクが、自らの編み出した見事な量子力学の形式に基づいて、零点エネルギーの由来を初めて明らかにした。量子振動子、すなわち量子の小さな揺れのエネルギーが、けっして0にはなりえないことを示したのである。素粒子の物理的振る舞いは、実はその微小な揺れの物理的振る舞いにほかならない。実在の素粒子が存在する場合、その揺れはつねに励起状態にある。真空中では不確定性原理によって許される限りの状態にまで落ち着くが、ハイゼンベルクが示したとおり、そのエネルギーは0にはならない。

ではたしてこの真空エネルギーは、物理的に実在するのだろうか？

天井を駆け回るヤモリであれば、そうだと答えるだろう。壁を歩くその不思議な能力は、真空エネルギーと量子真空の力の変化に基づいていると考えられている。実は真空のエネルギーは、その周囲の形によって変わる。前に言ったように、零点エネルギーは出現と消滅を繰り返す仮想粒子のさざ波に由来する。しかし重要な点として、このさざ波はその真空の境界の大きさと形から影響を受ける。水面のさざ波もそれと似たような効果を受け、プールや湖、海の形に影響される。真空の境界が変わると、仮想粒子のさざ波が変化して、零点エネルギーの量が変わる。そのため真空は、周囲の壁を押したり引いたりすることで、さざ波を変化させてエネルギーを小さくしようとする。こうして発生する力をカシミール力といい、この名前は、エーレンフェストに学んだオランダ人物理学者ヘンドリク・カシミールにちなんでいる。真空を囲む壁が互いに離れているとその力は非常に弱いが、ミクロレベルまで接近すると測定可能になる（ロスアラモス国立研究所のスティーヴ・K・ラモロー率いる研究チームが1997年に実際に測定した）。それと同様に零点エネルギーの変化は、原子や分子のあいだに働くいわゆるファン・デル・ワールス力も生み出す。ここで話はヤモリに戻る。一部の生物学者の考えによれば、ヤモリは足の裏から生えているミクロな突起のあいだの真空の零点エネルギーを変化させ、それによって発生するファン・デル・ワールス力で天井に張りついているのだという。
このような測定可能な効果を踏まえると、零点エネルギーの理論は正しいという確信が深まってくる。だが実際のところ、測定されているのは局所的な変化、つまり、ヤモリの足の表面にある原子や分子の壁でごく小さな真空を囲んだときに生じる、零点エネルギーの変動にすぎない。ロスアラモス国立研究所のラモローがおこなったたぐいの実験では、その下に潜むモンスター、宇宙全体を支える膨大な真空エネルギーのことはほとんど分からない。壁をすべて取り払って宇宙を完全に空っぽにしてもなお、見つかるはずだと考えられている零点エネルギーである。前に言ったとおり、このモンスターは本来巨大なはずだった。この宇宙を押しつぶして消し去ってしまうはずだった。

宇宙論的な零点エネルギーの物語は、量子力学の発展とは無関係に始まった。そのストーリーを追いかけるには、ハイゼンベルクが零点エネルギーの量子的由来を明らかにする８年前、1917年最初の数カ月間にさかのぼらなければならない。当時アルベルト・アインシュタインはまだ零点エネルギーの存在に強い抵抗を感じていて、それについて深く考えようとはしていなかった。しかし重力と、自らの驚くべき新理論が宇宙全体におよぼす影響については考えをめぐらせていた。
アインシュタインはある難題に取り組みはじめた。無限の空間をめぐる問題である。そのようなものは本当に意味をなしえるのだろうか？　この問題を避けるためにアインシュタインは、宇宙を非常に大きな球、巨大だが所詮は有限であるボールの表面のようなものとして考えようとした。一般相対論では、宇宙の形および大きさと、その中に含まれている物質の量とが、アインシュタイン方程式によって関係づけられる。そしてもっとも大きなスケールで見ると、この球形の宇宙はその中の物質によって永遠に膨張または収縮しつづけることに、アインシュタインは気づいた。けっして落ち着くことはないのだ。アインシュタインにはどうしても受け入れられなかった。時間とともに宇宙が変化するという考え方には嫌悪感を抱いたのである。直観は始まりも終わりもない不変の世界を求めてくるが、方程式はそれに従おうとしない。何らかの解決策が必要だった。

ここでアインシュタインは、全空間および全時間にわたって広がる新たな成分、いわゆる宇宙定数を使えば、宇宙の厄介な変化を食い止められることに気づいた。この宇宙定数は自らの想像力からひねり出したものであって、宇宙の零点エネルギーと関係があるなどとは思いもよらなかった。しかしひねり出した以上、それに合わせて理論を構築してみたところ、宇宙定数によって物質と空間の曲率との釣り合いがどうにか取れて、この宇宙は静止してくれた。時空という戦場をめぐる、宇宙の巨人どうしのぎこちない停戦状態である。しかしその停戦も長く続くことはなかった。

アインシュタインにとって最初の気がかりな兆候は、同じ年の1917年、オランダ人天文学者ウィレム・ド・ジッターの辛辣な攻撃によってもたらされた。ド・ジッターはアインシュタインの置いた基本的な仮定の多くに疑問を呈し、実験的にも数学的にもアインシュタインの宇宙に代わる有効な宇宙モデルが存在することを示した。ド・ジッターの思い浮かべた宇宙は非常に密度が低く、あたかも物質を完全に排除して、普遍的な宇宙定数のみを残したものとして扱うことができる。そしてそこからは、アインシュタインの宇宙定数だけで形が決まる別の宇宙解が導き出された。だが当のアインシュタインは、恒星や惑星など通常の物質が何の役割も果たしていないのだから、この宇宙解が私たちの宇宙を正確に記述しているはずはないと考えた。さらに（少なくともアインシュタインにとっては）困ったことに、天文学者のアーサー・エディントンが、ド・ジッターの宇宙に恒星や惑星をいくつか加えると、あいだの空間が膨張するとともにそれらの天体が加速的に遠ざかっていって、散りぢりになってしまうことを明らかにした。ド・ジッターとアインシュタインは互いに大いに尊敬し合っていて、熱のこもった議論を繰り広げたものの、アインシュタインがド・ジッターの宇宙解の現実味を一度でも受け入れた証拠はない。こうしてアインシュタインの宇宙とド・ジッターの宇宙が、当時もっとも有力な２つの宇宙モデルとなった。

アレクサンドル・フリードマンはいずれの側にも付くつもりはなかった。1922年、この若きロシア人物理学者は、宇宙が変化するという可能性をもっとずっと真剣に受け止めて、まったく新しい一連の解を見つけた。フリードマンの宇宙には宇宙定数は存在しない。代わりに物質によって宇宙が膨張し、物質の密度が下がるにつれてその膨張は減速する。この点が前の２つのモデルとは対照的である。アインシュタインの宇宙は静止している。ド・ジッターの宇宙は膨張しているが、宇宙定数のみによって膨張し、その膨張は加速する。実は私たちの暮らすこの宇宙は、最初期とごく最近の爆発的な加速膨張を除く歴史の大部分を通して、膨張するが減速するというフリードマンの宇宙モデルにもっとも良く当てはまる。

アインシュタインは当初、フリードマンの論文を、数学的に欠陥があるとして無視した。しかし数学的に有効であることが明らかになると、その重要性を認めはじめ、５年前に自ら導入した宇宙定数との関係を改めることとなる。1923年にヘルマン・ヴァイルに宛てた葉書には、「準静的宇宙が存在しないのであれば、宇宙定数とはおさらばだ」とはっきり記している。要するに、宇宙は膨張しているという考えを受け入れるのであれば、1917年に自分が一般相対論に余計な小細工をしたのは的外れだった、宇宙定数を考える意味は何もなかったということである。それから70年間、これが支配的な見方となる。あらゆる証拠が、まさにフリードマンの唱えたとおり、この宇宙は膨張しているが減速していることを示していた。ところがのちほど見ていくとおり、1990年代に入って天文学者が、宇宙の歴史のごく最近になって加速膨張が起こっている兆候を見つけはじめたことで、宇宙定数は復活を遂げることとなる。

フリードマンが自らの宇宙モデルの成功を見届けることはなかった。1925年夏、クリミア半島での新婚旅行から帰る途中、ある鉄道駅で梨を１個食べた。きちんと洗っておらず、どうやら細菌が繁殖していたらしい。レニングラードに到着するまでに体調が悪くなり、腸チフスと診断されて、２週間もせずに命を落としてしまったのである。

ちょうどその頃、聖職者のジョルジュ・ルメートルが独自の説を編み出しはじめた。ベルギー・シャルルロワの裕福なカトリック教徒の家で育ったルメートルは、わずか9歳で司祭になる決心をする。そして同じ月、科学者になる決心もする。「真理に関心があった。お分かりのとおり救済の観点からも、また科学的確実性の観点からも」と『ニューヨーク・タイムズ』に語っている。この2つの板挟みになることは人生で一度もなかった。

ルメートルはフリードマンの研究こそ追いかけてはいなかったものの、渦巻星雲と呼ばれるぼんやりした光の渦を観測したアメリカ人天文学者、ヴェスト・スライファーの論文は読んでいた。スライファーはその渦巻星雲が私たちのもとから遠ざかりつつあることを明らかにしていて、ルメートルはそれが宇宙の膨張のせいであることを正しく見抜いた。おおざっぱな計算によると渦巻星雲は非常に遠くにあったため、一部の天文学者は、恒星が何千万個も、あるいはもしかしたら何百億個も集まってできた島宇宙ではないかと推測した。そして彼らは正しかった。エドウィン・ハッブルがさらに詳細な観測をおこなって、一つひとつの恒星を分離することに成功したのだ。スライファーの渦巻星雲は、いまでは銀河と呼ばれている。

ルメートルは膨張する宇宙を記述した方程式を解きはじめたが、アインシュタインは感心しなかった。ルメートルのモデルには、惑星や恒星、さらには宇宙定数と、あらゆるものが放り込まれていたが、アインシュタインはそれはやり過ぎだと思った。膨張する宇宙では宇宙定数には何の価値もないと考えていたからである。アインシュタインにとって宇宙定数の役割は、膨張を止めて宇宙を静的にすることだけだった。1927年に開かれたソルヴェイ会議でルメートルはアインシュタインを捕まえて議論しようとするも、アインシュタインは寛容でいられるような気分ではなかった。「君の計算は正しい」とお世辞を言った上でルメートルを引き寄せ、「でも物理的洞察力はお粗末極まりないな」とつぶやいたのだった。

エディントンはもっと好意的だった。ルメートルの研究によって、アインシュタインの静的宇宙モデルに引導が渡されることに気づいたのである。ルメートルがはっきりとそう言ったわけではないが、彼の計算結果は、アインシュタインの宇宙が不安定であることを指し示していた。物質と宇宙定数とのぎこちない停戦状態にあまりにも頼りすぎていたのである。物質の密度がごくわずかに変化して、穏やかにその停戦が破られただけで、この宇宙はあっという間に別物に変わってしまう。一つ確実に言えるのは、この宇宙がけっして静的ではないということだ。

1920年代末、ハッブルはスライファーの発見した銀河までの距離を精確に測定することに成功していた。その距離を各銀河の遠ざかるスピードと突き合わせたところ、1917年にアインシュタインが最初に示したモデルではなく、フリードマンとルメートルの編み出した宇宙論と合致する膨張宇宙モデルが裏づけられた。これをきっかけにアインシュタインは、さらにあからさまに宇宙定数を否定するようになる。この宇宙は静的ではないのだから、宇宙定数など必要なかったのだと。

アインシュタインは宇宙定数を「[我が]人生で最大の失敗」と呼んだとよく言われているが、実際にそんな発言をしたのかどうかについては多少異論がある。とはいえ、アインシュタインが二度と宇宙定数を持ち出さなかったのは間違いない。第二次世界大戦末期に書いた総説論文では、次のように打ち明けている。「もしも一般相対論が生まれた当時にハッブルが宇宙の膨張を発見していたら、宇宙定数を導入することはけっしてなかっただろう」。その数年後にはルメートルへの手紙の中で、宇宙定数がいかに醜いかを嘆き、それを導入したことに「ずっと良心を痛めている」と言い切っている。「最大の失敗」という表現について言うと、それを初めて引用したのはウクライナ人物理学者のジョージ・ガモフである。高名なアメリカ人物理学者のジョン・ウィーラーは、プリンストン大学でガモフとアインシュタインが会話していたときにこのフレーズを耳にしたと主張しているが、もっぱらガモフの人となりを根拠に何度か疑念が示されている。ガモフは聡明な物理学者でありながら飲んべえで、ユーモアセンスにも難があった。ある有名な逸話としては、学生のラルフ・アルファーと共同で書いた、水素やヘリウムなど軽元素の合成に関する独創的な論文に、友人ハンス・ベーテの名前を勝手に付け加えた。ベーテの名前を加えることで、筆者リストがアルファー＝ベーテ＝ガモフと、まるでギリシア語のアルファベットの最初３文字であるかのように読めるようにしてしまったのである。ともあれ、アインシュタインが本当に宇宙定数を「最大の失敗」と呼んだかどうかは、さほど大きな問題ではない。彼の最大の後悔と比べたら明らかにたいしたことではない。1939年にフランクリン・ローズヴェルト大統領に、ドイツが原爆を開発するかもしれないから、アメリカも独自の核兵器を開発すべきだと進言したのだ。

ルメートルはアインシュタインの批判にもけっしてひるまず、宇宙定数と膨張する宇宙からどのような帰結が導き出されるかを深く考えつづけた。1931年に学術誌『ネイチャー』に投稿した短報では（コブラの消化器の中から見つかった昆虫に関する報告のすぐ次に掲載された）、時間をさかのぼってはるか昔の宇宙をイメージしたらどうなるかという疑問を取り上げた。そして、すべての惑星、すべての恒星、すべての放射と、あらゆるもののエネルギーが極小の空間、おそらくはたった一個の未知の「量子」の中に詰め込まれるはずだという結論に至った。空間と時間の始まりを示す、密度無限大の原始の密集状態、いまで言う初期特異点を明らかにしようとしたのである。宇宙定数に関しては、アインシュタインとは対照的にけっして見限ることはなかった。宇宙定数を初めて真空のエネルギーと同一視したが、零点エネルギーや量子力学と結びつけることはけっしてなかった。もしもそれらを関連づけていたら、アインシュタインを再び仲間に引き入れられていたことだろう。

それから30年間、宇宙論を研究する一握りの物理学者のあいだですら、宇宙定数はほぼ無視されていた。この分野の優秀な人たちは素粒子のほうに関心を移し、ミクロの世界と格闘しては基本場の構造を詳細に掘り下げていった。そもそも宇宙定数は一人の聖職者が唱えたものだった。そして第二次世界大戦後の混乱の中で、ソ連の核兵器開発計画を率いる一人の人物によって甦ることとなる。その人、ヤーコフ・ゼルドヴィッチは、社会主義労働英雄と呼ばれるソ連最高の栄誉を３度にわたって授与された、わずか16人のうちの一人である。1960年代末にゼルドヴィッチは、宇宙の真空の点と点を結んで、ハイゼンベルクの零点エネルギーと宇宙定数を関連づけた。パウリがカフェでおこなったあの計算を、現代的なアイデアでドレスアップさせたことになる。そしてかつてのパウリと同じく、一つの問題に気づく。すさまじく大きな問題である。

ゼルドヴィッチは気づいた。もしも場の量子論が正しければ、真空は出現と消滅を永遠に繰り返す仮想粒子のスープで満たされているはずだ。そしてそのスープは真空に一種の重さを与えて、あまりに大量のエネルギーと圧力で真空を満たし、この宇宙は潰れて消えてしまうだろうと。もはや宇宙定数を無視することはできなくなった。

ゼルドヴィッチのこの発表から半世紀経っているが、宇宙定数問題はいまだに解決しておらず、どちらかというとさらに悪化している。ゼルドヴィッチは、真の宇宙定数は0であると信じていた。どのようにして0になるのか、何が仮想粒子のスープを抑え込むのかは分からなかったが、何か理由があるに違いない。対称性だろうか？　ところがそれから30年後の1990年代末、遠方の超新星がどんどん加速しながら遠ざかっていることが明らかとなり、宇宙が加速膨張していることを示す証拠が現れはじめる。あたかも宇宙定数によって加速が後押しされているかのように見えるが、ただし量子論と、真空中から狂ったように出現と消滅を繰り返す仮想粒子から予測される宇宙定数とは別のもの。その10^{-120}倍という小ささの宇宙定数である。

宇宙定数の真の値はいくつか非常に難しい疑問を投げかけているが、その存在自体はアインシュタインの思いがけない功績とみなされることが多い。最終的には宇宙定数を見捨てたかもしれないが、何ら間違いを犯したわけではなく、宇宙定数は彼の発明である。加速膨張する宇宙はド・ジッターの功績でもある。この宇宙は膨張してどんどん密度が下がるにつれ、普遍的な宇宙定数に支配された空っぽの永遠の宇宙、ド・ジッター宇宙に近づいていっているようだ。しかしまだ一つ疑問が残されている。

なぜ宇宙定数はここまで悩ましいくらいに小さいのだろうか？

当たりくじ

状況はかなり絶望的である。ハンブルクのカフェでパウリがシュテルンに、この宇宙は「月にすらも達しない」と言い切ってから、すでに1世紀近く経っている。その間、全員を納得させるどころか、誰か一人でも納得させられるような宇宙定数問題の解決法をひねり出した人は誰もいない。小さな数が偶然に現れるはずはないと分かっているのに、そのような数は確かに存在していて、宇宙定数は予想される値の0.00000000000000000000000000000000000000000000000000000000000000000000000000000000000000000000000000000000000000000000000000001倍である。基礎物理学におけるこれ以外のほぼすべての分野で自然性は見事に成果を上げているのに、宇宙の真空においてはまさに溺れ死にしかけているのだ。

それを救おうと初めて試みた一人が、ボーアである。1948年、ブリュッセルで開かれたソルヴェイ会議の開会の辞で、零点エネルギーに対する自身の見解を述べた。パウリと同じくボーアも次のように考えた。もしも重力が零点エネルギーに目を付けたら、零点エネルギーは怒り狂って空間をゆがめ、潰してしまうはずなのだから、何かが零点エネルギーを0にしているはずだ。泡立つスープの中に完璧なバランスが存在していて、真空に正のエネルギーを与える粒子と、負のエネルギーを与える粒子とが、互いに打ち消し合っているに違いない。まるで、互いに同じ人数の天使と悪魔がまわりを取り囲んでいるようなものである。天使はあなたに幸せと喜びをもたらし、悪魔はそれを奪い取る。バランスが取れていれば、あなたは嬉しくも悲しくもない。宇宙定数もそうなのかもしれない。一部の仮想粒子が宇宙定数を引き上げようとし、ほかの仮想粒子が押し下げようとする。そして最終的に0に落ち着くのだ。

ボーアは、仮想陽子と仮想電子がそのように競い合っているのではないかと考えた。しかし実はそうはならない。どちらもフェルミオンだからである。真空のスープの中に現れる仮想フェルミオンは、必ず真空エネルギーを押し下げて、負のエネルギーに持っていこうとする。しかし仮想ボソンはその逆で、真空エネルギーを引き上げようとする。それに初めて気づいたのはパウリである。ボソンが天使のように、フェルミオンが悪魔のように振る舞うのであれば、完璧なバランスが取れて互いに打ち消し合い、まさにボーアがイメージしたとおり宇宙定数を抑え込んでくれるかもしれない。

なかなかいいアイデアだ。だがそれはまるでユニコーンのような空想上の話であって、この宇宙に天使や悪魔の居場所なんてない。ボソンとフェルミオンのバランスをきちんと取るには、前の章で登場した対称性、「SUSY」が必要となる。ヒッグスボソンの質量を抑えるために考え出した超対称性である。素粒子の種類の数を２倍に増やして、すべてのボソンを新たなフェルミオンと、すべてのフェルミオンを新たなボソンと結婚させる。それぞれの結婚がうまくいくようにするには、素粒子どうしが同じ質量と電荷を持っていなければならない。宇宙定数を打ち消し合わせるのにもまさにそれが必要である。完璧な超対称性の成り立つ宇宙では、一つひとつの仮想ボソンが真空エネルギーで宇宙を押しつぶそうとするのに対し、そのパートナーであるフェルミオンがその効果を打ち消す。だが私たちの宇宙では、完璧な超対称性は成り立っていない。それどころかSUSYの兆候すらいまだ見つかっていない。真空をジグソーパズルのピースへとばらばらにして、実験物理学の限界、CERNの加速器でおこなわれている実験の限界を極めても、SUSYもいっさい見られないし、真空エネルギーが奇跡のように打ち消し合うチャンスも現れてこないのである。

そのような失敗はこれ一つに限らず、実はいくらでもある。ギリシア神話のセイレーンのように、宇宙定数問題は人々を誘惑する。その魅力に惹きつけられた物理学者は、この問題を攻略して自然性を守ってやろうと心に誓う。しかしどうやらけっして成功しない。半世紀以上にわたって宇宙定数問題は私たちを鼻であしらいつづけており、数々の失敗に私たちはあきらめかけている。自然性はすでに死んだと考える人もいる。手も足も出なくなって古い考え方を捨て、新しい考え方に逃げ込もうとしている。

その新しい考え方とは、人間原理（anthropic principle）である。

子供の頃、クリスマスプレゼントに両親が買ってくれたがちんぷんかんぷんだった『コリンズ英語辞書』を引いてみると、‘anthropic’は「人間の、または人間に関係した」とある。物理学で言う人間原理とは、基本法則を、人間の存在、あるいはもっと広く、複雑な知的生命の存在と結びつける考え方である。予想外の宇宙に関しては、自然性に代わる役割を果たしてくれる。自然界に見られる小さな数のうちいくつかは、生命の繁栄が可能となるために存在しているのであって、何か謎めいた対称性や突飛な新しい物理のせいではないというのだ。

生と死の科学、多宇宙の科学である。だがそれは科学ですらないと言う人もいる。

その基本的な考え方の発端は1973年、オーストラリア人物理学者のブランドン・カーターがコペルニクスの教えに異議を唱えたことによる。500年前にコペルニクスは慎ましやかに、私たちはけっして特別な存在ではなく、宇宙の中で特権的な場所にいるわけでもないと言い切った。しかしカーターはそうではないと考えた。物理法則は完璧にチューニングが取れていて、交響曲が始まりさえすれば知的生命が進化するようにできているとしか思えないというのである。のちにスティーヴン・ワインバーグが示したとおり、このロジックは宇宙定数にも当てはめることができるし、そのほかの難問、とりわけ空間次元の数や、ヒッグスボソンの質量が予想外に小さいという問題にも当てはめられている。

この章の冒頭で言ったとおり、宇宙定数が私たちの宇宙のような値になる確率は、１グーゴル分の１よりも小さい。もしも宝くじの当籤（とうせん）確率がこんなに低かったら、わざわざ買おうなどとは思わないだろう。だがもしも、宝くじに自分の人生がかかっていて、絶対に当てると心に決めていたら、あなたならどうするだろうか？　五分五分で当てる方法は一つだけ、すさまじく大量に宝くじを買うしかない。宇宙定数の宝くじにおいて一枚一枚のくじに相当するのは、全体の真空エネルギーの量がそれぞれ異なる一つひとつの宇宙。自然がこの分の悪い賭けに勝つには、膨大な枚数の宝くじを買えばいい。それぞれ異なる宇宙定数を持った、存在しうるさまざまな宇宙からなる、いわゆる多宇宙である。それらの宇宙のほとんどは、真空エネルギーが多すぎてあまりにも重く、複雑な生命を進化させることはできない。しかし中にはちょうど私たちの宇宙のように、その1グーゴル倍以上軽いものもある。そうした軽い宇宙のどれかに入場するには、当たりくじを持っていなければならない。そのような場所、多宇宙の中にあるその特別な一角だけで、偉大な芸術や文学が生まれ、科学が花開き、知的生命が宇宙定数について疑問を抱きはじめることになるのだ。

だがそもそも、当たりくじも外れくじも含めてどこかしらで宝くじを買わなければならない。そこに弦理論が関わってくるとされている。次の章の終盤で話すが、弦理論が多宇宙を、すなわち存在しうるさまざまな宇宙からなる「ランドスケープ」をもたらしてくれるかもしれない。さらに量子力学の魔法のおかげで、私たちはある宇宙にいたかと思ったら、ひとりでに別の宇宙にジャンプしていることもありうる。そうやって自然は、膨大な宝くじのあいだをくまなく渡り歩く。最初の宝くじに相当する宇宙はおそらく宇宙定数が巨大だろう。そこで2枚目、3枚目と次々に渡り歩いていく。自然は何枚もの宝くじにランダムに飛び移ってはまた離れていくが、ではそれらの宝くじはいったいどんな宇宙だろうか？　そのような重い宇宙では、リオネル・メッシがサッカーをプレーできるだろうか？　ビートルズがアメリカを席巻するだろうか？　恐竜がいまだに地球を支配しているだろうか？　いずれの答えも明らかにノーである。自然が当たりくじを見つけるには、宇宙定数の**非常に小さい**宇宙に飛び移らなければならない。

それはほかでもない、私たちが星屑でできているからである。あなたもそうだし、リオネル・メッシもそうだし、トリケラトプスもそうだ。私たちを作っているすべての物質、そして私たちの暮らすこの惑星は、恒星の内部で合成された。しかし複雑な生命が進化するには、恒星だけでなく銀河も必要である。銀河が恒星をまとめ上げていないと、超新星爆発で撒き散らされた重元素が空っぽの空間に失われていってしまう。ときに銀河がその残骸を集め、複雑な生命の進化に適した材料を大量に含んだ惑星を作る。生命を生み出す当たりくじは、銀河の存在する宇宙を作り出す当たりくじなのだ。

ワインバーグが気づいたとおり、真空エネルギーが多すぎると銀河にとっては困ったことになる。宇宙定数が正の大きい値だと、宇宙は早いうちから加速膨張する。恒星が集まって私たちの必要とする銀河が形成される時間がなく、その前に空間の膨張によってあっという間に散りぢりになってしまう。逆に宇宙定数が負の大きい値だとどうなるか。加速膨張は起こらないが、もっとずっと悪いことが起こる。負の宇宙定数を感じはじめたところで、宇宙は膨張を止める。そして空間が収縮しはじめて、宇宙はビッグクランチという大惨事で終わってしまう。

ワインバーグがおこなったのと同様の最新の計算によると、銀河が形成されるのは、宇宙定数が私たちの宇宙における値の数千倍以下である場合に限られるという。それがいま言っている当たりくじに相当する。それを持っていれば、銀河が存在して生命が存在できる、多宇宙の中の特別な一角に入場することができる。多宇宙のそれ以外の部分は不毛である。人間原理の厄介な点は、複雑な生命、ビートルズやメッシ、そしてゼルドヴィッチなど、私たちの暮らすこの宇宙に関する難問に頭をひねる生命が存在することを前提としているところである。しかしそれを前提に置くやいなや、私たちの宇宙を引き当てる確率はぐっと上がる。宇宙定数が大きすぎるような多宇宙の一角に気を揉む必要はもはやない。当たりくじ、すなわち私たちの宇宙のように複雑な生命の繁栄できる宇宙だけに対象が絞られる。

そこでもう一度問うてみよう。宇宙定数の典型的な値は？　当たりくじだけに対象が絞られているので、宇宙定数の値が広い範囲に散らばることはない。それどころか、私たちのこの宇宙における値の数千倍以上にはなりえない。人間原理を当てはめて、複雑な生命のための舞台を整えたことで、宇宙定数の取りうる値の範囲は劇的に狭まった。もはや私たちの宇宙は、１グーゴル分の１の外れ者ではない。複雑な生命という当たりくじを持っていることが分かっているのだから、宇宙定数が適切な値である確率は数千分の１である。かなりの前進だ。

人間原理は確かに巧妙な考え方だし、さまざまな宇宙からなる多宇宙というのも少々魅力的にも映るかもしれないが、争いの種にもなっている。批判する人の多くは、科学の境界線からあまりにも踏み出しすぎていて、原理的にすら反証不可能ではないかと訴える。しかしそれは公平な批判とは言えないだろう。1997年にワインバーグらはある予想を立てた[(4)]。もしも真空エネルギーが私たちの宇宙の全エネルギー量のおよそ60パーセント未満だったら、なぜそんなに小さな値なのかを人間原理では説明できないと論じたのである。そしてそれを肝とした論文を書き上げた。学術誌『アストロフィジカル・ジャーナル』の編集者は人間原理を嫌っていて、これで人間原理の考え方を葬り去れるという理由だけでこの論文の掲載を許可した。ところがその翌年、アダム・リースとソール・パールマッター率いる２つの超新星観測チームが、宇宙が加速膨張していることを示す証拠を公表した。そうしていまでは、宇宙全体のエネルギーの約70パーセントが宇宙定数によって占められていることが分かっている。予想は的中した。ワインバーグによって検証に掛けられた人間原理は、その検証を見事パスしたのである。

たいていのことに言えるが、人間原理もまた、私たちは自分自身の経験によって偏った考えを抱いてしまうという問題を抱えている。生命に関する疑問に取り組もうとすると、私たちはどうしても自分の身の回りに目を向けて、この驚きの惑星の持つ多様性から非常に強い影響を受けてしまう。そうすると、何となく問題は解決した気になってしまう。ある生物学者に、地球外生命もDNAでできていると思うかと尋ねたことがある。その生物学者は答えられなかった。答えられるはずがない。別の宇宙はおろか、別の惑星からやって来た宇宙人を解剖したことすら一度もないのだから。人間原理と知的生命の存在を論拠とする上で私たちが置いている判断基準は、もっともらしい当て推量にまみれていて、その当て推量が正しいかどうかを本当に判断するのは容易ではないのだ。

さらに言うと、多宇宙自体についてはどうだろうか。多宇宙は存在するのだろうか？　実験的にも数学的にも、その存在は証明されていない。弦理論からはどうやら多宇宙の存在が予想されるようだが、その構造についてはほとんど分かっていない。人間原理で鍵となるのは、ある宇宙から別の宇宙へランダムに飛び移れることである。量子の魔法を使えば可能かもしれないが、もしも多宇宙の中に障壁が張りめぐらされていて、飛び移るのが難しかったり、あるいはいっさいできなくなっていたりしたら、はたしてどうだろう？　多宇宙の詳細が分かっていない限り、断り書きや前提条件を付けずに断言できることなどそうそうない。

人間原理の理論は、すなわち生命の理論である。中型サイズの恒星を取り囲むハビタブルゾーン、その中にある岩石惑星の上であなたや私が生まれるのを可能にした、自然界に存在する非常に繊細なバランス、それを理解しようという試みである。だがその理論には、まだ分かっていないこと、さらには分かりようのないことが数多く含まれている。そんなにおぼつかない理論のために、本当に自然性を放棄すべきだろうか？　私は直観的にそうは思わない。自然性とは、自然界の美しさや優雅さを正しく認識することにほかならない。自然界の対称性を探す営みである。光子の質量を0にして、光が光速で伝わるようにしてくれたのは、対称性である。電子が重くなりすぎて、原子が不安定になるのを防いでくれたのも、対称性である。では、私たちの宇宙を真空のエネルギーから守ってくれているのは、どんな対称性だろうか？　宇宙定数を抑え込んでくれている美しい新たな物理とは、いったいどんなものだろうか？

アイザック・ニュートン卿の亡霊

その建物に足を踏み入れた私は、身をかがめるしかなかった。天井は低く、おまけにがっしりした木の梁が縦横に走っていて、壁には魔女除けの彫り物が施されていた。ここはウールスソープ・マナー、リンカンシャー州の片田舎にひっそりと立つ、長い年月を重ねた古い農場である。1642年のクリスマスの未明、この館でハンナ・ニュートンが長男アイザックを出産した。のちに科学の王と呼ばれることとなる男の子である。ハンナいわく、あまりにも身体が小さくて１クォート（約1.1リットル）のジョッキに収まってしまうほどだった。

私がカリフォルニア大学のある同業者と一緒にウールスソープを訪れたのは、何かしらインスピレーションを得るためだった。私たち21世紀の物理学者にとって、ここ以上に刺激を得られる場所はない。いまも果樹園に生えているリンゴの木の木蔭でアイデアや数式をやり取りする私たちを、ニュートンの亡霊がその見えざる手で導いてくれることを願った。

どうやらうまくいったようだ。

閉館時間になって敷地から追い立てられる頃には、宇宙定数問題と迫り来るこの世の終わりとを結びつける新しい刺激的な（そして恐ろしい）学説を完成させていた。まだ家に帰るほどではなかったので、隣村のコルスターワースにある、そこから一番近いパブ、ホワイト・ライオンに向かった。かなり古風なパブで、ごつごつした石壁と木枠のバーカウンターがあり、ニュートンに洗礼を施したサクソン人の教会堂を見下ろす場所に立っている。友人にラガービールのジョッキを手渡そうとすると、彼はナプキンの裏にさらにいくつか数式を書き殴っていた。細かい点をいくつか指摘して議論し合っていると、隣のテーブルにいるひげ面の建設作業員の一団が不思議そうにこちらを見ているのに気づいた。

「お前ら何やってんだ？」

田舎くさい強いリンカンシャー訛りだった。私はあまりくそ真面目っぽくなく聞こえる答えをでっち上げようとした。物事に没頭しすぎる学者には思われないようにである。しかし一足遅かった。イギリスのパブの不文律に明るくないアメリカ人教授が即答してしまったのだ。

「この宇宙がいつ終わるのかを明らかにしようとしているんだ」
杞憂だった。それから1時間ほどかけて、パブで出会った新たな友人たちに私たちのアイデアを説明すると、彼らは興味を持ってくれた。確立された宇宙観は理屈に合っておらず、真空は量子的励起の泡立つスープに違いなく、この宇宙はあまりにも急激にばらばらになって、恒星や惑星、人間はけっして存在できなかったはずであるなどと話した。そして、この難題を解決するアイデアを思いついたが、それには一つ代償が伴うと力説した。この宇宙には終わりが来るだろう。しかももうすぐに。

彼らが驚いた顔をしたのも当然だ。私たちの言う「もうすぐ」というのは、もちろん宇宙論的な時間スケールにおいてである。友人たちは思ったとおり安心してくれた。数百億年もあれば余裕で2杯目に行ける。

夏の暑い日にウールスソープで私たちが議論し合ったそのアイデアは、ある非常に単純な観測結果から着想を得ていた。宇宙定数はその名のとおり「一定」であるという観測結果だ。当たり前のように思えるが、実はそれだからこそ宇宙定数は特別な代物である。惑星や恒星など、重力の影響を受けるどんなものとも異なる存在である。

惑星と比較してみよう。宇宙定数と同じく惑星も重力場に影響をおよぼすが、その様子はかなり異なる。惑星の質量は一様に広がってはおらず、小さい時空領域の中に集中している。そのため、質量密度が下がっていく領域、すなわち質量勾配が存在する。しかし宇宙定数はそうではない。私たちに見分けられる限り一定だ。私たちの暮らす宇宙のこの一角で、私たちの生きているこの特定の時代には、横たわっている真空エネルギーは不変である。勾配は存在しない。

アインシュタインの一般相対論から分かるとおり、どんな形態のエネルギーも重力をおよぼす。例外はいっさいない。惑星や恒星、人間の身体や、知覚を持ったガス状宇宙人の身体は、時空をゆがめる。真空エネルギーも時空をゆがめる。私たち2人が編み出したいと思ったのは、宇宙定数を少し違った形で取り扱う新たな重力理論である。惑星や恒星は当然、アインシュタインが言ったとおりに重力をおよぼす。あなたも私もそうだ。しかし底に溜まっている真空エネルギー、すなわち宇宙定数は、重力をいっさいおよぼさないとする理論である。

その理論は「真空エネルギー隠退理論」と呼ばれるようになった。隠退とは、何かを隔離したり、それをどこかに隠したりするという意味である。この理論はアインシュタインの重力理論と非常に似ているが、ただし量子力学から予想される大きな真空エネルギーを隠してしまうメカニズムを備えている。そのしくみを理解するには、冷蔵庫の庫内を冷たく保つ方法について考えなければならない。冷蔵庫には特定の温度に設定されたサーモスタットが備わっていて、その設定温度は４℃くらいだろう。庫内の温度が４℃を超すと、サーモスタットの働きによって外部冷却機構が働き出す。コンプレッサーのスイッチが入って、冷却系の中を冷媒が循環しはじめる。庫内の温度が下がると、サーモスタットによってコンプレッサーがオフになり、冷却が止まる。真空エネルギー隠退理論によれば、この宇宙もサーモスタットを持っているが、ただし測定しているのは、全空間・全時間にわたるこの宇宙の平均温度である。

ここで、圧倒的に大量の真空エネルギー、たとえば真空１リットルあたり１グーゴルギガジュールのエネルギーを持った宇宙を想像してほしい。一般相対論では、このエネルギーによって宇宙がゆがんで潰れ、温度は１兆の１兆倍のさらに10億倍℃近くまで上昇してしまう。しかし真空エネルギー隠退理論では、サーモスタットが備わっている。原理的にはそのサーモスタットを好きな温度に設定できるので、絶対零度からほんのわずかに高い温度に設定しよう。このような大量の真空エネルギーが存在すると、サーモスタットによって外部冷却機構が働き出してエネルギーが下がり、平均温度が設定値まで下がる。その冷却機構は外部、この場合には時空の外にあるため、時空内の各点を区別しない。今日と明日、アメリカとアンドロメダ銀河を区別せず、時空内のすべての点で等しい量だけエネルギーを下げる。要するに、ベースライン、底に溜まっている真空エネルギーを引き下げる。恒星や惑星、緑の小さな宇宙人など、それ以外のエネルギー源は、この変化によって影響を受けない。真空エネルギーだけが隠退される。

このサーモスタットによって保護された宇宙は、あたかも予知能力を備えているかのようだ。真空エネルギーがどのような値であれ、その宇宙は最初から自分が生き延びることを知っている。サーモスタットのおかげでひとり大きく成長し、人間が進化可能なまでになる。少々因果律を破っていて、運命論的にも聞こえるかもしれない。あなたは運命を信じるだろうか？　ほとんどの科学者は信じていないと答えるだろうが、もしも彼らが、ポーヴェーヒーなど、銀河中心の玉座に就くブラックホールの事象の地平面を越えたらどうなるだろうか？　ブラックホールの特異点に達して、無限の苦しみで人生を終える運命を迎えないだろうか？　その運命は事象の地平面を越えた瞬間に定まってしまうが、とはいえ物理的に矛盾したところは何もない。因果律のパラドックスが生じるのは、時間がループにはまったとき、たとえばタイムトラベラーが時間をさかのぼって、子作りをする前の両親を殺してしまったようなときだけである。だが私たちの理論には、そのようなことが起こるあからさまなメカニズムは存在しない。パラドックスはいっさい生じない。宇宙が運命を背負っているというだけだ。サーモスタットのおかげで、自分が大きく成長できることを知っているのである。

このように宇宙定数と宇宙の予知能力を結びつけるというのは、けっして新しい考え方ではない。数十年前に何人もの学者が提案していて、中でももっとも名高いのがシドニー・コールマンである。ゲルマンに師事し、物理学者の中の物理学者と称されるコールマンは、学界の中では並々ならぬ名声を築いたが、不思議なことに世間では知られていない。私がアメリカ人の共同研究者とともにおこなったことは、そのコールマンのアイデアに基づいて、実際に通用する一つの単純なモデルを組み立てたにすぎない。

ではこの理論は正しいのだろうか？

正直言って私には分からない。私に言えるのは、あからさまに間違いではないということだけだ。しかもすでに、私たち自身と同じくこの分野の中で年を重ねている。このアイデアを膨らませはじめてからもう８年経っている。１本目の論文が出版されたのとちょうど同じ頃に娘が生まれたので、どれだけ経っているかはいつでも分かる。もちろんわざとタイミングを合わせたわけではなく、娘が生まれたのは予定より２カ月早かった。しかし娘が成長するように、私たちのモデルも生き残りつづけている。否定する観測結果は一つも出てきていないし、数学的な矛盾や致命的な不安定性の犠牲にもなっていない。

　ではこの世の終わりについてはどうなったのか？　パブで知り合った友人たちには、少なくとも宇宙論的な意味で、もうすぐこの世の終わりが来ると言ったのではなかったのか？　最初のモデルでは、宇宙定数を克服するにはその代償を支払うしかなかった。いい話のネタになったし、不安にはなるが一つの予測をもたらしてくれた。しかし月日が経つにつれて私たちのモデルも成長し、最終的には、この世の終わりは必ずしも起こるとは限らないことが分かった。もしかしたらいつか再びホワイト・ライオンを訪れて、あの友人たちに、もう何も心配は要らないと言って聞かせるかもしれない。私たちの最新のモデルが正しければ、もっと長い宇宙の未来を楽しみに待ちつつも、宇宙定数を追いやることができる。

　この章の冒頭で、物理学者は小さな数に悩まされていると言った。宇宙定数、ヒッグスボソンの質量、とんでもなく予想外のこの宇宙。しかしもしかしたら悩むべきではないのかもしれない。ありがたがるべきなのかもしれない。なんと言っても、スリムなヒッグスボソンやちっぽけな宇宙定数は、この物理世界の織物に関する何か重要なことを私たちに教えてくれようとしている。それはいったい何か？　どんな根源的な物理が、これらの値をこれほど小さくしたのだろうか？　何か未知の対称性だろうか？　真空エネルギー隠退理論で言うところの予知能力だろうか？　人間原理で言うように、生命そのものの存在だろうか？　私には分からない。私に言えるのは、これらの微小な数が発見への入口になるということだけである。いつか、数学のパワーを通じてさまざまなアイデアの一貫性をあれこれ吟味し、実験のパワーを通じて予想外の世界をどんどん深く覗き込むことで、それらの数が何を言わんとしているのかが明らかになることだろう。

第3部

無　限

⑨無 限

無限の神々

ゲオルク・カントルは以前よりもずっと痩せこけていて、その華奢な身体からはいかにも重そうにコートが垂れ下がっていた。顔には表情がなかった。かつては力みなぎる堂々とした人物で、自身の知性と数学的な夢の探求で生き生きとしていた。しかし1917年に自宅のあるハレで撮影した、現存する最後の写真には、そんな面影はいっさい見られない。3年もの長きにわたって第一次世界大戦に見舞われ、ドイツ人は飢えに苦しんでいた。作物はとれず、連合軍の艦隊が国内への食糧供給を遮断していた。中には農耕や闇市場で配給を補うことのできた人もいる。しかしカントルはそうではなかった。躁鬱(そううつ)病を患って、ハレにある精神科病院に入院させられていた。各施設への食糧配給が通常の半分以下に減り、死亡率が2倍に跳ね上がる中、家に帰らせてくれと頼み込む手紙を妻に宛てて書きつづけた。だがその願いを叶えてやることはできなかった。1918年1月6日、ゲオルク・カントルは栄養失調で衰弱し、心臓発作で世を去った。

晩年のカントルは、精神疾患や身内の悲劇、そして仕事上のノイローゼに苦しめられていた。だがそんな不運に耐えながら、誰にも届かない高みに登りつめた。想像できないものをあえて想像し、天に昇って頭上に瞬く星々を見上げた。無数に連なる無限である。有限の領域の果てに無限を見ただけでなく、地上の理解をはるかに超えた、もっと高い無限の数々である。カントルの発想のおかげでいまでは分かっているとおり、無限の中には、あまりにも大きくて、もっと小さいほかの無限にとっては数学的に手の届かないものもある。要するに、無限の領域の上にさらに無限の領域が存在するのである。

たいてい無限は、テキーラを飲みすぎて横になった酔っ払いの8の字、

∞という記号で表される。この記号は1655年にイギリス人のジョン・ウォリスによって導入され、「リボン」を意味するレムニスケートと呼ばれることもある。しかしこの無限自体は数ではない。一つの「極限」、すなわち、たどり着ける地点を超えて果てしなく進んでいくという概念を表している。だがカントルが示したとおり、無限という数は確かに存在し、しかもそれが無限個ある。５や42、さらには１グーゴルと同じく実在する。有限の領域に存在していないというだけだ。それらは「超限数」と呼ばれる。モンスターのようなアレフや、強大なオメガといったもので、さらにはイエティと呼ばれるものもある。

いくつかの質問から話を始めよう。

あなたは知っていただろうか？

偶数の個数が、整数の個数と等しいことを。

０と１のあいだの実数の個数が、０とTREE(3)のあいだの実数の個数と等しいことを。

円周上の点の個数が、その円の内部の点の個数と等しいことを。

無限がからんでくると、直観はめったに通用しなくなる。それはヒルベルトのホテルにももちろん当てはまる。偉大なドイツ人数学者ダーヴィト・ヒルベルトが100年以上前に考え出したものである。ヒルベルトのホテルには部屋が無限個あるので、たとえ満室になっていようが、新たにいくらでもたくさんの客を泊めることができる。どうすればいいのかを理解するために、各部屋に１号室、２号室、３号室、４号室……と際限なく番号を振っていこう。新たに客が１人やって来たら、全宿泊客に、１つ番号の大きい部屋に移ってもらえばいい。１号室に泊まっていた家族は２号室に、２号室に泊まっていたカップルは３号室に、３号室に泊まっていたビジネスマンは４号室にという具合だ。部屋は無限個あるので、このプロセスが途中で行き詰まることはけっしてない。全員に部屋を移ってもらえば、最初に空いた１号室に新たな客を泊めることができる。新たに無限の人数の客がやって来ても、支配人は慌てふためかない。全宿泊客に、いま泊まっている部屋番号の2倍の番号の部屋に移ってもらう。すでに泊まっている客はみな偶数番号の部屋に収まるので、新たな客は奇数番号の部屋に入れる。ヒルベルトのホテルにはいつでも客を泊める余裕がある。

ダーヴィト・ヒルベルトは、本人の言葉によれば「頭が鈍くてバカな少年」で、初めの頃こそ学校が気に入らなかったが、のちに近代史上もっとも大きな影響力をおよぼす思索家の一人となる。論理学や証明論から相対論や量子力学まで、現代の数学と物理学の大部分の基礎を築いた。しかしおそらくもっともよく知られているのは、1900年に発表した23の未解決数学問題のリストが、20世紀を通して研究活動に深い影響を与えたことである。その1番目に挙げられている連続体仮説は無限に関する問題で、もともとカントルが提起した。ヒルベルトの列挙した問題のうち、数学界に完全に受け入れられる形で解決されているのは、いまだに8つしかない。のちほど話すとおり、連続体仮説もそこには含まれない。

無限に関する言及として記録に残る最古のものは、紀元前6世紀、古代ギリシアの哲学者アナクシマンドロスの著作にまでさかのぼる。アナクシマンドロスはミレトス学派の指導者で、ピタゴラスを教えていたと思われる。著作の大部分は長い年月のあいだに失われてしまったが、いまに残る数少ない断片の中で無限のことを「アペイロン」と呼んでいる。直訳すると、定まっていないもの、際限のないもの、限界を持たないものという意味である。アナクシマンドロスは万物の起源を解き明かそうとしていた。アペイロンは尽きることのない果てしないスープのようなもので、そこから万物が生まれ、最終的に崩壊したものはそのスープに戻る。古代ギリシア人にとってそれは、美ではなく混沌をイメージさせるものだった。天国ではなく地獄だった。

無限と、それに相対する概念である無限小は、エレアのゼノンが唱えた数々のパラドックスの肝となっている。覚えておられるかもしれないが、哲学者であるゼノンはネアルコスの専制的な支配に抵抗した。そして捕らえられて拷問を受け、最後のあがきにネアルコスに噛みついて、結局殺された。「０」の章では、ゼノンの考えたアキレスとカメのパラドックスを紹介した。足の速い戦士アキレスでも、のろのろ進むカメを追い抜けないという話だった。「二分法」と呼ばれる別のパラドックスでは、非常に単純な問いかけをする。部屋の端から端まで行くにはどうすればいいか？　一見したところばかげた質問だが、ゼノンは私たちの日常の思い込みに疑問を抱かせるような論法をひねり出した。あなたは座ってこの本を読んでいるとしよう。部屋から出るには、はじめにあなたとドアの中間地点までたどり着かなければならない。しかしその中間点にたどり着くには、その前に４分の１の地点にたどり着かなければならない。さらにその地点にたどり着くには、その前に全体の８分の１の地点にたどり着かなければならない。この連鎖は果てしなく続くので、最終的にあなたもゼノンと同じく、運動は不可能であると考えずにはいられなくなる。

このパラドックスは、無限小と０の深遠な違いを物語っている。いまの話では、次のような有理数列が生成する。

$$\frac{1}{2}, \frac{1}{4}, \frac{1}{8}, \frac{1}{16} \cdots$$

どんなに小さくてもいいから、何か好きな正の数を思い浮かべてほしい。このゼノンの数列をずっと先までたどっていけば、その数よりもさらに小さい数に有限回のステップでたどり着くことができる。しかしゼノンが私たちに信じ込ませようとしたとおり、０にたどり着くことはけっしてできない。０はこの数列の極限ではあるが、その数列に含まれてはいない。ゼノンから100年後にアリストテレスが考えたとおり、私たちは無限回のステップにたどり着ける可能性は理解できるが、実際に無限回のステップにたどり着くことは絶対にできない。アリストテレスは無限を、心の中では思い浮かべられるが、手で持つことはけっしてできないものと考えた。アリストテレスとその信奉者たちにとって、「可能無限」は実在するが、

「実無限」はそうではなかった。

実は古代ギリシア人はアペイロンにほとんど関心を向けなかった。プラトンは、究極の善は有限で明確に定まったもの、無限の混沌にけっして穢されないものであると言い切っている。だがギリシア人が学問上の支配的立場を失っていくにつれ、無限はその頭をもたげはじめる。紀元３世紀初め、ローマ生まれのプロティノスが無限を、「一者」という超越的存在と結びつけた。一者とは、分割したり掛け合わせたりすることを超越した、際限なく存在する神的な無限であると解釈された。それから200年後にこの思想は、聖アウグスティヌスの考えるキリスト教の神にも影響を与える。その頃、ローマの権力はすでに地に落ちていて、新たなキリスト教への改宗がその原因であるとみなす人が多かった。そこでアウグスティヌスは、キリスト教を宣伝して、古いローマの思想よりも優れていると説く一連の著作の執筆を託される。その著作の中で無限に言及し、無限は神の心の中に存在するとして次のように論じている。仮に最大の数というものが存在すると主張しても、必ずその数に１を足すことができるのだから、数は際限なく存在するはずだ。神の知らない数などありえないのだから、神はすべての数を知っているはずである。したがって神は無限を考えることができるはずだ。

神と無限の結びつきはほかの多くの宗教にも見られる。たとえばユダヤの神秘主義では、10の「スフィロート」と、その根幹をなす「エインソフ」というものを考える。スフィロートは神のそれぞれ異なる側面を表していて、エインソフはもっと偉大なもの、書き表すことも理解することもできない無限の神である。ヒンドゥー教では神ヴィシュヌは「アナンタ」とも呼ばれ、これはサンスクリット語で「終わりのない」や「限界のない」という意味である。また無限という意味で用いられることもある。

13世紀になると、実無限の否定を含め、古代のアリストテレスの思想が西洋世界に再び浸透しはじめる。その結果、中世のほとんどの思索家はアウグスティヌスのような極端な手には出ず、神は自らの存在を超越した無限を生み出せるなどという思想を受け入れたがらなかった。そんな中で聖トマス・アクィナスは、そのような限界があるからといって神の力が制約を受けることはないとして、次のように唱えた。アリストテレスが言ったように、実際には無限の上の無限は存在しえないのだから、神がそれを生み出すというのは論理的に矛盾している。神は確かに果てしない力を持っているが、作られないものを作ることができないのと同じように、無限であるものを作ることはできないと。表面上は見事な論法だが、詳しく見ると循環論法であることが分かる。出発点も終着点も、「有限のもののみが存在しうる」という同じ主張になっている。

神学が現代科学の思想に取って代わられると、無限の概念に異議を唱えようとする人はほとんどいなくなった。ルネサンスの多くの数学者はアリストテレスに倣(なら)って無限の持つ可能性を利用しようとしたが、あえて無限自体に手を付けることはなかった。どんどん大きな数を取っていって無限に近づくことだけで満足し、無限そのものについて考えることはけっしてなかった。

だがガリレオは違っていた。

ガリレオはすでに支配層の神経を逆撫でしていた。著作『二大世界体系に関する対話』の中でカトリック教会に喧嘩を売り、太陽が中心にあって地球は傍観者にすぎないとするコペルニクスの世界観を支持していた。この著作は３人の人物の対話形式で書かれている。学者であるサルヴィアティは、友人たちに太陽中心モデルを納得させようとする。サグレドは素人だが知性がある。頭の悪いシンプリチオは伝統主義的な人物で、多くの人は教皇のことだと受け止めた。そこで教会は、教皇の甥フランチェスコ・バルベリーニ枢機卿を立ててすぐさま反撃に出た。ガリレオにローマへ赴くよう命じ、異端審問を受けさせたのである。

幸いにも、偉大な科学者ガリレオには有力な友人が何人もいた。トスカーナの大公はガリレオの側に付いて仲裁を試み、さらにはヴェネツィア共和国でかくまおうと申し出た。しかし尊大だったのか、はたまた世間知らずだったのか、ガリレオはこうした申し出をことごとく断り、異端審問で自ら弁護することを選んだ。亡きベラルミーノ枢機卿から自説の発表を認められていたと信じていて、その証拠の手紙まで持っていた。だがあいにく、ヴァチカンに保管されていたその手紙の写しと細部が一致しなかった。異端審問ではすぐさまガリレオに有罪が下され、著作を撤回するか、さもなければ拷問を受けて死刑になることが決定された。ガリレオはひざまずいてコペルニクスの宇宙観を放棄しながらも、挑戦的にこうつぶやいたと言われている。「それでも地球は動いている」

その後の人生をガリレオは自宅軟禁の身で送りながら、代表作『二つの新たな科学に関する対話と数学的証明』を著した。この著作で彼が導き出した運動の概念を土台にして、のちにニュートンからアインシュタインに至るまで数々の人物が、現代物理学の体系を築き上げることとなる。この最後の著作でガリレオはあえて無限に手を付けている。以前と同じく３人の主人公の対話形式で書かれているが、教会の目を気にしてかシンプリチオは少しだけ賢くなっている。

サルヴィアティが２人の友人と一緒に、無限個存在する平方数について考えをめぐらせる。シンプリチオはアリストテレスの思想にがんじがらめになっていて、サルヴィアティが無謀にも無限を相手にするのが気に入らない。とはいえサルヴィアティはサグレドから力をもらって、やがて一つのパラドックスに行き着く。０から15までのすべての自然数を取り上げると、そのうち平方数なのは４つ、すなわち０、１、４、９だけである。同様に０から99までの自然数を取り上げると、そのうち平方数は10個だけ。これを無限大まで拡張すれば、自然数は平方数よりもたくさん存在すると言いたくなる。なんといっても、すべての平方数は自然数だが、その逆は成り立たないのだから。

ただし、いま相手にしているのは無限であって、無限というのは牙を剝いてくる。

サルヴィアティは、すべての平方数にその平方根の番号を付けられることに気づいた。たとえば、0→0, 1→1, 4→2, 9→3というように。このように番号を振りなおせば、平方数の集まりを、自然数の集まり、0, 1, 2, 3……に変えることができる。ここで重要なのは、この２つの集まりの対応関係が「１対１」であること。すべての平方数に対して、その平方根で与えられる自然数が存在し、すべての自然数に対しても、それに対応する平方数が存在する。したがってこの２つの集まりは完全に同じ大きさのはずだ！　実際にそれは正しいが、サルヴィアティは拙速にこのような結論を導き出すのに二の足を踏んで、代わりに無限をあいまいなものとしてとらえる。大きい・小さい・等しいという比較の概念は、無限の量には当てはまらないだろうと考えたのだ。だが、ある法則体系に従う限り、そのような比較をおこなうことは可能である。２つの集まり、いまで言う「集合」どうしのあいだに１対１対応が存在する場合、その２つの集まりの大きさは等しいということにすればいい。無限の大きさの集まりが、その全体でなく一部分と対応づけられるというのは、なんとも直観に反するように思えるかもしれないが、数学的な矛盾につながることはない。したがって、自然数と偶数、あるいは平方数、さらにはTREE(3)の累乗数は、完全に同じ個数だけ存在すると言うことができる。

ガリレオが無限の魔術に手を出してから200年ものあいだ、勇敢にも、あるいは愚かにも、彼に続こうとする人は誰もいなかった。その魔術に手を出すなという警告の言葉を発したのは、いわば最高権威、「数学の王」と呼ばれたカール・フリードリヒ・ガウスである。1831年にドイツ人数学者のハインリッヒ・シューマッハに宛てた手紙の中で、次のように釘を刺している。「無限の量を完全な量として用いることは……数学ではけっして許されない。無限というのは一つの『比喩的表現』にすぎず、実際には、ある量を制限なしに大きくできるときに、ある特定の比がいくらでも近づいていく、その極限のことを指している」。だが、汚名を負わされたプラハ出身の一人のカトリック司祭は、それとは違うふうに考えようと心に決める。彼の名はベルナルト・ボルツァーノ。

ボルツァーノの父親はイタリア人の画商で敬虔なローマカトリック教徒、同じくベルナルトという名前で、物惜しみせずに貧しい人たちに施しをし、移り住んできたプラハに孤児院を建てた。父親のこうした慈善活動からボルツァーノは生涯続く影響を受け、成人してからほとんどの人生を正義と平等のための戦いに費やすこととなる。そしてまた、無限にも取り組むこととなる。

少年時代のボルツァーノは本人いわく気分屋で病気がち、目が悪くて重い頭痛持ちだった。学校ではとくに成績が良かったわけでもなく、同級生から好かれてもいなかった。つねに日陰者だったが、ふつうの人なら内に籠もるところ、孤独を逆手に取って自主的な思考力と、通念に疑問を抱く稀有な才能を身につけた。神学の博士号を取得すると、まもなくしてカトリック司祭に任ぜられた。そして自由思想のキリスト教哲学者としてあっという間に名声を高め、わずか24歳でプラハにあるカレル大学の宗教哲学教授の地位に就く。キリスト教の神秘主義を受け入れることはなかったが、道徳的立場からキリスト教を信じることで、無慈悲と苦難に染まった社会の中で善を実現しようとした。当時のプラハは保守的な信仰の影響が強く、ボルツァーノはかつてのガリレオと同じく支配層の神経を逆撫ですることとなる。学生たちには平和主義と、いまで言う社会主義を説いていた。当初は目を付けられることもなかった。だがそんな中、ヴィーンの皇帝の聴罪司祭を務める指導的な神学者のヤコブ・フリントから、自分の書いた新たな教科書を講義で使うようけしかけられ、ボルツァーノはそれを拒否する。内容が不完全だし、学生にとってはあまりにも高価すぎると考えたからである。すると腹を立てたフリントは、ボルツァーノの説教の過激さと、キリスト教の伝統的な価値観を受け入れようとしない態度を問題視して、人々にボルツァーノへの反感を植え付けはじめる。ボルツァーノは友人であるプラハ大司教から支援を受けるも、反対運動は止まない。それでも自身の信念にこだわって、戦争や私有財産、チェコの支配体制に反対する説教を続け、当然ながら厄介払いされてしまう。40代前半にして大学を追われ、年金暮らしを強いられたのだ。そうして、プラハの街と郊外を転々としながら、宗教から目を逸らし、数学へ、そして無限へと気持ちが傾いていった。

ボルツァーノはある単純な疑問を抱いた。もしもこの手で無限をつかめたら、それはどんなものだろうか？　ガウスを始めとした人々は、無限はいわば際限のない浮気者、留まることも限界に達することもなしにどんどん大きくなりつづける不定量であると言い切っていた。だがボルツァーノはその考え方を否定した。不定量はけっして真の量ではなく、量の概念にすぎない。それでは不十分である。まるで、籠の中の卵を数え上げておきながら、卵はx個あると言うようなものではないか！

ボルツァーノは、すべての自然数の集まりを正真正銘の数、実無限とみなし、それを使ってほかの無限の大きさを確定しようとした。そして、自然数と１対１で対応づけられるものはすべて実無限であるはずだと気づいた。さらに、この考え方をもっと厳密なものにするために、集合の概念を構築しはじめる。集合とは単なるものの集まりのことで、「黙示録の四騎士」や「プレミアリーグに所属するチーム」といったようなものを指す。これらは有限集合の例である。黙示録に登場する騎士は４人だし、プレミアリーグに所属するのは20チームである。しかしボルツァーノは、自然数の集合や、０と１のあいだの実数の集合など、無限集合についても考えようとした。そしてそれらも確かに実在すると確信する。分解してその個々の部分をすべて思い浮かべることができなくても問題はない。プラハの街に暮らす一人ひとり全員のことを頭の中で思い描かなくても、プラハ市民の集合について語るのは完全に理にかなっている。ボルツァーノはそれと似たようなロジックを、自らの考える無限集合に当てはめた。

無限という遊び場の存在に自信を深めたボルツァーノは、そこで実際に遊んでみることにした。200年前にガリレオが一つのパラドックスを発見して、自然数の集合と平方数の集合を１対１に対応させられることを示していた。しかしボルツァーノはさらに先へ進んで連続体の世界に足を踏み入れ、独自のパラドックスを発見する。０と１のあいだの実数の個数と、０と２のあいだの実数の個数とが等しいことを示したのである。おおざっぱに言うと次のような方法を取った。小さいほうの区間である０から１までの区間を考え、そこに含まれるすべての数を２倍する。たとえば0→0, 0.25→0.5, 0.75→1.5, 1→2などとする。そうしてできた新たな数の集合は、０から２までの区間にわたっていて、そのあいだを完全に埋めている。またこのプロセスを逆転させて、大きいほうの区間に含まれるすべての数を半分にすることで、小さいほうの区間を得ることもできる。いずれも当たり前だと思われるかもしれないが、ちょうどガリレオが自然数の集合と平方数の集合を１対１に対応させたのと同じく、ボルツァーノは２つの連続集合どうしを単純な形で１対１に対応させたことになる。１対１対応のロジックを使えば、０と１のあいだの実数と、０と２のあいだの実数、あるいは０とTREE(3)のあいだの実数、さらには１グーゴルとグラハム数のあいだの実数が、同じ個数であると論じることができる。

ガリレオは、自分の思い描いた２つの無限集合が互いに同じ大きさだとまでは言い切れなかったが、そう考えても矛盾はなかった。ボルツァーノも連続集合に関して同様に慎重な姿勢を示した。１対１に対応させられることを踏まえれば、０と１のあいだの実数と０と２のあいだの実数は同じ個数であると考えても差し支えないだろう。だが彼はそれを完全に信じきれず、そのためそれ以上先に進もうとはしなかった。そして自身の研究が誰かに注目される前に世を去ってしまった。しかし同じ頃に何人かの重要な数学者が無限をめぐる論争に加わり、19世紀半ばにはついに舞台が整う。ガリレオやボルツァーノは勇気を出して無限に触れたが、天の高みに達したのはゲオルク・カントルである。それまで誰もそんなことが可能だとは思ってもいなかったが、カントルは自らを天に持ち上げて、無限の中をさまよい歩いたのだ。

アレフとオメガ

「いまは隠されているこれらの秘密が明るみに出るときが、いつか訪れるであろう」

1895年に出版されたカントルの遺作の冒頭に記されている引用句である。

聖書「コリント人への第一の手紙」から取ったもので、カントルが自分の研究は神聖なものであると信じていたことがうかがわれる。カントルにとって、この無限の天国、この無限の地獄へといざなってくれたのは神であった。神が語りかけ、神がアレフとオメガを授けてくれた。黙示録から影響を受けていたことも読み取れる。「私はアルファでありオメガである。最初であり最後である。始まりであり終わりである」

これを宗教的なたわごととして無視するのはたやすいし、おそらく実際にそうなのだろうが、カントルはそんな宗教的な探求心を力の糧にしていた。周囲からは向こう見ずに無限を扱っていると非難され、「ぺてん師」や「若者を堕落させる者」とけなされたが、信念を支えにしてけっして譲らなかった。勇敢にも無限に対して戦いを挑み、そして勝利した。しかしそれはまた敗北でもあった。探求のすさまじさに圧倒されて深い鬱に陥り、そこから完全に回復することはけっしてなかったのである。

カントルはまず、ガリレオやボルツァーノがけっして完全には受け入れなかった事柄を受け入れることから始めた。２つの集合を１対１に対応させられれば、それらはまったく同じ大きさであるはずだということである。もちろん有限集合の場合にはいっさい異論はない。たとえば黙示録の四騎士を取り上げよう。

{死，飢饉，疫病，戦争}

もう一つ、ビートルズと呼ばれる有名な集合がある。

{ジョン，ポール，ジョージ，リンゴ}

この２つの集合は容易に１対１に対応させられる。死とジョン、飢饉とポール、疫病とジョージ、戦争とリンゴという具合だ。どのように対応させるかに特別な意味はなく、死とポールを、飢饉をジョンと対応させても同じ。重要なのは、すべての騎士がビートルズのそれぞれ異なるメンバーと対応して、ビートルズのすべてのメンバーがそれぞれ異なる騎士と対応し、どれ一つ残らないことである。このように万事うまくいくのは、ビートルズと黙示録の四騎士が明らかに同じ大きさの集合に対応しているからにほかならない。だが先ほど見たように、無限集合となるともう少し厄介なことになる。平方数の集合は自然数の集合と容易に１対１に対応づけられるが、見た目ではもっと小さいように思える。しかしカントルは、とくに無限が関わっている場合、見た目にはだまされることがあると悟った。

数学というのは自分でルールを作るゲームであって、論理的矛盾に陥らない限り何をしてもかまわない。カントルは集合の大きさを、「濃度」というもので定義した。ビートルズや黙示録の四騎士は、最初の４つの自然数 {0, 1, 2, 3} と１対１に対応づけられるので、濃度が４の集合である（念のために言っておくと、たいていの数学者は自然数を０から始める)。

死↔ジョン↔０
飢饉↔ポール↔１
疫病↔ジョージ↔２
戦争↔リンゴ↔３

プレミアリーグに所属するチームの集合は、最初の20個の自然数 {0, 1, 2, 3,... 18, 19} と１対１に対応づけられるので、濃度が20である。では無限集合についてはどうだろうか？　すべての平方数の集合 {0, 1, 4, 9,...}とすべての自然数の集合 {0, 1, 2, 3,...} は１対１に対応づけられるのだから、どちらも同じ濃度であるとカントルは判断した。

ではこれらの集合には何個の数が含まれているのだろうか？　この集合の濃度はどれだけなのだろうか？

４でも20でもTREE(3)でもない。もっと大きく、もっと無限であるに違いない。カントルはそれを、ヘブライ語のアルファベットの１文字目を取ってアレフゼロと名付け、$\aleph_0$と書くことにした。下付きの0が添えられていることからうかがわれるとおり、これは最初の無限にすぎず、実はこのほかにもたくさんの無限が存在する。しかしとりあえずその話は控えておこう。この最初の無限を自然数の集合の濃度と定義すれば、1対1対応が成り立つことから、平方数や偶数、グラハム数の倍数、TREE(3)の累乗数の濃度もまた$\aleph_0$ということになる。さらにカントルは見事な数学的トリックを駆使して、有理数、つまり整数の分数として書き表せる数の濃度も$\aleph_0$であることを証明した。

どのように証明したのか見ていこう。

はじめに、すべての分数を下の図のように体系的な形で書き出していく。

$\frac{1}{1}$	$\frac{2}{1}$	$\frac{3}{1}$	$\frac{4}{1}$	$\frac{5}{1}$	…
$\frac{1}{2}$	$\frac{2}{2}$	$\frac{3}{2}$	$\frac{4}{2}$	$\frac{5}{2}$	…
$\frac{1}{3}$	$\frac{2}{3}$	$\frac{3}{3}$	$\frac{4}{3}$	$\frac{5}{3}$	…
$\frac{1}{4}$	$\frac{2}{4}$	$\frac{3}{4}$	$\frac{4}{4}$	$\frac{5}{4}$	…
$\frac{1}{5}$	$\frac{2}{5}$	$\frac{3}{5}$	$\frac{4}{5}$	$\frac{5}{5}$	…
⋮	⋮	⋮	⋮	⋮	⋱

この表をすべての方向に永遠に広げていけば、すべての有理数が一つ残らず含まれることになる。もちろん重複がたくさんあるが、それはあとか

ら処理しよう。ここで次のような問題を考える。この表のすべての分数を、自然数の集合と1対1に対応づけることはできるだろうか？　まずはどれか1つの行を数えていって、それらの分数を自然数と1対1に対応させてみたらどうだろうか。たとえば2行目からスタートすると、次のようになる。

$\frac{1}{1}$	$\frac{2}{1}$	$\frac{3}{1}$	$\frac{4}{1}$	$\frac{5}{1}$	…
$\frac{1}{2} \rightarrow 0$	$\frac{2}{2} \rightarrow 1$	$\frac{3}{2} \rightarrow 2$	$\frac{4}{2} \rightarrow 3$	$\frac{5}{2} \rightarrow 4$	…
$\frac{1}{3}$	$\frac{2}{3}$	$\frac{3}{3}$	$\frac{4}{3}$	$\frac{5}{3}$	…
$\frac{1}{4}$	$\frac{2}{4}$	$\frac{3}{4}$	$\frac{4}{4}$	$\frac{5}{4}$	…
$\frac{1}{5}$	$\frac{2}{5}$	$\frac{3}{5}$	$\frac{4}{5}$	$\frac{5}{5}$	…
⋮	⋮	⋮	⋮	⋮	⋱

しかしこの戦法ではけっしてうまくいかない。次の行に移る前に燃料が尽きてしまうからだ。そこでカントルはもっとずっと良いアイデアを思いついた。次頁の図のように、斜めの線に沿ってヘビのようにくねくねと表をたどっていきながら、通分可能な分数（網掛けをしてある）をスキップしていくのだ。

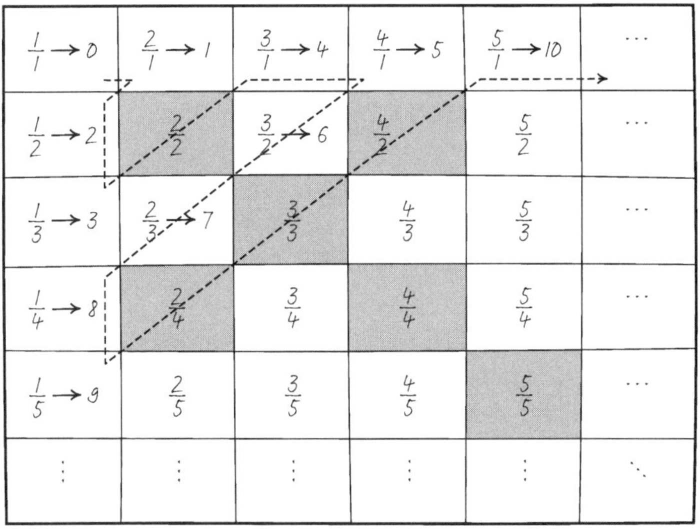

$\frac{1}{1} \to 0$	$\frac{2}{1} \to 1$	$\frac{3}{1} \to 4$	$\frac{4}{1} \to 5$	$\frac{5}{1} \to 10$	…
$\frac{1}{2} \to 2$	$\frac{2}{2}$	$\frac{3}{2} \to 6$	$\frac{4}{2}$	$\frac{5}{2}$	…
$\frac{1}{3} \to 3$	$\frac{2}{3} \to 7$	$\frac{3}{3}$	$\frac{4}{3}$	$\frac{5}{3}$	…
$\frac{1}{4} \to 8$	$\frac{2}{4}$	$\frac{3}{4}$	$\frac{4}{4}$	$\frac{5}{4}$	…
$\frac{1}{5} \to 9$	$\frac{2}{5}$	$\frac{3}{5}$	$\frac{4}{5}$	$\frac{5}{5}$	…
⋮	⋮	⋮	⋮	⋮	⋱

見事なまでに巧妙な方法である。この戦法はけっして行き詰まることがなく、表全体をくねくねとたどり終えれば、すべての分数を自然数と対応づけられたことになる。こうして、有理数の濃度は$\aleph_0$であることが証明された。

集合の濃度は、数について語るための方法の一つとなる。実はここで語っているのは、「基数」と呼ばれるものである。このあとすぐにもう一つのタイプの数が登場する。基数とは、ものが**いくつ**あるかを表す方法にほかならない。基数には、0, 1, 2, 3といったすべての有限数と、それからもちろん最初の無限$\aleph_0$が含まれる。ではもっと先へ進むことはできるだろうか？　$\aleph_0$よりも増やすことはできるのだろうか？

$\aleph_0+1$としてみたらどうだろうか？

それがどんな数になるかを明らかにするために、無限通りの模様の付いたゴムのアヒルの無限集合を考えて、その一つひとつに自然数が対応しているとしよう。

アヒルは明らかに$\aleph_0$個ある。そこで$\aleph_0+1$にたどり着くには、アヒルをもう1個追加すればいい。たとえば白いアヒルとしよう。どこに置いても違いはないので、先頭に置いて、ほかのすべてのアヒルを一つ分ずつずらせばいいだろう。

では何個になっただろうか？　すべてのアヒルが自然数と対応しているのだから、$\aleph_0$個のはずだ。要するに、$\aleph_0+1=\aleph_0$である。なんとも不思議だ。では$\aleph_0+\aleph_0$はどうだろうか？　この場合は、大きさがそれぞれ$\aleph_0$であるアヒルの無限集合を２つ考えるが、今回はその一方に偶数を対応させる。

そしてもう一方の集合に奇数を対応させる。

そしてこれらを一つにまとめると、

$\aleph_0+\aleph_0=\aleph_0$であることがたちどころに分かる。やはり少々奇妙だ。このようなことは有限数では見られない。どうしてこんなことになるのだろうか？　いま私たちがいるのは無限からなる世界である。

先ほど言ったとおり無限はもっとたくさん存在するが、$\aleph_0$を乗り越えるのは並大抵のことではない。一歩先へ進むには、まず何かしらの順序を復活させる必要がある。ここまでは、集合は何でも好き勝手な順序で表してかまわないと言ってきた。たとえば、先ほどはビートルズを｛ジョン，ポール，ジョージ，リンゴ｝と表したが、代わりに｛ジョージ，ジョン，ポール，リンゴ｝と表しても良かっただろう。何も違いはない。いや、本当にそうだろうか？　必ずしもそうではない。各ミュージシャンの登場位置に、何らかの順序、つまり何かしらの意味を当てはめるかどうかによる。いまの２つめのバージョン、｛ジョージ，ジョン，ポール，リンゴ｝は、アルファベット順に並んでいる。１つめのバージョンについても、才能の順に並んでいると言う人がいるかもしれない。異論が多いことは百も承知だが（とくに私の妻は、『きかんしゃトーマス』で声優を務めたリンゴが一番だと言い張っている）。

順序について考えはじめた瞬間、ゲームのルールは一変して、数がさらなる意味を帯びるようになる。４という数を考えてみよう。これを基数として考えて、たとえばビートルズは何人なのかを表しているとみなすこともできる。しかしまた、4番目の位置を表すラベルとして考えることもできる。ビートルズの場合には、アルファベット順で4番目に来るリンゴと直接関連づけられるかもしれない。このとき頭の中に思い浮かべているのは「序数」であって、ここでは自然数というコンベアベルトの上における位置を相手にしていることになる。有限の領域から踏み出して無限で遊びはじめると、この序数と基数の違いが重要になってくる。

序数を定義するのにも、もちろん集合を使うのが都合が良い。それについては「0」の章で少し触れた。はじめに0を空集合として考え、1は0を含む集合、2は0と1を含む集合、3は集合 $\{0, 1, 2\}$ などと続けていく。実はどの序数も、それより手前にあるすべての序数からなる集合として定義され、$n+1=\{0, 1, 2, 3, \dots n\}$ となる。ここまでは問題ないが、では無限やその先まで進めるにはどうすればいいのだろうか？　無限にたどり着くには、すべての有限序数から一歩踏み出した序数を定義すればいい。そのためにカントルは、新たな名称と新たな記号が必要となった。そこで無限基数をアレフと名付けたのを踏まえて、自身の探求の神聖さから再び着想を得た。「私はアルファでありオメガである」

オメガ（ωという記号で表す）が最初の無限序数となる。すべての有限序数を$n+1=\{0, 1, 2, 3, \dots n\}$ という規則に従って定義するならば、ωはそれを終わることなく続けていった極限、

$$\omega=\{0,\ 1,\ 2,\ 3, \dots\}$$

として定義するのが自然である。

要するに最初の無限序数は、自然数の集合にほかならないのだ！

さらに高みへ登っていこう。

ωの次には何が来るだろうか？　もちろん$\omega+1$である。先ほどの規則

に従うならば、これもまた、それより手前にあるすべての序数の集合として定義される。つまり、自然数の集合にオメガをトッピングした集合である。

$$\omega + 1 = \{0, 1, 2, 3, \ldots; \omega\}$$

セミコロンは、けっして終わることなく続く有限序数のリスト0, 1, 2, 3,...による寄与と、ωによる有限を超えた寄与との区切りを表している。ただしそれは単なる記法にすぎず、特別重要な意味はない。重要なのは、$\omega+1$がωと等しくないことである。これは、序数では順序が問題となるからにほかならない。もっと理解を深めるために、再びアヒルを登場させよう。ただし今度は、競走している本物のアヒルだ。

最初にゴールした黒いアヒルは、０をあてがわれて少々複雑な気分だ。しかし０は最初の自然数なので、文句を言う筋合いはない。市松模様のアヒルは２番目にゴールして、２番目の自然数（1）を与えられ、縞模様のアヒルは３番目にゴールして、３番目の自然数（2）を与えられる。以下同様。省略記号（...）は、この競走に無限羽のアヒルが出場して、その一羽一羽すべてに自然数が割り振られたことを表している。ここで、２回目の競走にはもう一羽、白いアヒルが出場したとしよう。このアヒルはかなりのろくて、ほかの全員がゴールした後でゴールラインを越える。その様子は次頁の図のようになる。

前の話で白いアヒルを追加したときには順序を気にしていなかったので、黒いアヒルの手前に入れて、ほかのすべてのアヒルを１つずつずらした。そしてそれを$\aleph_0+1=\aleph_0$と表したのだった。だが今回は順序を気にしている。そもそも競走なのだから！　白いアヒルは全員に遅れて最後にゴールしたのだから、先頭に割り込むことは許されない。ではこの白いアヒルにはどんな数をあてがうべきだろうか？　自然数は使い切ってしまったので、自然数のうちのどれかをあてがうことはできない。したがって、リストのその次の数、すなわちωをあてがうほかない。順序が重要なので、この２回の競走は互いに非常に異なっている。自然数の集合と、自然数の集合にオメガをトッピングした集合とは、同じものではない。$\omega+1$はωと同じではないのである。

さらに登っていこう。$\omega+1$の次には$\omega+2$が来て、これもまたその手前にあるすべての序数を使って定義される。

$$\omega+2=\{0,\ 1,\ 2,\ 3,\ldots;\ \omega,\ \omega+1\}$$

まるで、天国によじ登ったと思ったらまた新たな梯子を見つけたかのようだ。$\omega+2$から$\omega+3$へ……とどんどん続けていくと、やがて天国の新たな階層、$\omega+\omega$に行き着く。これはふつう$\omega\times2$と書かれ、次の集合として定義される。

$$\omega\times2=\{0,\ 1,\ 2,\ldots;\ \omega,\ \omega+1,\ \omega+2,\ldots\}$$

さらに登りつづけてどんどんと高い天国を目指し、$\omega\times3$, $\omega\times4$……と続けていくと、$\omega \times \omega$という限界にたどり着く。賢明な人ならこれをω^2と書くに違いない。ここまでで、無限の天国からなる無限の階層にたどり着いた。しかしさらに登っていける。同じように登りつづけていけば、ω^3, ω^4と上がっていって、最終的にもう一つの限界、ω^ωと書かれる指数的に高い天国にたどり着く。

ここでロケットに点火しよう。

ω^ωからさらに高く高く登っていったとすると、ωがω個積み上がった累乗のタワーにたどり着く。

$$\left.\omega^{\omega^{\cdot^{\cdot^{\cdot^{\omega}}}}}\right\}\omega\text{段の高さ}$$

「グラハム数」の章で話したとおり、このタワーは二重の矢印を使ってもっと簡潔に、$\omega\uparrow\uparrow\omega$と書くことができる。そしてここからさらに、

$$\omega\uparrow\uparrow\uparrow\omega=\underbrace{\omega\uparrow\uparrow\Big(\omega\uparrow\uparrow\Big(\ldots\uparrow\uparrow\omega\Big)\Big)}_{\omega\text{回繰り返し}}$$

そしてさらに$\omega\uparrow^4\omega$……と続けていくと、やがてもう一つの巨大な限界、ここまでのすべての数を神のごとく超越した天国のリバイアサン、$\omega\uparrow^\omega\omega$にたどり着く。

グラハム数は巨大だ、なんて思っていたときのことを覚えているだろうか？

しかしまだまだ終わらない。

$\omega+1$のおもしろいところは、実際にωより大きいわけではなく、単にωの次に来るだけだということである。それに対応する集合$\omega+1=\{0, 1, 2, 3,...; \omega\}$の大きさは、$\aleph_0$のままで変わらない。それを証明するには、$\omega+1=\{0, 1, 2, 3,...; \omega\}$の各要素を自然数と１対１に対応させればいい。それは簡単で、ωと０を、０と１を、１と２を、２と３を、……というようにに対応させていけばいい。同様に、$\omega+2$や、さらに$\omega\uparrow^{\omega}\omega$へと登っていくと、次々に高い無限、リストのどんどん高いほうへと上がっていくが、これらは**より大きい**無限ではない。濃度はすべて同じで、アレフゼロである。

だがそのときはやって来る。

まさに想像を超えた高みでカントルは、ここまでのどの数とも違う、新たなタイプの序数が存在するはずだということを証明した。そのような序数がそもそも存在するというのは容易に理解できるものではないが、確かに存在する。カントルは、そのさらに大きい無限が「連続体」の中に潜んでいることを明らかにした。分数として書ける有理数を含むとともに、分数として書くことのできない$\sqrt{2}$やπといった無理数をも含んだ、すべての実数の集合の中にである*。カントルが証明したとおり、連続体は、地上に暮らす私たちが1, 2, 3, 4,...と数えていく能力を超越している。アレフゼロよりも大きいのである。

０と１のあいだの連続体の中に実数が何個あるのか考えてみよう。もちろん無限個だが、はたしてその個数はアレフゼロなのだろうか？　それとももっと多いのだろうか？　カントルは次のようにしてそれを明らかにした。始めに、その連続体は数え上げることができて（可算であって）、自

---

* $\sqrt{2}$のような無理数は、xの整数乗に整数を掛けた項からなる単純な代数方程式の解であることから、代数的数と呼ばれることがある（たとえば$\sqrt{2}$は$x^2-2=0$という単純な方程式の解である）。πやeなどの無理数は代数的数ではなく、超越数と呼ばれる。

然数と1対1に対応させられると仮定する。もしそうだとすると、それらの数を、長さ$\aleph_0$の無限リストとしてすべて書き下せるはずだ。順序は気にしなくていいので、まずは0と1のあいだの数をランダムにすべてリストアップしてみる。

0.12347348956792457...
0.34579479867439087...
0.73549874397493486...
0.42784508734067383...
0.54345689483459808...

カントルは、この連続体が$\aleph_0$よりも大きいことを証明するために、このリストではすべての数をカバーできないことを示した。まず、対角線上にあるそれぞれの数字を太字にする。

0.**1**2347348956792457...
0.3**4**579479867439087...
0.73**5**49874397493486...
0.427**8**4508734067383...
0.5434**5**689483459808...

そうすると、対角線上にあるすべての数字からなる数ができる。この場合は0.14585...である。次に、このそれぞれの数字を1大きくすることで新たな数を作る。この例では、0.14585...が新たな数0.25696...に変換される。この数をリストの1番目の数と比べると、小数第1位が違う。2番目の数とは小数第2位が、3番目の数とは小数第3位が違う。以下同様。実は$\aleph_0$個のすべての数と違っているのだ！　このようにして、連続体のすべての数を長さ$\aleph_0$のリストでカバーするのは不可能であることが証明された。したがってカントルがにらんだとおり、連続体の中にはもっと大きい無限が隠れていることになる。

では、それらのより大きな無限を体系的に構築して、アレフゼロを超越した世界を渡り歩いていく方法はあるのだろうか？　その答えはイエスだ。先ほど明らかにしたとおり、$\omega=\{0, 1, 2, 3,...\}$ や $\omega+1=\{0, 1, 2, 3,..; \omega\}$ から、$\omega\uparrow^{\omega}\omega$、さらに高い序数へと、巨大なタワーのように連なる無限序数はすべて、大きさが$\aleph_0$である。これらは可算無限と呼ばれる。いずれも、その要素を自然数、つまり私たちが数を数えるのに使う数と、１対１に対応させることができる。ではこのタワーのさらに上には何が横たわっているのか？　可算無限から一歩上にある序数とはどんなものだろうか？それをオメガワンといい、ω_1と書く。定義上、これは可算ではなく、自然数と１対１に対応させることはできない。この天国の巨人は、新たな濃度、新たな大きさを持っているはずだ。その大きさをアレフワンと表し、$\aleph_1$と書く。単により高い無限というだけではない。より大きい無限である。

先ほどと同じようにω_1も、その手前にあるすべての序数の集合として定義される。つまり、ちっぽけな有限数から最大の可算無限に至るまで、可算数をすべて集めた集合である。そしてこのω_1からさらに登って、ω_1+1へ、さらに高くへ、と進んでいける。やはり先ほどと同じように、必ずしもω_1より大きくはなく、ω_1の次に来るというだけだ。ω_1+1もすべての可算数からなる集合と１対１に対応させることができるので、大きさはやはり$\aleph_1$である。そしてその上にもう一つの階層、大きさが$\aleph_1$を上回る序数が存在する。それはω_2で、これは新たな巨大な大きさ、$\aleph_2$を持つ。

果てしない不安を感じてきたことと思う。そもそも無限自体が理解しがたいのに、ここでは無限を超えたいくつもの無限、モンスターのようなアレフや強大なオメガを扱っている。ここでちょっとした表を使って頭の中を整理しておこう。

序数	集合を用いた定義	説　明	大きさ	
0	{}	空集合	0	
1	{0}	1個の要素を持つ集合	1	
2	{0, 1}	2個の要素を持つ集合	2	自然数
3	{0, 1, 2}	3個の要素を持つ集合	3	
⋮				
ω	{0, 1, 2,...}	すべての自然数からなる集合	$\aleph_0$	
$\omega+1$	{0, 1, 2,...; ω}	すべての自然数からなる集合にωをトッピングしたもの	$\aleph_0$	
⋮				
$\omega\times2$	{0, 1, 2,...; ω, $\omega+1$, $\omega+2$,...}	集合$\omega+n$においてnを無限大に近づけたときの極限	$\aleph_0$	
⋮				可算無限
ω^2		集合$\omega\times n$においてnを無限大に近づけたときの極限	$\aleph_0$	
⋮				
ω^ω		集合ω^nにおいてnを無限大に近づけたときの極限	$\aleph_0$	
⋮				
⋮				
ω_1		すべての自然数とすべての可算無限からなる集合	$\aleph_1$	
⋮				
ω_1+1		すべての自然数とすべての可算無限からなる集合にω_1をトッピングしたもの	$\aleph_1$	大きさ$\aleph_1$の無限
⋮				
ω_2		すべての自然数とすべての可算無限、および大きさ$\aleph_1$のすべての無限からなる集合	$\aleph_2$	さらに大きな無限

ゲオルク・カントルの考えたいくつもの無限。

実際にはカントルは$\aleph_2$よりさらに先へ進んで、次々に高い無限の階層を、新たな天国と新たな神々を目指して登っていった。だが当時、そんな天国の探求に価値があるなどと考える人はほとんどいなかった。それどころかカントルは逆に地獄に落ちてしまう。少なくとも、レオポルト・クロネッカーという名前の数学者はそうとらえていた。19世紀半ば、数学研究の中心地だったベルリン大学で、クロネッカーはもっとも影響力のある教授の一人だった。才気縦横だが保守的だった。「神は整数を作った。それ以外はすべて人間の作ったものである」と言い放っている。無理数には嫌悪感を抱いていた。もちろん無理数の背後にある数学は理解していたが、自然界に無理数の存在する場所はないと思っていた。「人間の作ったもの」であって、まさにカントルのような、思い上がったぺてん師の空想の産物だった。かつてカントルはクロネッカーに教わり、また親しくしていた。しかしベルリンから南のハレ大学に移ったことで、恩師の保守主義から解放された。整数を超えて、連続体と、その中に潜む無限の新たな階層へたどり着いた。そんな行動がクロネッカーは気に入らなかった。

やがて２人は対立し合い、あれよあれよという間に個人攻撃へと発展する。クロネッカーはカントルをたびたび侮辱して、評判の高い学術誌への論文掲載を妨害した。カントルの考え方がいくら優れていて強固であろうが意味はなかった。クロネッカーのほうが政治力で勝っていたからである。カントルは二流大学の教授だが、クロネッカーはベルリンの支配層に属していた。何よりもカントルを苦しめたのは偏見である。自分はもっと評価されるべきで、ベルリン大学の教授職に値する能力を持っていると自覚していたが、クロネッカーの邪悪な影響力のせいでそれがけっしてかなわないことも分かっていた。

攻撃されつづけてカントルはどんどん自暴自棄になっていった。そしてふつうでは考えにくいが、あろうことかベルリン大学の教授職に応募するという反撃の手に出た。採用される可能性がないことは分かっていたが、クロネッカーの神経を逆撫でするのは間違いないし、それだけで十分だった。スウェーデン人数学者のヨースタ・ミッタク＝レフラーには次のように語っている。「私にははっきりと見通せた。クロネッカーがまるでサソリに刺されたようにかっとなって、やつの予備軍と一緒にわめき出す。そしてベルリンの人々は、街がライオンやトラ、ハイエナの棲むアフリカの砂漠に運ばれてしまったのではないかと勘違いしてしまうと」

気分屋で激しやすい性格のカントルには友人があまり多くなかったが、ミッタク゠レフラーはそんな数少ない中の一人だった。1年前の1882年にミッタク゠レフラーが創刊した学術誌『アクタ・マテマティカ』は、カントルがクロネッカーの策略をかわして論文を安全に発表できる場となった。それを知ったクロネッカーは元教え子に報復する術を思いつく。ミッタク゠レフラーに、この新たな学術誌で論文を発表させてくれないかと問い合わせたのである。それを聞きつけたカントルは新たな攻撃の予兆を感じ取った。クロネッカーが『アクタ・マテマティカ』で論文を発表するとしたら、カントルの研究をこき下ろすためだとしか考えられない。カントルはいつもの癇癪（かんしゃく）を起こしてミッタク゠レフラーに怒り交じりの手紙を書き、これ以上論文を投稿しないと脅した。こうしてカントルと友人の関係は、おそらくクロネッカーのにらんだとおり傷ついてしまう。クロネッカーには、この学術誌に論文を投稿する気など初めからなかったのだ。

それから1年も経たずにカントルは最初の神経衰弱に陥る。精神に問題を抱えながらも、それ以外は通常の平穏な生活を送っていたようにも思える。だが実はそうではなかった。根を詰めた研究とクロネッカー相手の戦いに、生活が呑み込まれていたのである。のちには身内の悲劇にも打ちのめされる。1899年、カントルが講演のためにライプツィヒに滞在している最中に、末息子のルドルフが突然命を落としたのだ。

カントルは天国へ、無限へとたどり着いて、いくつものアレフやオメガのあいだをさまよい歩いた。信心深い人間として、自分は神に導かれているのだと信じていた。彼を導いたのはもちろん数、すべての数、連続体である。この天上の世界でカントルは、アレフゼロを超えるものを初めて垣間見た。連続体がより大きなタイプの無限、より大きなアレフの一つであることを知った。では、はたしてそれはどの無限なのだろうか？　$\aleph_1$なのか？　それともさらに大きい何かなのか？

黙示録の四騎士であれ自然数の集合であれ、何か集合があれば必ず、その冪（べき）集合と呼ばれるものを考えることができる。冪集合とは、すべての部分集合からなる集合のことである。たとえば三銃士の集合、{アトス，ポルトス，アラミス}を考えよう。この集合からは、次のように計８つの部分集合を作ることができる。

空集合

{ }

と、１人の銃士からなる集合

{アトス}
{ポルトス}
{アラミス}

および２人の銃士からなる集合

{アトス，ポルトス}
{ポルトス，アラミス}
{アラミス，アトス}

そして、もちろん３人全員からなる集合

{アトス，ポルトス，アラミス}

である。

この８つの集合をすべて合わせたものが、三銃士の冪集合となる。気づかれたかもしれないが、三銃士が大きさ３の集合であるのに対して、その冪集合はもっとずっと大きく、その大きさは $8=2^3$ となっている。このように2の累乗になるのは偶然ではない。この冪集合に含まれる各集合は、アトスを含むか含まないか、ポルトスを含むか含まないか、アラミスを含むか含まないかのいずれかである。したがって $2\times2\times2$ 通りの可能性がある。プレミアリーグ所属チームからなる集合の大きさが20だとすると、これと同じロジックで、その冪集合の大きさは 2^{20} となる。

この法則は無限集合にも当てはまる。自然数は大きさが $\aleph_0$ の集合なのだった。ではその冪集合はどんなものだろうか？　それは自然数の部分集合からなる集合である。つまり、

空集合

{ }

1つの数からなる集合

{0}
{1}
{2}
……

2つの数からなる集合

{0, 1}
{0, 2}
{1, 2}
……

などと続いていく。この冪集合の大きさは $2^{\aleph_0}$ である。想像もできないほど巨大だ。カントルが証明したとおり、もちろん $\aleph_0$ より大きく、実は連

続体の大きさに等しい。それを理解するために、実数を二進法で書いたとイメージしてほしい。それは0と1がある特定の順序で並んだ数字列にほかならない。たとえば

$$\frac{5}{8}=1\times\frac{1}{2}+0\times\left(\frac{1}{2}\right)^2+1\times\left(\frac{1}{2}\right)^3$$

は0.101と書かれる。すべての数字列を列挙し尽くしたいのであれば、1つめの数字の選択肢が2つ、2つめの数字の選択肢が2つ、3つめの数字の選択肢が2つと、果てしなく続けていく。そして最終的には全部で

$$\overbrace{2\times2\times2\times...\times2}^{\aleph_0\text{回繰り返し}}=2^{\aleph_0}$$

通りの数字列ができあがる。

カントルは、この連続体が次なるアレフに違いないとにらんだ。つまり、$2^{\aleph_0}=\aleph_1$だと考えたのである。この命題は「連続体仮説」と呼ばれていて、前に言ったとおり、1900年にヒルベルトが列挙した23の未解決問題の1つめである。簡単に言うと、連続体は自然数の1段階上のアレフであるということだが、それが真であるかどうかはただちには理解できない。連続体はもっと高い階層のアレフかもしれないし、アレフとはいっさい関係ないかもしれない。カントルはこの仮説に取り憑かれていった。ミッタク゠レフラーに宛てた手紙の数々からは、どんどん追い詰められていく一人の男のストーリーが読み取れる。連続体仮説を証明したと宣言して勝ち誇ったかと思いきや、次の手紙では落ち込んで、致命的な間違いを見つけたと伝える。証明と否定、成功の幻想と失敗の現実のあいだを行き来した。

今日でも連続体仮説は証明も反証もされていない。しかし1963年、アメリカ人数学者のポール・コーエンがある注目すべき発見をする。偉大なチェコ人論理学者クルト・ゲーデルの研究から着想を得て、連続体仮説は数

学の基本構成要素、いわゆる「ZFC公理系」とは独立であることを証明したのだ（Zは数学者エルンスト・ツェルメロの、Fはアブラハム・フレンケルの頭文字）。つまり、連続体仮説を真と偽のどちらだと仮定しても、矛盾は出てこないということである。それを理解するために、こんな疑問について考えてみよう。リヴァプールFCのファンが、宿敵マンチェスター・ユナイテッドも応援しているということはありえるだろうか？　両者は完全に相反するのだから、そんなことはありえないと即答できるだろう。では代わりに、ボストン・レッドソックスも応援しているかという疑問を考えたらどうだろう？　レッドソックスは違うスポーツで戦っているのだから、どちらにしても矛盾は生じない。リヴァプールのファンはレッドソックスを応援しているかもしれないし、していないかもしれない。数学もそれと同じように、連続体仮説に対しては寛容であることを、コーエンは示したのである。カントルが精神に異常を来してから80年後、この研究によってコーエンは、数学界でノーベル賞に相当するフィールズ賞を受賞した。

やがてカントルは、連続体仮説を一種の教義、数学を超越したものととらえるようになる。カントルの心の中では、連続体仮説は神に属していて、神によって守られていた。晩年のカントルは精神科病院で過ごすことが増えていった。たいてい突発的に神経衰弱が始まって、この世の不条理をわめき散らし、やがて鬱状態に陥る。娘エルゼの回想によると、引きこもって人と接することができなくなる。回復が長引くうちに別の妄想に取り憑かれ、連続体仮説との戦いだけでは済まなくなる。シェイクスピアと戦いを繰り広げるのだ。

シェイクスピアはぺてん師であって、彼の戯曲は17世紀の学者、聖フランシスコ・ベーコンの作品であると、カントルは思い込むようになった。母語はドイツ語であって、デンマーク語とロシア語も話し、英語は４番目だったが、自分は英語に十分詳しいと信じて、自らの過激なシェイクスピア仮説を訴える小冊子まで出版した。1899年に再び精神衰弱に陥ると、ハレ大学から療養休暇を与えられる。その後のある奇妙な行動から、カントルの荒んだ精神状態が垣間見える。教育大臣に手紙を書き、教授職を解いて、図書館で一人きりで皇帝に仕える仕事に就かせてほしいと頼み込んだのである。自分は歴史と文学に関する幅広い知識を持っていると訴え、その証拠として例の小冊子を提出した上に、イングランドの王室と、その初代の王の正体に関する新たな情報を握っているとまでほのめかした。教育大臣がすぐに応じてくれなかったら、ロシア皇帝に仕えたいと願い出るつもりだった。実際どうだったかというと、教育大臣は手紙を無視し、カントルもロシアと接触することはなかった。

ヨーロッパ全土が第一次世界大戦に巻き込まれる頃になると、カントルの数学研究の重要性は、イングランド文学に関する研究とは対照的に確実に認められるようになっていた。戦時中のドイツの惨状に違わず、精神科病院でのカントルも貧窮の中で最後の月日を過ごした。イギリス人の大学者バートランド・ラッセルは1951年、カントルとの手紙の数々を公表した際に、カントルを次のように讃えている。「19世紀のもっとも偉大な知識人の一人で、冴えわたった時期を無限数の理論の構築に捧げた」。しかしそれに続いて次のように付け加えている。「[カントルの] 手紙を読んだ上で、彼が人生のかなりの割合を精神科病院で過ごしたと聞かされても、誰も驚きはしないだろう」

カントルは大胆にも無限の天国を探検した。しかし彼の遺したものよりもさらに先を、ほかの人たちが見渡すこととなる。実は無限に大きい無限よりさらに先にも、無限の階層が存在した。到達不能数と呼ばれる数である。その根本的な考え方を理解するには、まずは有限の領域、自然数に立ち返る必要がある。算術の法則を使ってアレフに到達する方法はあるだろうか？　答えは明らかにノーである。有限の領域では有限数しか得られず、足し算や掛け算、さらには累乗も有限回しかおこなえない。そのため、アレフへ至る道は閉ざされている。その意味で、$\aleph_0$は到達不能な基数である。その下に位置する有限基数を使った算術ゲームではたどり着けないのだから。

では次に天国に飛び込んでいこう。

$\aleph_0$は手に入っているのだから、冪集合と累乗を使ってさらに大きな基数へと進んでいける。もしも連続体仮説が正しければ、$2^{\aleph_0}$を取ることで直接$\aleph_1$にたどり着き、そこから算術法則を使えば、$\aleph_2$、$\aleph_3$などと進んでいける。こうしてどんどん大きな基数にたどり着くにつれ、はたしてたどり着けない数なんてあるのだろうかという疑問が頭をよぎってくる。実はその答えはよく分かっていない。たどり着けない数なんて存在しないという可能性もあって、下の階層から到達不可能な基数は$\aleph_0$だけなのかもしれない。だがこの結論はあまり面白みがない。あまりに大きくて、手前のどのアレフからも到達不可能であるような、さらに高いアレフを思い浮かべるほうがはるかに刺激的だ。数学者もそう考えようとする。そもそも数学者というのは、自分でルールをこしらえては、何が起こるかを確かめるものである。私たちもそのような立場を取って、１番目の新たな到達不能数について考えてみよう。もっと低いアレフの領域からその数を見ることはできるが、触れることはできない。有限の領域から$\aleph_0$にたどり着けなかったのと同じように、どんなに累乗を重ねようがその数にたどり着くことはできない。新たな階層の数、無限個の無限ですら手の届かない天上のリバイアサンだ。その数には呼び名が付いていなかったので、エドワード・カスナーが甥にグーゴルという名前をひねり出してもらったのを真似して、私も我が子たちに一つ考えてもらった。そして最終的に「イエティ」という名前に落ち着いた。この上ない名前だと思う。なんと言っても、イエティは私たちのたどり着けない高山に暮らしていて、実在するかどうか誰にも断言できないのだから。

ではそれらのアレフは実在しているのだろうか？　物理世界の一部なのだろうか？　自分の想像力以外何ものにも縛られなかったカントルは、無限とともに歩みを進め、無限を受け入れて理解することができた。だがその無限は、数と集合という数学の世界に存在していた。物理世界では無限は、理解の欠如を物語る病、計算麻痺の状態とみなされることが多い。しかし、その麻痺に打ち勝つ術を見つけられた場所、無限が克服されて私たちの物理理論が成功を収めている場所もある。それは、電磁気学や原子核物理学に登場する無限大には当てはまる。しかし重力には当てはまらない。重力には無限個の無限が存在する。これから見ていくとおり、その麻痺状態は無限に深いといえる。

第無限種接近遭遇

重力の大波に注意せよ。ブラックホールの中心にある特異点、時空が無限に達する地点に注意せよ。重力の応力がどんどん強くなっていって、あなたの手足を引き裂き、原子やクォークにまでばらばらにしてしまうことに注意せよ。最後の瞬間に時間そのものが存在しなくなり、あなた自体がこの宇宙のミクロな織物に呑み込まれてしまうことに注意せよ。

本書の冒頭で登場したブラックホールの中のリバイアサン、ポーヴェーヒーの恐ろしさである。遠くから観察されてはいるが、ではその中にはどんな恐怖が待ち構えているのだろうか？　特異点は実在するのだろうか？　たとえ時間が最後の瞬間を迎えたとしても、無限に触れることは本当に可能なのだろうか？　1965年にイギリス人数学者のロジャー・ペンローズが、ある驚くべきことを発見した。もしもアインシュタインの重力理論が正しければ、すべてのブラックホールがこの世の果て、特異点を覆い隠すマント、無限への入口であるというのだ。つまり、事象の地平面のような面が存在すれば必ず特異点が存在し、その面の向こう側からは誰も逃げ出せないことを証明したのである。それから55年後、騎士の称号を得ていた高齢のペンローズは、この研究によってノーベル賞を受賞した。しかしスウェーデンの授賞委員会のお墨付きを得たからといって、ペンローズの言う特異点が実際に自然界に存在するとは限らない。ペンローズが実際に証明したのは、次のとおりのことである。いまでは信じられているとおり、もしもブラックホールが存在するとしたら、アインシュタインの理論は破綻している。この無限を隠し持ったアインシュタインの重力理論には、それ自体では扱いようのないものが潜んでいる。物理学では、無限という病はどうしても治療するほかないのである。

似たような話はそれ以前にもあった。

そう遠くない昔、無限の病がここまで突飛ではなかった頃の話だ。その無限はブラックホールの中にではなく、電球の輝きや電波通信のうなり声の中に潜んでいた。ありふれたこれらの現象が、量子電磁力学というバレエ、光子が電子とダンスを踊り、電子が光子とダンスを踊る舞台となっている。光子と電子の相互作用は物理学全体の中でももっとも基本的なものだが、第二次世界大戦直前には、それは破綻しているように思われていた。電子のダンスは無限の病に冒されていたのである。

話はポール・ディラックから始まる。私にとっては学問上の祖父に相当する人物で、博士研究の師弟関係を介して直接つながっている。ディラックの父親はスイスからの移民で、イングランド西部のブリストルでフランス語を教えていた。少年時代のディラックは無口で、成人するとますます寡黙になった。ケンブリッジ大学の同僚たちが、１時間に１単語を口に出すことに相当する、「ディラック」という単位を導入したくらいだった。ディラック本人は言葉なんてほとんど必要ないと思っていた。詩に興味を示すロバート・オッペンハイマーをあざ笑っていた。また、自分の通っていた学校では、締めくくり方が分からない限り文を話しはじめるなと教わったと言い張っていた。その同じ学校にはもっとずっとおしゃべりな少年も通っていた。ハリウッド俳優のケイリー・グラントである。

1927年にディラックは、原子中の電子の量子化軌道に関するボーアの古い説と、アインシュタインの相対論の考え方とを融合させた理論を提唱した。史上初の場の量子論で、慌ただしいミクロの世界の解明に向けた大きなブレークスルーとなった。原子中の電子が、放射として発せられる光子とどのように相互作用するか、それを正確に明らかにしたのである。電子も光子も、場の量子的な揺れとして解釈できる。電子は電子場の揺れ、光子は電磁場の揺れである。一つの揺れが別の揺れを引き起こし、その揺れがまた別の揺れを引き起こし、と続いていく。このように美しい理論ではあったが、ディラックはそこから導き出される帰結を掘り下げるのに二の足を踏み、自然は愚かにももっとずっと醜い姿を選んだのかもしれないと恐れるようになった。

出だしこそは非常に順調だった。優秀な人たちがこのアイデアを発展させて、量子電磁力学（QED）と呼ばれる新たな物理学の分野を拓いていった。その中には未来のノーベル賞受賞者も４人含まれていた。パウリ、ハイゼンベルク、フェルミ、そして、のちに妹マンシーがディラックと結婚するハンガリー人ユージン・ウィグナーである。彼らはディラックとともに、磁場中での粒子の生成と消滅から、反粒子の存在まで、興味深い新現象を次々と明らかにしていった。

QEDの初期の成功を受けて、いずれは電磁気放射や荷電粒子の関係するあらゆる物理現象を、QEDで予測可能になるだろうと考えられるようになった。しかし初期の成功には、「摂動論」と呼ばれる手法が用いられていた。物理学者が重宝しているもっとも重要な道具の一つである。そのからくりを理解するために、しばしQEDのことは脇に置き、もっと馴染み深いシナリオとして地球の重力場について考えてみよう。方程式を簡単に解くために、通常は地球を完全な球体として扱う。だが地球は完全な球体ではない。自転によって赤道付近が膨らんでいて、全体の形が１パーセントゆがんでいる。そのゆがみが重力におよぼす影響を精確に計算するのは難しいので、近似をおこなう。ちょっとした微積分と、一風変わったいくつかの数学定理を使って、重力の変化をその同じ１パーセントの精度ではじき出すのである。もっと近似を高めたければ、もう少し頑張って次のレベルの摂動を考慮し、重力場への影響を１パーセントの２乗、つまり１万分の１の精度で計算する。さらに１パーセントの３乗や、もっと高い次数に進むこともできる。これが摂動論のしくみにほかならない。何か小さな値（この場合は地球の形の１パーセントの変化）を見つけ出し、その小さなパラメータの累乗に従って結果を一段階ずつ改良していくのである。

QEDにも小さな値が存在する。微細構造定数と呼ばれるものだが、ほとんどの物理学者は単にアルファと呼んでいる。前の節で登場したアレフやオメガとは何の関係もない。光子と電子の相互作用の強さ、いわば光子と電子がどのくらい一緒に踊りたがっているかを表す値である。このアルファの値が、私たちに見えるあらゆるもの、そして見えないものの大部分を司っている。原子の大きさや磁石の強さ、自然界のさまざまな色を決めている。その測定値は1/137という分数に非常に近く、過去と現在を問わず多くの物理学者が、この事実をもっと深く理解しようと取り組んでいる。中でもおそらくもっとも取り憑かれたのがパウリで、「死んだら真っ先に悪魔に聞いてみたいことがある。微細構造定数はどんな意味を持っているのかとね」と冗談で言っていた。数が一致することを夢見て、アルファをπなどの重要な数と関連づけてみることもたびたびおこなった。さらに、精神分析学者のカール・ユングに自分の夢を分析してもらったところ、「何か宇宙の大きな秩序」を悟りつつあると言われた。奇妙な偶然だが、パウリが膵臓がんにかかってチューリヒの赤十字病院で息を引き取った部屋は、137号室だった。

QEDの初期の発展に貢献した人たちは、このアルファの値が小さいおかげで、摂動論を使って計算を進めることができた。初めに、荷電粒子がこちらへ散乱したりあちらへ散乱したり、光子をあちこちへはじき飛ばしたり、ありとあらゆる方向へ押し合いへし合いしたりというような、さまざまなプロセスの起こる確率をはじき出す。それらの結果の精度はアルファのオーダー、つまり137分の１程度で、１パーセント以内の誤差である。さらに精度を高めて誤差を１パーセントの１パーセント以内に収めるには、次のレベルの摂動を考慮して、アルファの２乗のオーダーや、さらに高いオーダーに進んでいけばいい。数学的に面倒というだけで、まずい事態に陥るはずはない。

ところが実際にはまずいことになってしまった。

引き金を引いたのはパウリである。孤立した電子はそれほど孤立してはおらず、電磁場を発生させる。電荷分布を小さな空間領域の中に詰め込むには、その電磁場の反発力に抗(あらが)って仕事をしなければならない。つまりその系にエネルギーをつぎ込まなければならず、詰め込む領域が小さければ小さいほどたくさんの仕事をする必要がある。追加で与えられるそのエネルギーは「自己エネルギー」と呼ばれていて、電子の場合にはこれによって質量が増えると考えることができる(前に言ったとおりエネルギーと質量は等価である)。ここでパウリはうろたえた。電子は点状の粒子であって、そのすべての電荷が無限に小さい領域の中に詰め込まれている。したがって電子の自己エネルギー、ひいては質量が、無限に大きな値になってしまうのである。

もちろんパウリもそんなはずはないと了解していた。量子効果を考慮に入れる必要があるのだが、QEDの発展によって手に入った理論を用いれば、実際に何が起こるのかをまさに解き明かせるに違いない。そこでパウリはその課題を、ヘビースモーカーで早口、長身のアメリカ人である新たな助手に託した。その名はロバート・オッペンハイマー。

のちの第二次世界大戦中にオッペンハイマーは、ニューメキシコ州のロスアラモス研究所で核兵器の開発を率いることとなる。そして彼のリーダーシップのもと、ロスアラモスの研究チームは、1945年7月16日にニューメキシコ州の砂漠で初の原子爆弾の爆発に成功する。それから1カ月も経たずにアメリカ空軍が広島と長崎に計2発の原爆を投下し、20万を超す人々の命を奪った。オッペンハイマーはのちにヒンドゥー教の聖典を引用して、「いまや私は死神、世界の破壊者となってしまった」と語っている。

戦前、パウリのもとで研究を進める若き物理学者オッペンハイマーは、その聡明さで人々に知られていた。しかしいい加減であることでも有名だった。「オッペンハイマーの物理学はいつも興味深いが、計算はつねに間違っている」とパウリは述べている。そんなオッペンハイマーは、電子の自己エネルギーについて調べるようパウリから言われると、具体的な設定のもとでこの問題に挑むことにした。水素原子から発せられる光のスペクトルをQEDを使って計算しはじめたのである。例のごとく、摂動論に頼らざるをえなかった。初めのうちこそ比較的単純な問題だった。アルファのオーダーで計算するために考慮すべきは、原子核中の陽子が軌道電子とのあいだで仮想光子を交換することだけだった。だがアルファの２乗のオーダーで補正してみようとすると、面倒なことになりはじめる。電子と光子が変身する可能性が出てくることに気づいたのである。とくに、光子を放出した電子が、その光子をすぐさま再吸収することによる効果を考慮する必要があった。すると恐ろしいことに、その効果が無限大であることが分かったのだ！　計算間違いではない。何から何まで正しかった。このような問題が生じたのは、仮想光子が好きな量のエネルギーを運ぶことができて、その量が無限であってもかまわないせいだった。そのすべての可能性を足し合わせなければならない。オッペンハイマーはうまく打ち消し合って有限の答えが出てくることを期待していたが、実際にはそうはならなかった。QEDは無限の病にかかっていたのである。世界大戦の混乱もあって、その病はさらに20年近くにわたって治療されずに残ることとなる。

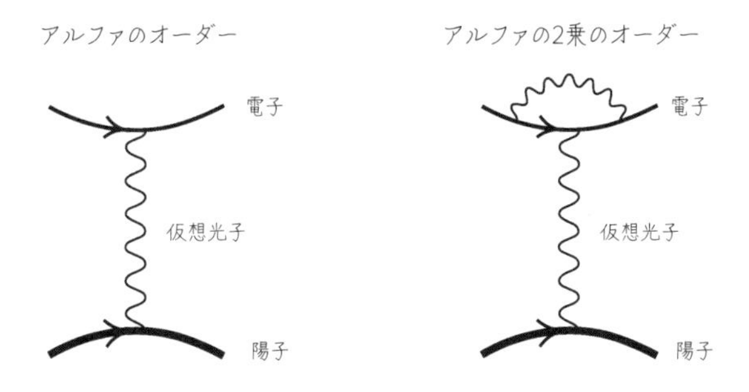

水素原子中の陽子が電子と相互作用する様子。左図はアルファのオーダーにおける物理的影響を表していて、仮想光子の交換に対応する。右図はアルファの2乗のオーダーにおける補正を表していて、電子が別の仮想光子を放出しては再吸収している。

細かい点は異なるが、これもまた自己エネルギーが無限に大きくなってしまうという問題であって、電子が自身の電磁場と相互作用するせいで質量が無限大になってしまう。パウリはひどく落ち込んだ。物理学なんてやめて田舎に引きこもり、「ユートピア小説」を書きたい気分だとこぼしている。その師の塞ぎ込みようがオッペンハイマーの脳裏からいつまでも離れなかったに違いない。オッペンハイマーはその無限を、もしかしたら治療できるかもしれない病としてとらえるのではなく、物理学が大きく道を外れようとしている兆候だと受け止めた。もしももっと柔軟な考え方をしていたら、この無限を手なずける方法を誰よりも深く理解できる立場に立っていたことだろう。だが実際にはその栄誉は、シュウィンガーとファインマン、そして日本人物理学者の朝永振一郎に与えられることとなる。

この３人が最終的にどのようにして無限を克服したのかを理解するために、パウリの気づいたとおりそれほど孤立してはいない電子に話を戻そう。その電子は自身の電磁場に加え、真空中から出現しては消滅する仮想粒子の海、電子や陽電子、光子の集まった激しく泡立つ仮想スープに取り囲まれている。ここで一つ確実に言えることがある。そのスープは電子のさまざまな性質、中でも質量に影響を与えるに違いない。その理由を理解するために、ピンポン球を水に沈めて手を離したときの様子を思い浮かべてほしい。そのピンポン球はどの程度の加速を受けるだろうか？　ピンポン球はそれによって押しのけられた水と比べて約12分の１の重さなので、浮力の強さはピンポン球の重さの12倍となる。考慮すべき事柄がもしもそれだけであれば、ピンポン球は12Gの上向きの加速度と１Gの下向きの加速度を受けて、差し引き11Gの加速度で水面に向かって上がっていくことになる。だが実際にやってみると、確かに上向きに加速はするものの、そこまで大きくはない。ピンポン球が水をかき分けていかなければならないことを考慮する必要があるからだ。浮力はピンポン球を加速させるだけでなく、その周囲の水も加速させなければならず、そのためピンポン球はあたかも運動しにくくなったかのように見える。結局のところピンポン球は、まるで慣性が増したかのように、つまり質量が大きくなったかのように振る舞うこととなる。物理学者の言い回しを使えば、ピンポン球の質量がもっとずっと大きな値に事実上設定しなおされ、いわゆる「繰り込まれて」、上向きの加速度が2Gよりも小さくなるということである。この質量の繰り込みは、水がピンポン球を押し返して、ピンポン球と相互作用することで起こる。それと同じことが、電子を取り囲む仮想スープにも当てはまる。仮想粒子のスープが電子を押し返して相互作用し、電子の質量を「繰り込む」のだ。電子とピンポン球とで違うのは、ピンポン球は最終的に水から飛び出すことができるが、電子はけっしてこのスープから抜け出せないところである。

オッペンハイマーは計算を進めるために摂動論を用いた。そのため1段目の近似では、あたかも量子のスープが存在せず、電子の質量が古典的世界における「スープ抜きの」値であるかのようになる。そして最初の補正をおこなうと、そのスープが追加されたかのようになる。すると恐ろしいことに、その補正値が無限大になることが分かった。要するに、新たな改良版の「スープ込みの」電子の質量と、スープ抜きの裸の質量とが、無限の量だけ食い違ってしまったということである。物理世界では電子は無限に重くなどないのだから、何かがとんでもなく間違っていたとしか思えない。

だが実際にはそんなことはなかった。

オッペンハイマーが思い至らなかったのは、この計算にはスープ込みの質量とスープ抜きの質量という2つの質量が含まれているが、物理的に意味があるのはそのうちの一方だけだという点である。電子が量子のスープから抜け出すことは絶対にできないのだから、どう転んでもスープ込みの質量しか測定できない。オッペンハイマーは、理論の辻褄を合わせるには両方の質量が有限でなければならないと決めつけていたが、実際にはそうではない。物理的に意味のあるスープ込みの質量だけが有限であればいい。物理的でないスープ抜きの質量はけっして測定できないのだから、それが無限大だったとしてもかまわない。それどころか、実際には無限大でなければならない。少なくともオッペンハイマーによる無限の量子補正値と同じ大きさの無限であって、ただし符号が反対でなければならないのである。「スープ抜きの質量＋量子補正＝スープ込みの質量」という計算式をいま一度見てみよう。オッペンハイマーによる量子補正値に「無限大」が含まれているとしたら、最終的に有限の答えを得るためには、スープ抜きの質量の値に「マイナス無限大」が含まれていなければならない。それらの無限大自体は物理的に意味がないので、さほど慌てふためく必要はない。もちろん実際に計算の中で無限の値を使うようなことは、収拾がつかなくなるので絶対にしない。代わりに、いくらでも大きくなるが有限であるような代役を立てることで、数学的に辻褄を合わせる。そしてそれらの代役、無限大の代わりとなるものが互いに打ち消し合うと仮定する。そうして残るのは、スープ込みの物理的な質量に対する有限の値で、それが実験による測定値と合致する。

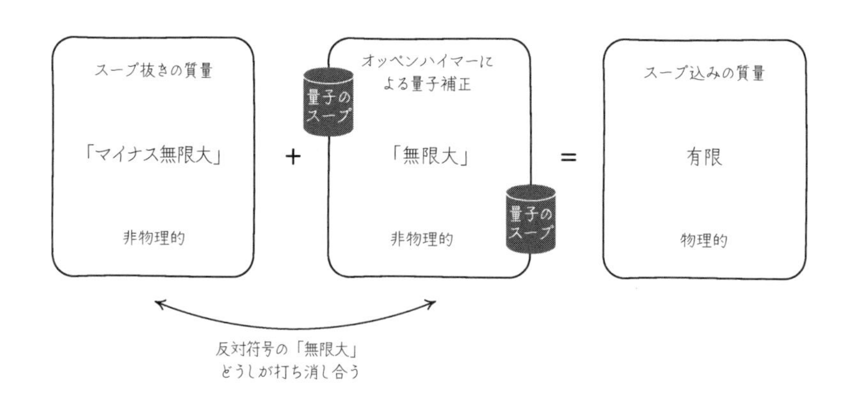

たとえを使ったほうがいいかもしれない。あなたはペロペロキャンディーを仕入れて販売する事業を立ち上げようとしている。仕入れ値は１本１ポンド。初日は２ポンドで売れるが、２日目以降は仕入れ値で売らなければならない。そこであなたは事業を成功させるために、誰か友人から無限の額のお金を借りて、ペロペロキャンディーを無限本仕入れる。初日、あなたはペロペロキャンディーを100本売る。あなたの資産額はどれだけに

なっただろうか？　表面的な値を見ただけだと、あなたは無限の資産を持っていると決めつけてしまいかねない。仕入れ値で売れるペロペロキャンディーがまだ無限本残っているし、初日の売り上げで得た現金200ポンドがあるのだから。しかしそれでは話が半分しか終わっていない。あなたにはまだ友人からの借金がある。その負債額を差し引けば、残るのは初日の利益、100ポンドだけであることは明らかだ。それがあなたの純資産額である。

このたとえ話であなたの資産額が無限であるというのは、古典的世界におけるスープ抜きの電子の質量が無限大の値であるのに相当する。無限の額の借金は、オッペンハイマーによる無限大の量子補正値に相当する。そしてあなたの純資産額（この場合は100ポンド）に相当するのが、量子のスープに囲まれた電子の質量、その真の物理的な値である。

電子の理論が病から回復したと言い切るには、ほかにも無限が残っていないかどうか調べる必要がある。実はQEDでは、電子の電荷もまた無限大の量子補正を受けてしまう。しかし問題はない。先ほどと同じように、スープ抜きの裸の電荷は無限大だが、それを測定するのは不可能であるとすればいい。この場合も無限大の量子補正が反対の符号を取り、２つの無限大が打ち消し合って、実験結果と合致するスープ込みの有限の電荷にたどり着く。

煙に巻かれてしまったような気もするが、ここからは本当の魔法を見ていこう。

摂動論を用いれば、電子と光子がランダムに跳ね回るどんなプロセスでも計算することができる。また、信念を貫いてスープ入りの質量やスープ入りの電荷は有限だと言い切っている限り、すべて有限に留めることができる。まるで魔法のようだ。複雑なプロセスに対する量子補正には無限和が大量に含まれているかもしれないが、最終的には問題にならない。それらの無限大は、電子の質量や電荷に現れていた無限大の名残にすぎない。

スープ入りの質量とスープ入りの電荷の値を実験で決定しさえすれば、ほかはすべて片がつく。無限大のことをそれ以上心配する必要はない。

こうして無限の病は治療できた。

1948年1月、まだ30歳にも満たないシュウィンガーが、ニューヨークで開かれたアメリカ物理学会の会合に詰めかけた満員の聴衆の前で、以上のような説を披露した。若いながらすでに名が知られていた。わずか15歳で大学に入学し、19歳までに7本の研究論文を発表して、パウリやフェルミといった大物学者たちから熱い視線を向けられていた。それから10年後、ニューヨークの学会では聴衆を虜にした。間違いなく専門的で難解な研究だったが、すべてが美しく展開されていた。スープ込みの質量とスープ込みの電荷を有限と定め、実験的測定によってその値を設定するだけで、それ以外のプロセスにおよぼす影響を計算できる上に、対応するデータとそれらの値が合致することを示せる。その中には、1年前の1947年にウィリス・ラムが測定した、水素原子のエネルギー準位が量子効果によって分裂する程度も含まれていた。傍(はた)から見るとあまりにもぞんざいに無限を扱っているように見えたかもしれないが、そんなことはどうでもよかった。シュウィンガーが指揮棒を一振りするだけで、すべて正しい答えが出てきてしまうのである。

その日、ファインマンはばつの悪い思いをした。自分も似たような説に取り組んでいたため、シュウィンガーの発表が終わりに近づいたとき聴衆に向けて、自分も同じ結果を再現していると訴えた。しかし誰も耳を貸してはくれなかった。そこでそれから3カ月後、ペンシルヴェニア州のポノコ山地で開かれた学会に再び出席した。QEDについてもっと直観的に考える新たな方法を編み出していた。すべてをマンガ絵で表現して、電子を直線で、光子を波線で表す。先ほど、オッペンハイマーによる水素のスペクトルの計算方法を説明するのに使ったマンガ絵、それと同じものである。そのときには示さなかったが、それぞれの線と頂点には数学的コードが添えられていて、それを使うと同じ複雑な計算をあっという間に片付けることができる。だが1948年当時、そのコードを知っているのはファインマンだけで、その図がどんな意味を持っているのか誰にも見当がつかなかった。シュウィンガーの方法は長ったらしくて手間がかかるが、少なくとも彼の言っていることは理解できた。ファインマンはシュウィンガーと同じ結論を導き出したと主張したが、本当にそうかどうか誰も確信できなかったのである。

ファインマンは苦しい目に遭ったが、朝永振一郎にとってはさらに厳しい試練だったかもしれない。世界がいまだ戦争状態にあった1943年、日本で一匹狼として研究に取り組みながらアイデアを膨らませていた。その４年後にラムが水素原子のエネルギー準位を測定したが、朝永はそのことを、日本の新聞に掲載された記事を通じて知った。そして自分の理論で同じデータを再現できることに気づき、オッペンハイマーに手紙で伝えると、すぐさまプリンストン大学に招かれた。

まったく違う３人の人物が一見まったく違うことをおこなったが、いずれも同じ答えにたどり着いた。それらを一つにまとめたのは、イギリス人のフリーマン・ダイソンである。ファインマンと長旅をしてシュウィンガーの講演に辛抱強く耳を傾けた末に、３人は同じことを考えているのだと理解した。まったく同じことを別々の方法でおこなっていたのである。そう悟ったのは、バスでネブラスカ州を走行中のことだった。「まるで何かが爆発したかのように、意識の中に急に現れてきた。鉛筆と紙はなかったが、すべて明々白々だったから書き留める必要などなかった」と振り返っている。最終的にはファインマンの方法が普及して、誰もが彼の図を使うようになる。無限の病は治療された。あるいは、1965年のノーベル賞の受賞時にファインマンが言ったように、無限を「カーペットの下」に隠してしまったのだ。

シュウィンガーとファインマン、朝永は、カントルと違って無限の天国に実際に足を踏み入れることはけっしてなかった。先ほどそれとなく言ったとおり、彼らは有限の領域で無限の離れ業を披露したにすぎない。無限和が出てきたら、その和全体の代わりに、それを途中で切り詰めたもの、制御可能な和を考える。たとえば、無限の範囲のエネルギーにわたって和を取らなければならなくなったら、いくらでも大きいが有限である値のところで和を取るのをやめる。別の場面で別のところに別の無限和が現れたら、それも同じように切り詰めれば、さほど気にせずに2つを比較することができる。そして、無限大の極限に戻してもその比較が意味を持つだろうと期待する。実のところこの3人は無限を、カントルの提唱した神聖な数としてではなく、制御可能な極限として扱っていたことになる。無限の天国にたどり着こうとしたのではなく、無限の地獄をうまく避けようとしただけなのだ。

実用主義的なこの方法論は、電弱理論や強い核力の物理学にも拡張できる。無限の病はもっと厄介だが、それでもある程度同じ方法で治療できる。いずれの治療においても、極限を超えたものとして無限を考える必要はない。それにはれっきとした理由がある。理論自体が不完全だからである。たとえばQEDは、原子サイズのダンスホールで光子と電子が踊っている様子は正確に記述できることが分かっているが、その1グーゴル分の1の大きさになるとどうだろうか？　それでもQEDは通用するのだろうか？　けっしてそんなことはない。ダンスホールを小さくしていくと、ダンスの動きがどんどん小さい距離に絞られてどんどんエネルギーが高くなり、QEDが電弱理論に、さらに何か別の理論に取って代わられると考えられる。ここまで見てきたとおり、QEDに無限大が現れるのは、私たちがこの理論はずっと通用すると思っているからだが、実際にはそんなことはない。無限小の距離になるとQEDがどんな理論に取って代わられるのか、100パーセント言い切れる人は誰もいないが、実はそれは問題にはならない。シュウィンガーたちは、制御可能な極限を取ることで、たとえ細かいところで何が起こっているのかが分からなくても、無限小や無限大を越えて進んでいける方法を見つけたのである。

これらの特定の無限大は極限として理解できたわけだが、そこで一つの問題に直面する。カントルはどうなるのだろうか？　彼の数学は自然界に当てはまるのか、それとも超自然的なのか？　カントルの精神が自然界のどこかに見つかるとしたら、それはきっと量子重力の物理学においてだろう。そもそもアインシュタインの古典的モデルでは、重力理論は時空連続体の理論であって、それはカントルを人生の大半にわたってあざ笑っていたあの数学的連続体と同じものである。特異点に近づきすぎて量子効果が働きはじめると、その時空連続体には何が起こるのだろうか？　何かまったく別のもの、カントルも無限の天国で目にしたかもしれないものへと姿を変えるのだろうか？

試しにアインシュタインの重力理論の量子バージョンを、摂動論を使ってボトムアップで構築してみることもできなくはないが、すぐに深刻な問題に陥ってしまう。ほかの力の場合と同じように無限が出てくるだけでなく、その無限が無限個現れてしまうのだ！　この問題は克服不可能である。量子電磁力学では、心配すべき無限大はたった２つ、電子の電荷と電子の質量だけだった。これらを繰り込んで、実験で測定される有限の値にすれば、すべて片がつく。だがそれと同じような方法で重力を量子化して、すべてを制御しようとすると、無限個の量を繰り込まなければならないことに気づかされる。そのためには、無限回の測定による無限個の入力が必要となる。誰が見ても有効な理論とは言えない。

本当に重力を量子化したかったら、何かもっと過激な手を打たなければならない。ループ量子重力理論では、時空を粉々に崩して、不可算個の構成部品、いわゆるスピンネットワークに分解する。だが困ったことに、それらをすべてつなぎ合わせて元に戻すのは容易ではない。それができない限り、400年前にアイザック・ニュートン卿が示した基本的で経験的な重力理論と結びつけることができない。そのため私自身を含めおおかたの物理学者は、そこまで過激ではない別の説に気持ちが向いている。宇宙に響き渡る素粒子のガラガラという音ではなく、弦の奏でる交響曲に耳を傾けている。

万物の理論

弦理論は単なる量子重力の理論に留まらない。万物の理論、全宇宙のワルツの楽譜として、電子や光子、グルーオンやニュートリノ、重力子など、物理世界に存在するあらゆるもののダンスを指揮している。そしてもしも私たちの期待どおりであれば、弦理論は有限の理論でもあって、無限の病に対する究極の治療法となる。量子電磁力学と違って、もはやカーペットの下に無限を隠すのではない。克服できる。完全に無きものにできるのだ。カントルは無限の天国に足を踏み入れたかもしれないが、弦理論学者にはそんなことをする必要はない。

すべては、正しくも間違った答えから始まった。

1968年夏、世界は混沌に包まれていた。ヴェトナム戦争が苛烈さを増し、パリでは学生暴動が起こり、マーティン・ルーサー・キングとロバート・ケネディの暗殺がアメリカを震撼させたばかりだった。CERNでは、フィレンツェ出身だがなぜかヴェネツィア風の名前を持つ若き物理学者、ガブリエーレ・ヴェネツィアーノが、ミクロな世界の混沌に注目していた。2個のハドロンを衝突させると何が起こるのかを解き明かそうとしていた。

いまでは分かっているとおり、陽子や中性子などのハドロンは、クォークがグルーオンのけっして切れない結合によって結ばれることでできている。1960年代初めにはすでにマレー・ゲルマンがクォークの概念を打ち出していたが、60年代末になっても、クォークは実在すると断言できる人は誰もいなかったし、ハドロンの物理もいまだ解明されてはいなかった。素粒子物理学において、粒子と粒子を衝突させて何が起こるかを見る場合には、振幅と呼ばれる量を調べる。これは複素数であって、その絶対値から、あるプロセスが起こる確率について何らかの情報が得られる。ヴェネツィアーノが関心を持っていたのは、2個のパイオンが衝突すると1個のパイオンに加え、オメガと呼ばれる別のハドロン（カントルの唱えたオメガとはもちろん何の関係もない）が生成する反応である。目標は、それに対応する振幅を与える数式を推測すること。つまり、当時の実験データを再現できて、量子力学とも相対論とも数学的に矛盾しない数式である。

そのためにはいくつかのふさわしい性質を持った数学関数が必要だったが、ではそれはどのような関数なのか？　単純な多項式関数や三角関数では不十分で、もう少し高度な関数が必要だった。最終的にヴェネツィアーノは、200年前の偉大なスイス人数学者レオンハルト・オイラーの著述の中に、自分が探していたとおりのものを見つけた。そうして無事論文を投稿し終えてイタリアで休暇を過ごし、４週間後に戻ってくると、自分の研究成果が大興奮を巻き起こしていることを知った。それからまもなくして、ほかのいくつかのハドロン過程に対しても似たような数式が提唱された。単なる数学ゲームという面もあったが、世界でもっとも創造的な３人の物理学者、南部陽一郎とホルガー・ベック・ニールセン、レナード・サスキンドは、それらの数式をもう少し詳しく検討してみて、何かがうねっていることに気づいた。

弦。微小だが永遠にうごめいている弦である。

３人は個性がまったく違う。南部は内気な日本人、ニールセンは型破りなデンマーク人、サスキンドはカリスマ性のあるニューヨーカー。だがほとばしる創造性は共通していて、ヴェネツィアーノの公式の中で実際に何が起こっているのかを見抜いた。ヴェネツィアーノの示した振幅が、点状の粒子でなく、微小な輪ゴムとしてのハドロンのイメージから導き出されることに、３人は互いに独立に気づいたのである。いまではその輪ゴムは、一方向に伸びていて無限通りの方法で振動したりうねったりする、基本的な弦であると考えられている。ヴェネツィアーノはけっしてそのようにはイメージしていなかったが、期せずして弦理論にたどり着いていた。正しくも間違った答えを発見していたのである。

この弦は非常に小さく、ふつうは粒子のように見える。拡大して初めて、わずかに広がりがあることに気づく。開いているものも閉じているものもあって、空間内の2点間をつないだり、丸まってループ状になったりしている。そして爪弾くと振動する。音楽の始まりだ。ギターの弦でそれぞれの振動が互いに異なる音程を生み出すのと同じように、基本弦を振動させると、それぞれ異なる粒子の効果を真似ることができる。たとえば振動が激しいほど、弦の中により多くのエネルギーが蓄えられる。そして質量とエネルギーは等価なので、もっとも激しく振動する弦がもっとも重い粒子に対応する。

弦理論の初期、弦によって表されるはずの粒子のスペクトルが、一つの懸念材料となりはじめる。問題はもっとも軽い弦にあった。もっとも軽いのは爪弾いていない弦に相当する。その質量は0だと思われるかもしれないが、そうではない。前の章で零点エネルギーのことを知った。避けようのない量子的な揺れに由来するエネルギーである。弦の場合、実はそのエネルギーが負になる。それによってもっとも軽い弦のエネルギーがどうなるかを計算すると、その値自体が負ではなく、その値の2乗が負になってしまう。ということは、それに対応する粒子の質量は虚数となり、−1の平方根に比例することになる。このような粒子を「タキオン」といい、これは不安定性を警告するレッドカードにほかならない。タキオンを登場させるのは、尖った先を下にして立っている鉛筆を小突くようなもので、すべてがひっくり返ってしまう。生まれたての弦理論にとって、タキオンは駆逐しなければならない存在となった。

そのタキオンから1段階レベルを上げると、弦理論は実験データと食い違ってくる。相対論と辻褄を合わせるには、弱く爪弾いただけの弦は質量が0でなければならない。しかもスピンを持っていなければならない。これは問題である。というのも、弦理論はハドロンに合わせて考えられたモデルだが、実験によって示されていたとおり、そのような性質を持ったハドロンは存在しないのだから。さらに困ったことに、わずか15歳で一般相対論と量子力学を独学で学んだイギリス生まれの物理学者、クロード・ラヴレースが、ある厄介な事実を発見する。

弦理論では、空間と時間の次元は初めから存在するのではなく、実際には基本的な理論から生成すると考える。１つの空間次元方向にのみ伸びる１本の基本弦からスタートして、その弦の上に何種類もの場が存在し、弦上の各点でそれらの場がそれぞれ異なる値を取るとイメージする。するとそれらの場によって、時空全体におけるその弦の座標をコード化できることになる。したがって、場の種類が多ければ多いほど、時空の次元の総数も多くなる。ラヴレースは、その弦が量子力学と相容れるのは、こうした場が26種類ある場合に限られることに気づいた。要するに時空が26次元でなければならないのである。時間が１次元で空間が25次元、あなたがほぼ間違いなく慣れ親しんでいる３次元の世界よりも少々多い。のちにラヴレースは、「度胸が据わっていない限り、時空は26次元だなんて唱えることはできない」と述べている。

それは1971年のことで、ちょうど同じ頃に弦は超弦へと姿を変える。けっして安易なマーケティング戦略のたぐいではない。突飛な新しい対称性、超対称性によって、弦理論がパワーアップしたのである。この種の対称性については、「0.000000000000001」の章でヒッグスボソンの質量を抑えようとしたときに初めて登場した。細かい点はそれと違うが、原理は同じで、すべてのフェルミオンがそれぞれ１種類のボソンとパートナーを組み、すべてのボソンがそれぞれ１種類のフェルミオンとパートナーを組む。弦理論の場合、そのようにパートナーを組ませることがいくつかの改善につながった。時空の次元が26個からわずか10個に減り、またタキオンが見事消え去ったのである。だがもちろんそれだけでは十分でない。弦理論は説得力を失いはじめた。ハドロンのモデルとしての地位は量子色力学に奪われていった。陽子や中性子、パイオンなどすべてのハドロンは、色とりどりのクォークやグルーオンから作られていることが、実験データから明らかとなっていった。最終的にヴェネツィアーノの導き出した振幅からは、高エネルギーで衝突するハドロンについて正しい値を導き出せなくなった。弦理論は確かに見事だったが、見事に役立たずでもあった。

いや、はたしてそうだろうか？

若きアメリカ人物理学者のジョン・シュウォーツは、弦理論の美しさに魅了されていた。そしてカルテックで同じ思いの人物と出くわす。聡明な若きフランス人ジョエル・シェルクである。この２人の天才が、もっとも軽い弦を別の見方でとらえた。タキオンは超対称性によって消え去ったが、あの質量０の弦はどうすればいいのか？　シェルクとシュウォーツはある驚くべきことに気づく。そして太平洋の反対側でも、日本人物理学者の米谷民明（よねやたみあき）が同じことに気づいた。この３人は、その質量０の弦が、素粒子物理学におけるグルーオンと、一般相対論における重力子に非常に似ていることに気づいたのである。ハドロンのことは忘れよう。弦理論はきっと量子重力の理論なのだろう。もっと言うと、万物の理論なのかもしれない。

ここであなたはこう思ったかもしれない。世界中がはっと我に返って、物理学者全員がまるで金鉱を探す山師のように、埋まったお宝を見つけ出すべく弦理論に殺到したのだろうと。しかし実際にはそんなことはなかった。それどころか弦理論は、さらに10年にわたって片隅に追いやられたままだった。1970年代から80年代初めにかけて有力な学者たちは、理論と実験の両面で急速に進歩する素粒子物理学のほうに強い関心を持っていた。弦理論は余興にすぎなかった。その評判をさらにおとしめるように、研究の進展によって弦理論は、たとえ10次元であっても量子力学と矛盾するかもしれないことが明らかとなった。悲しいことに、ジョエル・シェルクが弦理論の勝利を目にすることはけっしてなかった。1970年代の終わり近くになってシェルクは神経衰弱に陥った。パリの街なかを這い回る姿が目撃されたり、カルテック時代からの知人であるファインマンなど、有名物理学者たちに奇妙な電報を送ったりした。そしてわずか33歳で自ら命を絶った。

１度目の弦革命は1984年に訪れる。中心的役割を果たしたのは再びシュウォーツ、今度はイギリス人物理学者のマイケル・グリーン（のちに本書の著者に場の量子論を教えてくれる）との共同研究においてである。グリーンとシュウォーツは弦理論と量子力学の微妙な対立に着目して、それがまやかしであることを明らかにした。弦理論は重力の量子論として甦り、今度は物理学界全体から注目を集めた。あっという間に弦理論は、多くの人にとって「唯一やりがいのあるゲーム」となっていった。

まもなくして、矛盾のない弦理論の形式が１つでなく５つあることが明らかとなる。その中から正しいものを選んでちょうどいい具合にいじくれば、この宇宙の万物を記述する理論が見つかるだろう。その万物理論は、電子や陽子、中性子など、既知のすべての粒子の由来を、ちょうど正しい質量を持つものとして、そして自然界の４種類の基本的な力でちょうど正しく押し引きするものとして説明できるはずだ。だが初期の弦理論はけっしてそのようには展開しなかった。最終的にはどうしても数式が少々難しくなりすぎて、扱えなくなってしまうのである。あちこちに近似を施して、この宇宙に似た宇宙の手掛かりをいくつかつかんだが、それだけではけっして十分でない。唯一やりがいのあるゲームは以前ほど楽しくはなくなった。弦理論は勢いを失っていった。

もう一度革命を起こす必要があった。

２度目の弦革命は1995年３月14日、円周率の日に勃発した。南カリフォルニアで開かれた弦理論に関する学会で、エド・ウィッテンが朝一番の講演を依頼された。聴衆を前にして普段よりも高い声で控えめにしゃべるが、その言葉は強い説得力を帯びていた。バスティーユ監獄を襲撃する準備は整った。５種類の弦理論が同じ物理をそれぞれ別々の言い回しで記述していることを、ウィッテンは示したのである。ある言い回しで方程式が難しすぎても、別の言い回しならたいていもっと簡単になる。この深遠な看破によって、弦理論は計算という監獄から解放されたのだった。

しかしウィッテンはやはりさらに先へ進む。

すでに知られていた５種類の弦理論を５人の娘に見立てて、その母親となる新たな理論を提唱したのだ。その母理論は11次元の時空でもっともうまく解釈することができ、基本部品はもはや弦ではなく、もっと高次元の膜である。これがいわゆるM理論、５種類の弦理論を統一する謎めいた11次元の理論である。ウィッテンはいつも、Mは‘membrane’（膜）の意味だと言っていた。だが人によっては、‘mother’（母）や‘magic’（魔法）、さらには‘mystery’（謎）だと言う。実のところM理論がどのようなものかは、少なくとも現時点では分かっていない。

高次元の巨大な何かが頭をもたげている。

超弦理論は10次元の時空でしか意味をなさず、M理論は11次元でもっともうまく解釈できる。ちょっと待った。何を言っているんだ？　量子重力なんてとりあえず置いておいて、あたりを見回してほしい。10次元や11次元ではなく、４次元だ。空間が３次元で時間が１次元である。そのほかに６つや７つの次元があると言うのなら、それはいったいどこにあるというのか？

それはソファーの後ろに隠れている。あなたの鼻先にある。キュウリのサンドウィッチの中にも見つかる。ここ地球からアンドロメダ銀河、黒眼（くろめ）銀河に至るまで、あらゆる場所にある。しかしごく小さく丸まっていて目では見えず、私たちの暮らすマクロの世界のそばにいつまでも静かに付き添っている。

実のところ次元とは、新たに移動できる方向にすぎない。空間が３次元であるというのは、前後、左右、上下と、互いに独立に移動できる方向が３つあるという意味にほかならない。弦理論でそこに６つの次元が追加されるというのは、移動できる方向が新たに６つ増えるというだけの話。それらの次元は丸まってちっぽけな円のようになっているので、その方向に少し進んだだけですぐに出発点に戻ってしまう。そのためあなたは気づかないのだ。

もう少し理解を深めるために、あなたはアリになったと想像してみよう。

ただのアリではなく、南アメリカの低地林に暮らす巨大な弾丸アリだ。森の地面を駆け回っていたあなたは、土の上に棒が１本転がっているのに気づく。実験好きのあなたはその棒の表面を這って、次元がいくつあるかを調べることにした。もちろん棒の長さ方向に沿って前後に移動することはできるが、棒の中心軸のまわりをぐるりと一周できるようには見えない。そこであなたは、「この棒の表面は１次元だ！」と高らかに宣言する。しかしそれは間違っている。あなたがあまりにも大きすぎて、あまりにも巨大すぎて、円周方向に気づいていないだけである。イングランドの庭園からやって来たクロアリだったら、もっとずっと正しく調べられただろう。身体がずっと小さいので、棒の長さ方向と、中心軸のまわりを回る方向、両方の次元に気づいたに違いない。弦理論でも、余剰の６つの次元は小さく丸まっていて、ちょうどいまの棒における円周方向の次元のようになっているとされている。私たちは弾丸アリのように、身体が大きすぎてその次元を見ることはできない。LHCを使って原子の10億分の１の大きさの世界を覗き込んでも、やはり見えない。余剰次元が存在するとしたら、それは私たちがこれまでに自然界で目にしたどんなものよりも小さいのである。

余剰次元は隠されてはいながらも、弦理論にすさまじい力を与えてくれる。実は余剰次元を丸め上げる方法は、１グーゴルの何グーゴル倍通りもある。ドーナツのような形にもなりえるし、ねじれたり裏返ったりしていてほとんどイメージできない、「カラビ＝ヤウ面」と呼ばれるもっと奇妙な幾何学的物体の形にもなりえる。また余剰次元を磁束で満たしたり、弦や膜で縛り上げたりすることもできる。そして余剰次元をどのような形に丸め上げるかが、残ったマクロな次元の物理に影響を与える。６つの次元をある決まった大きさのドーナツ形に丸めると、ある特定の粒子が非常に特定の種類の力によって押し引きしあう４次元世界が現れる。余剰次元をもっと奇妙な形に丸めると、まったく違う姿の世界が現れる。弦理論学者は突飛なカラビ＝ヤウ面を使いたがるが、それは基本的な超対称性が完全には破れずに、私たちの４次元世界に少しだけ残されるからである。前に言ったとおり超対称性は、ヒッグスボソンが予想外に軽い理由を解き明かしたり、基本的な力のうちの何種類かを統一したりする上でかなり役に立つ。だが弦理論で丸め上げる余剰次元は、もう一つ重要な役割を果たす。数学が手に負えなくなるのを防いでくれるのだ。そうでないと理論の枠組みの信頼性が下がって、理論に基づく予測を必ずしも信頼できなくなる。また現代の見方によると、弦理論は多宇宙をもたらしてくれる。その多宇宙という「ランドスケープ」には、存在しうるさまざまな宇宙が含まれている。それらの宇宙はそれぞれ異なるカラビ＝ヤウ面を従え、粒子や力、真空エネルギー、さらには次元の個数すらも異なる。私たちの暮らすこの特定の宇宙は、存在しうる数多い宇宙の中の一つにすぎないのかもしれない。

だが、弦を使って高みを目指すきっかけとなった、あの無限の病はどうなったのだろう？

弦理論では無限大は克服される。有限の理論であって、1930年代から素粒子物理学を苦しめてきた無限の呪いは効かないと期待されている。完璧に証明されてはいないが、そう信じられるれっきとした理由がある。素粒子物理学で無限が現れるのは、粒子どうしがキスをする、つまり接触し合うからだ。そのようにキスをすると、無限小の時間で無限小の距離にわたって仮想粒子のペアが出現と消滅を繰り返せるようになる。超強力なはじけるキャンディーのように振る舞って、無限のエネルギーと無限の運動量の領域へと物理を追いやってしまう。弦を導入するとそれがいずれも起こりえないのは、弦がキスのしかたを知らないからである。弦は空間中で広がりを持っていて、その広がりはさほど大きくはないものの、粒子のように空間中と時間中のたった一点でキスをすることができないくらいには大きい。弦どうしが近づくと、あらゆることが鎮まっていく。はじけるキャンディーがそこまで強力ではなくなって、無限は克服されるのである。

それはありがたく受け止めるべきだ。弦理論はいわば、無限という感染症を根絶してくれるワクチンにほかならない。友人や家族、あるいはパブでループ量子重力理論を懇々と説く男に聞かせてやってほしい。弦理論には説得力がある。20世紀初め、相対論と量子力学という２本の大黒柱から綿々と続いてきた考え方にほかならない。そして正しくも間違った答えに導いてくれた。ヴェネツィアーノとその同時代の人々が関心を持っていたのは、ちっぽけな輪ゴムではない。関心があったのは、ゲームのルールに従っていて物理学の大黒柱と矛盾しない、振幅を表す数式である。彼らは、探すつもりなどなかった弦、正しくも間違った答えの中でのたくる弦を見つけてしまった。そしてそれとともに量子重力を見つけた。

このような相対論と量子力学の密接なつながりは、弦理論のアキレス腱にもなっている。しかしそれはかえってありがたい。弦理論は実験可能な範囲を超えているという批判がたびたび聞かれる。原理的にすら、間違いであることをけっして証明できないというのだが、それは明らかに正しくない。相対論と量子力学の土台をなす原理は、いまこの瞬間にも実験で検証されつづけている。もしもこの２本の大黒柱が倒れたら、弦理論も崩れることになる。

ブラックホールの特異点へ向かう運命の旅路、その途中で潮汐力によって引き裂かれる宇宙飛行士の真の運命について、無限を克服した弦理論は何を教えてくれるのだろうか？　実はまだ分かっていない。いまだに計算が難しすぎて、少なくとも自然界で見られるはずのタイプのブラックホールについては、それを明らかにすることはできていない。もっと先へ進むには、もう一度革命を起こす必要があるだろう。M理論に対する深い洞察、もっとも激しい場面で弦をいじくり回すことのできる理論である。その革命は人類史上もっとも深遠な発見につながるはずで、そう考えられるれっきとした理由もある。空間と時間が潰れて消失するブラックホールの特異点は、無限に支配されたビッグバンの特異点とそれほど大きくは違わない。次なる革命によって、ブラックホールの奥深くで実際何が起こっているのかが明らかになったら、この宇宙がどのようにして誕生したのかも分かるかもしれない。宇宙創成、私たち自身を生み出した特異点について教えてくれるかもしれない。

こうして時間の始まりについて考えをめぐらせたところで、この物語はもうすぐ幕を閉じる。ここまで、大きい数や小さい数、そして天国の無限といった突拍子もない数に連れられて、物理世界の織物の中を旅してきた。ミクロなダンスホールで一緒に踊る素粒子や弦に見とれたり、リバイアサンと格闘したり、小さな数に赤っ恥をかいたり、空間の縁に映し出されたホログラムに自分自身の姿を見たり、予想外の世界のもっとも遠く離れた一角を訪れたりしてきた。

しかしその中で、私たちが本当に目にしたものはいったい何だろう？ それは数学と物理学の共生関係、おのおのがもう一方のもとで繁栄しているさまである。この宇宙の成り立ちを理解する上で、数学と物理学の相乗効果は、この上なく重要な役割を果たしてきた。いまや人類の知識はあまりにも深くなっていて、実験によってその先を見通すには、途方もない技術ととてつもない費用が必要だろう。たとえばCERNのLHCの10倍強力な粒子加速器を建設するには、200億ドル以上の費用がかかると推計されている。だが物理学の最前線は、数学を使って押し広げることもできる。まさにいまも、弦理論が量子重力の唯一の理論であることを数学的に証明しようとしている人たちがいる。もしもそれに成功したら、もはや実験で弦理論を直接証明する必要はなくなる。その基礎となる数学に込められている仮定を検証すれば済んでしまう。

物理学者は数学を使って踊ることができ、数学者は物理学を使って歌うことができる。宇宙でもっとも大きくもっとも壮麗な数、リバイアサンを目の当たりにしたとき、私たちはその大きさと、その根底にある数学の美しさに驚いただけではない。私たちの暮らすこの物理世界の中でそれを何とか理解しようとした。リバイアサンは、この世界のもっとも極端な姿を見つめる機会を与えてくれた。数学が歌いはじめたのは、そうした物理学の限界に達したときである。歌ってくれたのは、相対論と量子力学の甘いメロディー、ポーヴェーヒーの恐怖にまつわる歌、ホログラフィック宇宙についての歌。小さな数が予想外の世界の謎を投げかけてきて私たちをなじると、物理学者は対称性のダンスを踊ってくれた。あるいは少なくとも踊ってくれようとした。いまだにそのステップを残らず解き明かせてはいないが。

突拍子もない数について考えて、基礎物理学という突拍子もない世界で歌わせてみよう。1.00000000000000858について考えて、自分がウサイン・ボルトと並んで走り、相対論的な魔法使いのように時間の進み方をゆっくりにするさまをイメージしてみよう。グーゴルやグーゴルプレックスについて考えて、あなたや私、ドナルド・トランプやジャスティン・ビーバーの別バージョン、ドッペルゲンガーに満ちあふれたグーゴルプリシアン宇宙を思い浮かべてみよう。グラハム数について考えて、頭がブラックホールになって死んでしまうことを経験してみよう。TREE(3)について考えて、この宇宙のはるか未来に至るまで木ゲームをプレーし、宇宙のリセットによってようやく片がついて、タイミング良くホログラフィック原理を思い出させられるさまをイメージしてみよう。

0について考えてみよう。その罪ではなく、その美しさと、自然界における対称性の魔法について考えてみよう。0.0000000000000001や10^{-120}について考えて、この宇宙の数々の謎、ヒッグスボソンや真空エネルギーの予想外の性質を理解するチャンスをつかんでみよう。無限について考えて、カントルが天国と地獄を目の当たりにしたのを思い出してみよう。物理学の交響曲と、無限が弦の振動によって克服されたさまに驚きの目を向けてみよう。

何か好きな数を思い浮かべてほしい。その数には確実に、驚くべきところ、突拍子もないところがあるに違いない。本書を最後まで読んでもまだ信じてくれない人のために、２人の大数学者にまつわる100年前のある逸話をお話ししよう。伝説的な数論学者Ｇ・Ｈ・ハーディと、その弟子であるインド人のシュリニヴァーサ・ラマヌジャンの話である。どう見ても不釣り合いのコンビだった。ハーディはケンブリッジ大学の教授、一方のラマヌジャンは正式な数学教育を受けたことがなく、イギリスに植民地支配されるマドラスで育った。しかしラマヌジャンは天賦の才能の持ち主で、無限を理解しており、彼にとって数学は本能的な営みだった。1913年、マドラスの港湾管理局の会計課でまだ事務員として働いていたラマヌジャンは、ハーディに何本もの論文と、自分の研究成果を発表してくれるようお願いする添え状を送った。あまりに貧しくて自力では発表できなかったからだ。ラマヌジャンの書いたものを読んだハーディはすぐさま彼の優秀さに気づき、手紙のやり取りを始めた。翌年、ラマヌジャンはハーディとの共同研究のためにイギリスへ向かった。そして５年間、イギリスに留まることとなる。

イギリス滞在も終わりに近づいた頃、ラマヌジャンは結核とビタミン欠乏症で倒れてしまう。療養所にラマヌジャンを訪ねたハーディは、いま乗ってきたタクシーのナンバー、1729が、かなり退屈な数だったとこぼした。縁起が悪いとハーディは心配するが、ラマヌジャンは意に介さず、次のように返した。「いいえ、ハーディ先生。それはすごくおもしろい数です。２つの立方数の和として２通りの方法で表すことのできる最小の数なんです」

$$1729 = 1^3 + 12^3 = 9^3 + 10^3$$

この逸話が語っているのは、ラマヌジャンの優れた精神がひらめきを得たということだけではない。そこに21世紀の物理学を当てはめてみると、物理世界の基本的構造を垣間見ることができるのだ。

話はピタゴラスと彼の直角三角形から始まる。誰でも知っているとおり、各辺の長さがa，b，cであれば、次のような形の方程式が成り立つ。

$$a^2 + b^2 = c^2$$

この方程式の整数解は簡単に見つけることができる。たとえば、$a=3$，$b=4$，$c=5$、あるいは$a=5$，$b=12$，$c=13$といったものである。しかし指数をもっと大きくして、$a^3+b^3=c^3$ や $a^4+b^4=c^4$、あるいはさらに高い次数にしてみたらどうだろうか？　それでも整数解を見つけられるだろうか？　1637年頃、ピエール・ド・フェルマーという名前のフランス人数学者が、その答えはノーであると断言した。そしてディオファントス著『算術』の余白に次のように書き記した。

「立方数を２つの立方数に、４乗数を２つの４乗数に、あるいは一般的に、２次よりも高い任意の累乗数を２つの同じ次数の累乗数に分割することは不可能である。私はその非常に驚くべき証明を発見したが、この余白はあまりにも狭くてここには収まらない」

この主張はもちろん正しかったが、よく知られているとおり、証明されたのはようやく1990年代半ばになってから、イギリス人数学者のアンドリュー・ワイルズによる。その80年近く前にラマヌジャンはこの反証に取り組みはじめ、その中でハーディの乗ってきたタクシーのナンバー、1729という数に行き当たった。フェルマーの主張に対する反例をひねり出そうという考えだった。いまではそれは不可能であることが分かっていて、ラマヌジャンもあと一歩という惜しい例を積み重ねていくだけだった。9^3+10^3を計算すると1729となって、これは12^3とほぼ同じ、１違うだけだ。ラマヌジャンはまた、$11161^3+11468^3$が14258^3よりも１だけ大きいこと、そして$65601^3+67402^3$が83802^3よりも１だけ大きいことにも気づいた。それどころか、ターゲットと１だけ異なる同様の例を無数に見つける方法まで導き出した。

だがこの話は、フェルマーの最終定理の攻略に失敗したというだけでは終わらない。実はラマヌジャンはその方法を使って、有理数を含む特定の３次方程式の解を導き出した。ケンブリッジ大学トリニティー・カレッジのレン図書館に半世紀以上埋もれていたラマヌジャンの有名な失われたノートの中から、その研究成果を見つけ出した一人が、数学者のケン・オノである。オノと博士課程の学生サラ・トレバット＝レーダーは、それらの方程式をもっと詳しく調べはじめてみて、ラマヌジャンがK3曲面と呼ばれる特別なタイプの幾何構造に迫っていたことに気づいた。奇妙だが驚くべきその高次元図形に対する関心が広がったのは、ラマヌジャンの死からかなりのち、彼の研究成果がまだ発見されていなかった1950年代末のことである。K3という呼び名は、それと密接に関連する研究をおこなった3人の数学者、クンマーとケーラー、小平邦彦を讃えるとともに、カラコルム山脈にそびえる死の山K2にも引っ掛けている。登山家のジョージ・ベルはかつてK2を、「人を殺そうとする獰猛な山」と形容していた。K3曲面もまた、少なくともそれに取り組む勇気を持った数学者の目には、同じく敵愾心(てきがいしん)を持っているように見える。

ではそれが物理世界とどう関係しているというのだろうか？

実はこの獰猛な数学分野に取り組むべき非常に大きな理由がある。K3曲面は、先ほど触れたカラビ＝ヤウ面、ほとんどの弦理論学者が余剰次元を隠すために使う微小で奇妙な図形の原型となるのだ。私たちの暮らすこのマクロな世界の物理を司っている図形である。ハーディは1729という数はかなり退屈だとこぼしたが、実はそれはこの上なく間違っていた。私たち一人ひとりのそばにひっそりと隠れていて、この宇宙がなぜこのような姿なのか、私たちがなぜこのような姿なのかを決めている、余剰次元と密接に結びついているのである。

いいやハーディ、1729は退屈な数なんかじゃない。まさに突拍子もない数だ。ほかのどんな数とも同じようにね。

謝　　辞

64。これもまた突拍子もない数だ。三角数や四角数の概念を十二角形に当てはめた、「十二角数」である。またこの数は、本書を軌道に載せる上で力を貸してくれた件でいまから感謝を示したい方々の人数でもある。もちろん実際に手をさしのべてくれた人の人数を反映してはいない。明らかに過小評価だし、フリードマンがTREE(3)を推計したときのように、著しく少ない。

まずはヘンドー。

私の相棒である。

数年前、ヘンドーが重度のがんにかかっていると聞かされた。私は多くの人と同じく、どうしても受け入れられなかった。良くなるためなら何でもしてあげたいと思って、資金集めを始めた。全国津々浦々で大勢の聴衆に向けて突拍子もない数についての公開講演をおこない、聴きに来てくれた人たちに募金をお願いした。そうして数千ポンド集まった。彼の友人や家族も一緒になって20万ポンドほど集めたが、それでは足りなかった。ヘンドーを救うことはできなかった。彼は逝ってしまって、私たちは深い悲しみに包まれた。

だが公開講演をしてみて良かったこともあった。本のネタになると気づいたのだ。それが本書。友人や家族の支えがあったからこそ完成した本である。まずはちびちゃんたち。愛する娘ジェスとベラはいつも小生意気で、私がうぬぼれ出すといつも「ギルデロイ」と呼んでくる。実は妻のレナータがそうけしかけているのだ。妻は私もけしかける。私が書き進めるたびに真っ先に読んでくれて、いつも忌憚のない鋭い意見をくれた。どうやってかは分からない。妻は科学にまったく興味がないからだ。妻が好きなのは、パンやケーキの出来映えを競うテレビ番組『ブリティッシュ・ベイクオフ』。でもどうにかこうにか、「底がじめっとした」状態のままで出版社に原稿を送ることがないようチェックしてくれた。だから番組の司会スー・パーキンスにはありがとうと言いたい。

いつも私を見守って信じてくれる両親と、兄ラモン、そして姉スージーにも感謝する。義理の家族、ケーシーとグレアム、ボブとウェンディー、オースティンとマイク、および昔の相棒ニール、そしてもちろん甥や姪たちにも感謝する。名付け子のカーステン、アダム、空軍司令官エリオット、リヴァプールの次世代スター、ルーカス、ライラとジュード、ジェイゴとハッティー。みんないつかは本書を読んでもらいたい。試験してあげるから。「0」の章で哲学的な考え方を展開する上で力を貸してくれたアダムには、特別感謝する。彼にはいつか哲学者になってもらいたい。

代理人のウィル・フランシスと、ジャンクロー&ネスビット社のみなさんには、心からありがとうと言わなければならない。どうにかこうにか意味のある企画書をこしらえる手助けをしてくれたり、新たな契約や新たな機会を世界中で探し回ってくれたりと、信じられないほど支えになってくれた。ウィルはずっと背中を押してくれた。

担当編集者である、ペンギン・ブックス社のローラ・スティックニーとサラ・デイ、そしてFSG社のエリック・チンスキーにも感謝する。ローラとはかなり緊密に連絡を取り合って執筆を進め、彼女のアドバイスのおかげで原稿が様変わりするほど良くなった。本を書くのは初めてのことで、何度かそれでぼろが出てしまったに違いない。それでも経験豊富なローラのおかげで、2人とも誇れるはずのレベルにたどり着くことができた。ペンギン社とFSG社のみなさんが最初から最後まで大変支えてくれた。

ほかにも、原稿の端々を読んで、どの箇所が問題なく、どの箇所が手直しが必要かを教えてくれた、以下のみなさんに感謝する。スマーティー、ベラーズ、ノリー、ディーノ、バレル、通りの向かいのイアン、義父のボブ、同僚のエド・コープランドとピート・ミリントン、そしてフロリアン・ニーダーマン、および私の学生ロバート・スミス。さらに特別感謝したいのが、同じく私の学生で聡明な若手数理物理学者のセスク・クニジェラ。

全篇にわたってすべての事実をチェックして、すべての計算を検算してくれた。そして答えは合っていると言ってくれた。おおかたの場合はだが。

以上のほかにも、本文中で名前を挙げた友人や家族全員に感謝する。悲しいことにそのうちの一人、「０」の章の終盤で名前を挙げた隣人のゲイリーは、もうここにはいない。彼がいなくなって、この街は以前ほど楽しくはなくなってしまった。

私を数学の道へ、そして物理学の道へといざなってくれた、ルース・グレゴリーとネマニャ・カロパーに感謝する。物理学であれ数学であれ、あるいは古代ギリシアの変わった特徴であれ、本書の執筆中に浮かんできた疑問に対して、まさに欲しかったとおりのアドバイスをくれた、以下のみなさんに感謝する。オマー・アルマイニ、タソス・アヴグスティディス、スティーヴン・バムフォード、クレア・バレージ、アンディ・クラーク、クリストス・シャルムシス、フランク・クローズ、ジア・ドゥヴァリ、ペドロ・フェレイラ、イングリッド・グネルリッヒ、アン・グリーン、スティーヴン・ジョーンズ、ヘルゲ・クラフ、フアン・マルダセナ、フィル・モリアーティ、アダム・モス、ルボス・モトル、デイヴィッド・ペセツキー、ポール・サフィン、トーマス・ソティリウ、ジョナサン・タラント、ジェイムズ・ウォークス。また、発想の源となった素晴らしい本や記事、文章やら何やらを書いてくれたみなさんにも感謝する。

そしてブレイディ・ハーラン。

本書の刊行という夢を叶えるチャンスをつかむ上で、動画 ‘Sixty Symbols’ や ‘Numberphile’ が役割を果たしてくれたのは、嘘偽りのない事実である。ブレイディとの動画作りはいつも楽しさに満ちあふれている。私が数学の宇宙の驚異を滔々とまくし立てていると、彼はいつも変化球を投げつけてくる。私の数学のアイデアを披露するための舞台を与えてくれるし、いまだにそのふさわしいやり方を教えてくれる。

最後にもう一つ数を紹介したい。リヴァプール市民として何よりも忘れてはならない数がある。

97。1989年のいわゆるヒルズボロの悲劇で命を落としたリヴァプールFCファンの人数である。

安らかに、そして遺族のみなさんが救われますように。

訳者あとがき

ピタゴラスは、万物は数であると言った。この宇宙は数学的原理に基づいて作られていて、人類は数学を駆使することで森羅万象を理解できるに違いないという意味だ。中でも物質や力など、自然界のもっとも根源的な領域を対象とする物理学は、数学なくしてはけっして成り立たない。学生時代、物理の授業でややこしい数式に翻弄された方も多いことだろう。理論物理学者も、黒板やホワイトボードいっぱいに数式を殴り書きすることで、宇宙を支配する法則を見つけ出そうとしている。

数学はあくまでも人間が頭の中で生み出すものであって、けっして創造主か何かから授けられるわけではない。それなのに、なぜか数学はこの自然界に見事通用してしまう。20世紀初めの物理学者ユージン・ウィグナーは、数学は自然科学に対して不合理なまでに有効であると述べた。宇宙は数学なんて無視して勝手気ままに振る舞ってもいいはずなのに、実際には厳密に数学に従って秩序立った挙動を示す。そのおかげで私たちはこの宇宙を理解できるのだ。

このように数学に支配された世界を探究していくと、当然ながらさまざまな数に出くわすことになる。たとえば、宇宙の誕生はいまから138億年前であるとか、真空中での光速は２億9979万2458メートル毎秒であるといったものが挙げられる。ただしこれらの数値自体は、普遍的なものとはいえない。宇宙の年齢はもちろん歳月が進むにつれて変わっていく。光速は確かに宇宙の至るところで同じだが、この数値そのものは、人間が恣意的に決めた単位に基づいている。キロメートル毎時に換算すれば約10億7900万となるし、フィート毎秒に換算すれば約９億8400万となる。だから、これらの数自体に意味を見出すことはできない。

何か根源的な意味を持ちえる数は、単位の付かない数でなければならない。そのようなものを無次元量という。その一つが、何らかの個数を表す数。たとえば空間次元の数、3といったものだ。また、同じ単位で表される2つの量どうしの比も、無次元量となる。たとえば、陽子の質量と電子の質量の比は約1840。このどちらの数も、どのような単位系を選ぼうがまったく変わらない。この宇宙が何かしらの理由で選んだ数であって、そこには何か深遠な意味が隠されているかもしれない。

そのような数の中でもとりわけ神秘的に見えるのが、人間の想像力を超えた大きな数や、逆に途方もなく小さな数だろう。日常的な数体系ではとうてい書き表せないそれらの数は、この宇宙の根源を探るための手掛かりになりそうだ。本書は、そのような意味深長な巨大数・微小数を9つ選び、それらを話のきっかけとして物理世界の本質に迫っていく。それらの数のうちいくつかは、物理学の研究から期せずして浮かび上がってきた数である。また、純粋な数学の研究から導き出された数もいくつかある。それらの数を物理の場面に当てはめると、この宇宙の意外な性質が見えてくる。

第1部では、大きな数を5つ取り上げる。

まずは1.000000000000000858。どこが大きな数だとツッコミを入れたくなるが、実は私たちの常識ではなかなか理解できない数だという。この数を手掛かりに、時間が遅れたり長さが縮んだりする、相対性理論の不思議な世界を探っていく。そうして、宇宙に開いた巨大な落とし穴に迫っていく。

2つめと3つめは、それぞれグーゴルとグーゴルプレックスと名付けられた大きな数。いずれも純粋に数学的な数だが、それを糸口にして、この物理世界で非常に重要な意味を持つエントロピーの概念、そして、私たちの直観が通用しない量子の世界を掘り下げていく。すると、あなたと瓜二つの人間がどこかに潜んでいるという、空恐ろしい結論にたどり着いてしまう。

4つめの大きな数は、グラハム数と呼ばれているものだ。組み合わせ論という純粋数学に由来する数で、厳密に定義できるものの、あまりにも巨大すぎて、その値を具体的に書き下すのはとうてい不可能である。本章ではこの巨大数を話の取っかかりに、情報エントロピーという概念、そして、ブラックホールの不思議な性質を探っていく。グラハム数を思い浮かべようとすると、あなたの頭はなんと重力崩壊を起こしてしまうのだという。

だがまだまだ生やさしい。第１部で最後に取り上げるのは、このグラハム数ですら足下にもおよばない、TREE(3)と呼ばれる超巨大数。ある数学ゲームに関係する数で、そのゲームを極めようとすると、この宇宙全体が何度もリセットされて、最初とまったく同じ状態に戻ってしまう。さらに、この世界は実は、まるでホログラムのようにぺちゃんこであることが明らかになるのだという。

続く第２部では、物理学に大きな謎を投げかける３つの小さな数を紹介する。

その最初は０。いまではれっきとした数とみなされているが、実は不遇の歴史を歩んできた。存在しないものとされたり、悪魔の所業とみなされたりしてきた。そんな０が現実の宇宙で姿を現すのは特別な場合であって、そこには対称性というものがからんでいるのだという。

次に登場するのは、0.0000000000000001という小さな数。俗に「神の素粒子」と呼ばれるものが発見されたが、実測されたその質量と理論値との比がこのように非常に小さな数になってしまうのだという。本章ではその謎に迫りながら、素粒子物理学の世界を案内する。スピン、核力、対称性の破れなど、現代物理学に欠かせないいくつかの概念に触れていく。

最後に扱う微小な数は、10^{-120}。0.000...1と０が120個も続く数である。宇宙の膨張スピードを理論的に計算すると、この宇宙はあっという間に大きく膨れ上がって、中身が空っぽになっていなければおかしい。だが現実の宇宙は、ご覧のとおり物質に満ちあふれている。従来の物理学の考え方はどこか間違っているはずだ。そこで一部の人は、私たち人間がいるからこそ、この宇宙はこのような豊かな姿なのだと考えているという。

ここまでは具体的な数を取り上げてきたが、最後、第３部では無限について考えていく。無限は実在するのか、それとも単なる想像の産物なのか。ある数学者は、無限の深淵に踏み込みすぎて精神を病んでしまった。実は物理学のいくつかの理論にも無限が姿を現し、それはその理論に何か欠陥があることを示す警告ランプといえる。その無限を解消しようという取り組みによって、また新たな物理理論が生まれる。いまでは、素粒子は点状の存在ではなく、輪ゴムのような形をしているとする理論が真剣に取り沙汰されているという。

このように本書は、９つの大きな数・小さな数を話のきっかけにして、相対性理論や量子力学、素粒子論や宇宙論など、現代物理学の基本的なところを平易に解説した一冊である。ホログラフィック原理やダークエネルギー、弦理論など、いまだ完全には解明されていない最先端の話題も取り上げられている。数学の面では、０や無限という概念の歴史、さらには、情報エントロピーや超限数といった進んだ話題も扱っている。できるだけ数式に頼らずに、物理学者の考え方のエッセンスを一般読者に伝えるという姿勢で書かれている。

一つ本書の特色を挙げるとすれば、説明のためのたとえ話がなかなかユニークなところだろう。シュレディンガーの猫や理髪師のパラドックスなど、定番のたとえ話に独特のひねりを加えていたり、サッカーのプレミアリーグやイカゲームなどを使ったオリジナルのたとえ話を出してきたりしている。またもう一つの特色として、科学者の人となりなどに関する豆知識がところどころに添えられている。物理学者のマックス・ボルンがある有名歌手の祖父だったことをご存じだろうか？　このようなスパイスが随所にちりばめられていることで、物理学に通じた読者も飽きずに読み進められることと思う。

巨大な数、微小な数、そして無限に思いをめぐらせて、この宇宙の奥深さを感じ取れる、そんな一冊だろう。

著者のアントニオ・パディーヤは、イギリスの理論物理学者・宇宙論学者。オックスフォード大学、バルセロナ大学の研究員を経て、2008年よりノッティンガム大学の物理学教授に就任。宇宙論に関するイギリスの学会UK Cosmologyでは、10年以上にわたって会長を務めている。また謝辞にあるとおり、ブレイディ・ハーランのYouTubeチャンネルNumberphileで、数に関する動画を何本も製作している。中でも、すべての自然数の和に関するラマヌジャンの不思議な公式を取り上げた動画*は、2024年11月現在920万回以上再生されている。一般向けの著作は本書が初である。

---

* Numberphile "ASTOUNDING: 1+2+3+4+5+...=−1/12" (https://www.youtube.com/watch?v=w-I6XTVZXww)

原　注

① 1.0000000000000000858

1　厳密に言うと、299792458 m/sというのは真空中での光速の値である。空気やガラスなどの媒質があると光は少し遅く伝わることがあるが、それは相対論とはいっさい関係ない。物質の存在する環境の中を光がゆっくり伝わるように見えるのは、その物質を構成する原子や分子によって絶えず吸収されては再放射されるためである。

2　相対速度をvとすると、時間の進み方は$\gamma=1/\sqrt{1-v^2/c^2}$倍にゆっくりになる。ただし$c$は光速、299792458 m/sである。$v$が光速に近づくと、時間は非常にゆっくり流れるようになって、止まった状態に近づく。ベルリンの競技場で12.42 m/sという相対速度で走るウサイン・ボルトにとって、時間は1.0000000000000000858倍にゆっくりになる。

3　$E=mc^2$という式で、cが２乗になっているのはなぜだろうか？　エネルギーと質量とでは単位が「速さの２乗」だけ異なるので、c^2という係数を掛け合わせることによって、方程式の両辺で単位が一致する。ドルをポンドに両替するのに少し似ている。ではなぜ$3c^2$や$0.5c^2$ではなく、c^2なのか？　ボルトが走りはじめると運動エネルギーが増えて、$E=mc^2+1/2mv^2$となるようにも思えるが、これは特殊相対論に由来する係数$\gamma=1/\sqrt{1-v^2/c^2}$を無視した場合の近似であって、正しい式は$E=mc^2/\sqrt{1-v^2/c^2}$である。そしてこの式が成り立つのは、最初の近似項がちょうどmc^2である場合に限られるのである。

4　$x/t=c$を変形した式$x=ct$をミンコフスキーによる時空距離の公式に代入すると、$d^2=c^2t^2-c^2t^2=0$となる。

5　この説明はMike Goldsmith, *Albert Einstein and His Inflatable Universe* (Scholastic, 2001) から翻案した。

6 U. I. Uggerhøj, R. E. Mikkelsen and J. Faye, "The Young Centre of the Earth," *European Journal of Physics* 37, 3, May 2016.

7 自転していないブラックホールの場合、惑星や恒星が安定して公転できるもっとも内側の円軌道の半径は、事象の地平面の半径の1.5倍に等しい。自転しているブラックホールの場合には、赤道を取り囲む円軌道が安定して存在し、その軌道は自転速度が大きくなるにつれて事象の地平面にどんどん近づいていく。ブラックホールの自転速度の最大値はそのブラックホールの質量によって決まり、その最大速度で自転している場合、もっとも内側の安定した軌道は事象の地平面すれすれをかすめることになる。

② グーゴル

1 この再帰的な命名法を提案したのは、名高いグーゴロジストのジョナサン・バウアーズ、またの名をヘドロンデュードである。

2 Max Tegmark, *Our Mathematical Universe: My Quest for the Ultimate Nature of Reality* (Alfred A. Knopf, 2014)（マックス・テグマーク『数学的な宇宙――究極の実在の姿を求めて』谷本真幸訳、講談社、2016年）.

3 現代版のクラウジウスの公式は、$\Delta S = \Delta E/kT$。ただしΔEはエネルギーの変化量、ΔSはエントロピーの変化量、Tは温度、kはいわゆるボルツマン定数である。日常的な単位ではkの値はかなり小さく、1.38×10^{-23} J/Kに相当する。クラウジウスはもともとの公式にボルツマン定数を含めなかった。エントロピーの定義の中にひそかに忍ばせたからである。

4 アインシュタインは奇跡の年、1905年に、流体中に浮かぶ微粒子がまるで生きているかのようにジグザグに動く現象、「ブラウン運動」を、ベルヌーイのモデルにおける分子のランダムな衝突によって説明できることを示した。

5 1990年代半ばにハーヴァード大学のアンドリュー・ストロミンジャー

とカムラン・ヴァッファが、きわめて特殊で多少恣意的なタイプのブラックホールのミクロ状態を、弦理論を用いて特定することに成功した。そしてそのミクロ状態を数え上げたところ、ベッケンシュタインとホーキングによるエントロピーの公式と一致した。

6　このブラックホールの場合、事象の地平面の面積 $A_H \sim 1\ m^2$ であり、また $l_p \sim 10^{-35}$ m なので、エントロピーは $1/4 \times 1\ m^2/(1.6 \times 10^{-35}\ m)^2 \sim 10^{69}$ となる。

③ グーゴルプレックス

1　このたとえはBrian Greene, *The Elegant Universe* (Vintage, 1999)（ブライアン・グリーン『エレガントな宇宙――超ひも理論がすべてを解明する』林一、林大訳、草思社、2001年）から取った。

2　温度 T では、1組のヘビのペアは平均で kT に相当するエネルギーを持っている。このオーブンは180℃、つまり453 Kに加熱されているので、$k=1.38\times10^{-23}$ J/Kより、平均エネルギー kT は $1.38\times10^{-23}\times453=6.25\times10^{-21}$ Jとなる。つまり約6ゼプトジュールである。

3　19世紀末、高温の物体から放射されるエネルギーを測定する有名な実験が、ドイツ人物理学者のルンマーとクルルバウム、プリングスハイムによっておこなわれた。測定した放射の発生源はもちろんオーブンではなく、電気で加熱した白金の円筒など、同様の放射を発する物体である。

4　ド・ブロイは、運動量 p の粒子には波長 $\lambda=2\pi\hbar/p$ の波動を対応づけられると唱えた。角振動数が ω、エネルギーが E である光子の場合には、次のようになる。基本的なエネルギーの塊として $E=\hbar\omega$ が成り立つが、光子は光速で運動するため、運動量は $p=E/c$ と表され、また波長は $\lambda=2\pi c/\omega$ である。これらをすべてまとめると、$\lambda=2\pi\hbar/p$ となる。ド・ブロイはこの波の公式をあらゆる粒子に拡張したのである。

④ グラハム数

1 この説明はMarianne Freiberger and Rachel Thomas, *Numericon* (Quercus, 2015)から翻案した。

2 数学では通常、ラムゼー数を２つの整数 m と n に基づいて定義する。$R(m, n)$は、m 人の友人どうし、**または** n 人の初対面どうしの派閥ができるために呼ばなければならないゲストの最少人数である。しかしここでは話を簡単にするために、$R(n, n)$を n 番目のラムゼー数と呼ぶことにする。

3 典型的なハウスダスト１粒の質量はおよそ１マイクログラム。これと同じ質量に相当するデータを集めるには、$10^{-3}/10^{-26}=10^{23}$ビットの情報を蓄える必要がある。８ビットが１バイトなので、これはおよそ10^{22}バイト、10^{13}ギガバイトとなる。

4 私のiPhoneにはアルミニウムが31 g使われていて、これで全重量の約４分の１を占めている。iPhoneの全エントロピーの大まかな値をはじき出すために、このアルミニウムに蓄えられているエントロピーを計算してみよう。アルミニウムの標準モルエントロピーは（ボルツマン定数を単位として）28.3 J/molK。本書で用いている無次元単位で表せば、2×10^{24}ナット/molとなる。アルミニウムのモル質量は26.98 gなので、アルミニウム31 gの持つエントロピーは$31\times2\times10^{24}/26.98=2.3\times10^{24}$ナットとなる。ここからiPhone全体の全エントロピーを推計すると、10^{25}ナット、およそ10^{15}ギガバイトとなる。

5 私のiPhoneの表面積は約19000 mm^2。これと同じ面積の事象の地平面を持つブラックホールのエントロピーは、ホーキングの公式によると、約2×10^{67}ナット。これはおよそ10^{57}ギガバイトに相当する。

6 サスキンドによるエントロピーの上限値も完璧ではない。宇宙船や卵には当てはまるが、崩壊しつつある恒星や球形の宇宙など、いくつかの極端な状況には当てはまらない。カリフォルニア大学バークレー校の物理学者ラファエル・ブーソーが導き出したもっと精巧なエントロピーの上限値は、これらの風変わりな状況を含めあらゆる状況に当てはまるようだ。

⑥ 0

1　並進は、ある像全体を同じ方向に同じ距離だけ移動させることに対応し、トウモロコシのずらりと並んだ実や、断続的に連なった魚のうろこなどに見られる。映進はもっと風変わりな操作で、移動させてから反転させると考えればいい。人間の足跡は、私たちの歩き方のせいで、おのずから一連の映進によって描き出される形になっている。その様子を見るために、湿った砂の上を歩いてみてほしい。左の足跡をわずかに前方に移動させてから裏返せば、ちょうど右の足跡と同じになることが分かるはずだ。

2　John H. Conway, Heidi Burgiel and Chaim Goodman-Strauss, *The Symmetries of Things* (A. K. Peters/CRC Press, 2008), 第３章を参照のこと。

3　Charles Seife, *Zero: The Biography of a Dangerous Idea* (Viking Adult, 2000)（チャールズ・サイフェ『異端の数ゼロ――数学・物理学が恐れるもっとも危険な概念』林大訳、早川書房、2003年）を参照のこと。

4　これは次のようにすれば証明できる。$x=1.111...$と１が永遠に繰り返されるようにすると、これを10倍した$10x=11.111...$も１が永遠に繰り返される。ここで$10x-x=11.111...-1.111...$と引き算をする。１の繰り返し部分が打ち消し合って、$9x=10$となるので、$x=10/9=1+1/9$である。

5　このようにバクシャーリー文書の書かれた年代が不確かなことを踏まえると、最古の０はカンボジアに求めるべきかもしれない。紀元683年の石版に刻まれた古クメール語の碑文に、点で表現された０が見て取れるのだ。この年代に偽りはないと考えられている。古クメール語が使われていた地域はインド亜大陸と文化的に強い結びつきがあったため、この０もインド数学とのつながりをいまに伝えているといえる。この石版はもともと19世紀末に発見されたが、クメールルージュによる残虐な統治以降、長年にわたって行方不明だった。再発見されたのは2013年のこと、作家アミール・アクゼルがアンコール遺跡保存センターの物置の中で埃をかぶっている状態で見つけた。

⑦ 0.000000000000000001

1　素粒子物理学では、エネルギーをeV（電子ボルト）という単位で表すことが多い。1 eVは、1ボルトの電位差で加速させた電子の獲得する運動エネルギーに相当する。アインシュタインの有名な公式$E=mc^2$を使えば、このエネルギーが約1.78×10^{-36} kgの質量と等価であることが分かる。電子ボルトは、素粒子の微小な質量やエネルギーを表現するのには適しているが、人間のような日常的な物体にはあまり使い勝手が良くない。自分の体重は約40兆の1兆倍の1兆倍電子ボルトだなどと聞かされて納得する人は誰もいない。11ストーンのほうがずっとましだ〔ストーンはイギリスの重量の単位で、約6.35 kg〕。

2　非常に目ざとい読者なら、ここでの話が、「グーゴル」や「グーゴルプレックス」の章におけるドッペルゲンガー探しと辻褄が合わないのではないかと思われたかもしれない。前のほうの章では、あなたのドッペルゲンガーを、まったく同じ量子状態を持ったまったく同じ複製として説明した。フェルミオンの存在を考えると、それはパウリの原理に反しているように思われるかもしれない。しかしあなたのドッペルゲンガーははるか遠くにいて、同じ量子系として考えることはできないため、矛盾は起こらない。

3　素粒子の左利きと右利きというよく分からない言い回しを理解するには、ねじ回しを考えてみるといい。私の妻（私よりもはるかにDIYが得意）が以前、'righty tighty, lefty loosey'（右に回すと締まる、左に回すと緩む）という語呂合わせを教えてくれた。つまり、ねじは右に回すと向こうに進んでいって、左に回すと手前に下がってくるということである。電子の場合には、運動方向にねじが進んでいくようなスピンを持っている場合に右利き、運動方向と逆方向にねじが戻ってくるようなスピンを持っている場合に左利きと表現する。

4　ワインバーグとグラショウとともに1979年のノーベル物理学賞を共同受賞した著名なパキスタン人物理学者アブドゥッ・サラームは、イギリス人のジョン・ウォードと共同研究を進めていたときに、グラショウと同様の説を独自に編み出した。ノーベル賞は一度に３人までにしか与えられないため、受賞者から外されたウォード（Ward）は、この冷遇を受けてサラームに次のような電報を送った。'Warmly Admired, Richly Deserved'（心からお祝いします、まったくもってふさわしい賞です）。各単語の頭文字をつなげてみてほしい。

5　キブルは、ヒッグスとアングレールに与えられた2013年のノーベル賞と同じく、グラショウとサラーム、ワインバーグに与えられた1979年のノーベル賞にも重要な貢献を果たした。より複雑な状況における自発的対称性の破れの解明に向けたキブルの研究は、電弱理論の発展に欠かせない要素となった。

6　この巨大なエネルギーの値は、不確定性関係を極限まで突き詰めることで導き出せる。プランク時間 $t_{pl} \approx 5 \times 10^{-44}$ 秒という短い時間では、エネルギーが最大で $E_{max} = \hbar / 2t_{pl}$ に達する。プランク定数は $\hbar \approx 10^{-34}$ Jsなので、これはおよそ10億ジュールに相当する。ここでアインシュタインの公式 $E = mc^2$ を使って変換すると、このエネルギーと等価な質量はおよそ11マイクログラム、量子ブラックホール１個の質量となる。実際にこの値は、ヒッグスボソンに与えられる質量のかなり良い概算値となっている。教科書的なもっと高度な計算によると、ヒッグスボソンに与えられるはずの質量はそれよりもわずかに小さく、$1/\sqrt{2\pi^2} \times 11 \approx 2.5$ マイクログラムと、フェアリーフライ１匹の質量にさらに近くなる。

⑧ 10^{-120}

1　C. P. Enz and A. Thellung, "Nullpunktsenergie und Anordnung nicht vertauschbarer Faktoren im Hamiltonoperator," *Helvetica*

Physica Acta 33, 839 (1960)を参照のこと。

2　箱1個あたりのエネルギーを計算するには、不確定性を極限まで突き詰めて、意味のある最短時間 $t_{min} \approx 10^{-23}$ 秒におけるエネルギーの最大値、$E_{max} = \hbar / 2t_{min}$ を計算すればいい。現代の知見を持ち合わせていなかったパウリは、それとわずかに異なる計算をしたのだろう。その計算は発表されなかったが、10年ほど前にプランクが提唱した独特な量子論のモデルに基づいて推計したと考えられている。

3　ハイゼンベルクは非常に少ない構成部品から量子力学を記述することに成功したものの、その数学的枠組みは複雑だった。それと対照的にシュレディンガーは、波動関数を導入して一つ要素を付け加えることで、構造を単純にしたが、そのせいで拡大解釈されやすくなってしまう。波動関数は古典的な電磁場と同じように物理的に実在するものとイメージされることが多いが、それは正しくない。単なる目的のための手段であって、起こりうる実験結果の確率をコード化する方法にすぎない。実験で直接測定できるたぐいのものではない。

4　Hugo Martel, Paul R. Shapiro and Steven Weinberg, "Likely Values of the Cosmological Constant," *Astrophysical Journal* 492, 1を参照のこと。

宇宙を解き明かす9つの数
巨大数・微小数・無限をめぐる冒険

2024年12月20日　初版印刷
2024年12月25日　初版発行

著　者　アントニオ・パディーヤ
訳　者　水谷　淳
発行者　早川　浩
印刷所　株式会社亨有堂印刷所
製本所　大口製本印刷株式会社
発行所　株式会社　早川書房
郵便番号　101-0046
東京都千代田区神田多町2-2
電話　03-3252-3111
振替　00160-3-47799
https://www.hayakawa-online.co.jp

ISBN978-4-15-210390-1 C0040　定価はカバーに表示してあります。
Printed and bound in Japan
乱丁・落丁本は小社制作部宛お送り下さい。送料小社負担にてお取りかえいたします。

ハヤカワ・ノンフィクション

宇宙に質量を与えた男 ピーター・ヒッグス

ELUSIVE
フランク・クローズ
松井信彦訳
46判並製

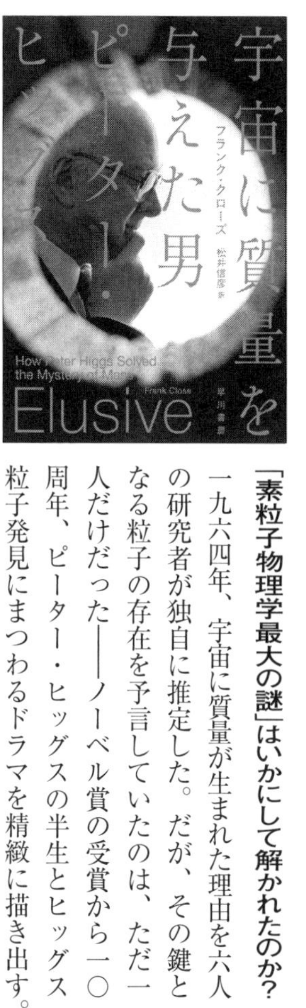

「素粒子物理学最大の謎」はいかにして解かれたのか？
一九六四年、宇宙に質量が生まれた理由を六人の研究者が独自に推定した。だが、その鍵となる粒子の存在を予言していたのは、ただ一人だけだった――ノーベル賞の受賞から一〇周年、ピーター・ヒッグスの半生とヒッグス粒子発見にまつわるドラマを精緻に描き出す。

量子テレポーテーションのゆくえ

——相対性理論から「情報」と「現実」の未来まで

DANCE OF THE PHOTONS

アントン・ツァイリンガー

大栗博司監修

田沢恭子訳

46判上製

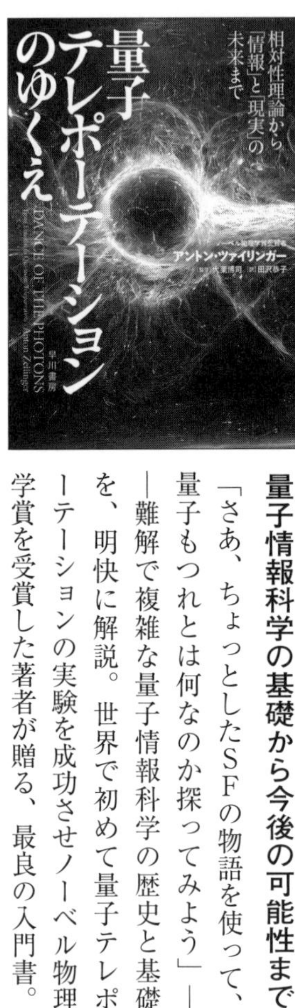

量子情報科学の基礎から今後の可能性まで

「さあ、ちょっとしたSFの物語を使って、量子もつれとは何なのか探ってみよう」——難解で複雑な量子情報科学の歴史と基礎を、明快に解説。世界で初めて量子テレポーテーションの実験を成功させノーベル物理学賞を受賞した著者が贈る、最良の入門書。